麻煩的金融計算，
用 Excel 即可輕鬆搞定！

金融計算
Excel VBA
基礎實作

李明達 ◆ 著

airiti press ◥
華藝學術出版社

目錄

Chapter 12：信用風險──選擇權模型

範例目錄

前言

　　金融計算可說是一門結合財務工程與程式語言的學科，它不涉及到複雜的公式推導，而是將財務工程最後得出的模型將之程式化，用以運作在金融實務操作上。本書算是一本入門書籍，所選用的計算工具 Microsoft Excel 係考量到讀者取得便利性與使用的熟悉度。透過本書，期望讀者能了解財務工程中，一些基礎且實務上常用的模型理論，並學習如何運用 VBA 將模型程式化，透過 Excel 表單的操作將所得到的數據表單化（報表化）。

　　書中各章內容主要分四個部分：（1）模型簡介及公式說明；（2）Excel 表單建置；（3）模型的運用範例及（4）VBA 程式設計。表單介面，為作者經多年的教學及實務經驗累積，並參考眾多前輩的作法所設計出，冀望讀者透過表單的呈現，而對財工模型有更深刻的印象。當然讀者亦可依個人需求自行設計一張符合工作或學術需求的表單。書中表單架構如下：

　　本書內容可分為四個部分。

　　第一個部分為 EXCEL VBA 的語法介紹，此部分主要介紹建構模型所使用語法的基本描述與 Excel 內建的規劃求解功能，規劃求解主要是使用在模型配適參數或投資決策上，文中並以最適投資組合求解說明運用方式。如果讀者已經熟悉 Excel 及 Excel VBA，則該部分章節讀者可略過直接進入第二部分。

　　第二部分為基礎選擇權介紹，選擇權的評價方式有很多種，主要區分為封閉解（公式解）及數值方法，封閉解運用最廣的莫過於 Black-Scholes 及其延伸公式，而數值方法主要以樹狀結構及蒙地卡羅模擬法為主。文中列舉出歐式及美式標準選擇權的評價、選擇權的避險策略、選擇權的隱含波動率的求算、歐式債券選擇權、歐式及美式外匯選擇權及相關 Greeks 的計算。

　　第三部分債券評價，以臺灣公債價格（百元價及殖利率價）及其敏感性分析為出發點，進而介紹利率期間結構的建置方法。曲線配適（Curve Fitting）列舉出拔靴法、Nelson Siegel 及 Svensson 法；一般均衡模型（General Equilibrium model）列舉出 Vasicek 及 C.I.R. 模型；而無套利模型（no-arbitrage model）以 Hull-White 利率三元樹為代表。文中列舉的範例有債券百元價格、隱含殖利率價格、債券 DV01、債券存續期間、債券凸性、遠期利率協議（FRN）、基本型利率交換、浮動債券及利率上下限（Caps and Floors）等。

　　第四個部分則是風險管理上的運用，簡單介紹市場風險值的運作及模型適用檢定方法；並以選擇權評價模型評估上市櫃公司之信用風險。該部分列舉出利用變異數／共變異數、歷史模擬法與蒙地卡羅模型法，計算股權投資組合的市場風險值方式，並使用 Z 檢驗及概似比（LR）檢驗來對風險值作一合適性檢驗。信用風險方面列出如何運用牛頓拉福森法，求解出資產價值及其波動率，並運用選擇權評價方式計算出公司的違約間距（Distance to Default: DD）及違約機率（Expected Default Frequency: EDF）。

Chapter 1：VBA

1-1 認識 Excel VBA

VBA 大家最常用到的時候大概是在錄製巨集時，它是將你所要錄製的動作程式化並存放在 Excel VBA 模組中。VBA 為一種架構在微軟 Office 系列下的一套程式開發工具，它的全名為 Visual Basic for Applications，使用的語法為標準的 Visual Basic 語法。使用者可以透過 VBA 的幫助，將制式步驟自動化（錄製巨集）或是開發程式集方式來解決問題。

VBA 程式的修改撰寫主要是在 Visual Basic 編輯器（VBE）中進行。VBE 提供一個建立程式、除錯程式碼，以及執行程式碼的整合開發環境。它雖然為一單獨的應用程式，但因是架構在微軟 Office 底下，所以要使用 VBE 來編輯程式碼時，就必須先執行 Excel（或其他微軟 Office 程式）才能進入該編輯環境。

- 在 Excel 2010 中 VBE 位於 [開發人員] 索引標籤上的 [程式碼] 群組中並預設為隱藏，其開啟路徑為：（參考 http://office.microsoft.com/zh-tw/excel-help/HP010342466.aspx）

  A. 在 [檔案] 索引標籤中，然後按一下 [選項]。

  B. 在 [自訂功能區] 類別底下的 [主要索引標籤] 清單中，按一下 [開發人員]，然後按一下 [確定]。

- VBE 的使用環境路徑為：

  A. 在 [開發人員] 索引標籤上，按一下 [程式碼] 群組中的 [Visual Basic] 即可開啟。

- 在使用巨集（或程式碼）前，應先將安全性層級設定為暫時啟用所有巨集或是停用所有巨集（事先通知），巨集安全性層級的設定路徑為：

  A. 在 [開發人員] 索引標籤上，按一下 [程式碼] 群組中的 [巨集安全性]。

  B. 按一下 [巨集設定] 底下的 [停用所有巨集（事先通知）] 或 [啟用所有巨集（不建議使用，會執行有潛在危險的程式碼）]，然後按一下 [確定]。（建議在結束使用巨集之後，恢復您當初停用所有巨集的設定）

VBE 從 Excel 4.0 到 Excel 2010，其使用環境一直維持原貌並無變更，因此 Office 版本差異僅在於進入 VBE 的路徑不同而已。VBE 視窗主要區分三個部分：專案總管視窗、屬性視窗及編輯視窗[1]，而視窗配置可參考圖 1-1。

---

[1] 除此之外還可開啟觀看運算結果之視窗：1. 即時運算視窗、2. 區域變數視窗、3. 監看視窗，這些視窗可於功能表路徑 [檢視（V）] 中開啟。

- 專案視窗：EXCEL VBA 中的專案主要分三種不同類別，分別為 EXCEL 物件（如 Sheet1、ThisWorkbook）、模組（本章主要內容所在）及自訂表單。
- 屬性視窗：當我們選取不同物件時，屬性視窗會顯示該物件的屬性清單，以利使用者變更物件屬性。
- 編輯視窗：用來撰寫 VBA 程式或修改錄製巨集程式的視窗。

　　專案模組（Module），係指 VBA 宣告 Sub（子程序）或 Function（函數）所組成的集合，而模組本身在 EXCEL 中可以被匯出成副檔名 .bas 的檔案或是將副檔名為 .bas 的檔案匯入 EXCEL 中使用。在 VBE 中新增 VBA 模組的路徑為：功能表中 [插入（I）] → [模組（M）]；或在專案視窗中按右鍵 → [插入（N）] → [模組（M）]。

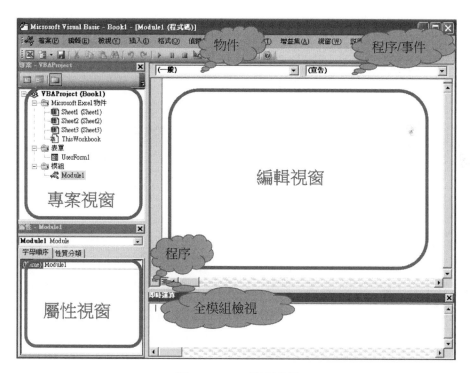

圖 1-1　VBE 視窗配置

　　VBA 是一種以物件導向（Object-Oriented Programming；OOP）的程式開發工具，並且可以以事件驅動模式（Event Driven Model）來執行程式，而什麼是物件呢？一張椅子可以用外型、顏色、重量、材質等來作描述，而這種可以被描述的物體我們可以稱之為物件。就 EXCEL 而言，一本活頁簿（EXCEL 檔案）、一張工作表乃至於儲存格都可看作是一個物件。而用來描述物件性質的特徵稱為屬性，例如上述椅子的外型屬性可以為方椅、圓椅、長腳椅等來形容，而方椅、圓椅、長腳椅即為物件椅子外型屬性的值。

　　EXCEL 的物件除了可用屬性值來描述外還具有層級特性，那層級特性又是什麼呢？一本活頁簿為一個物件，但一本活頁簿可由多張工作表組成，而一張工作表物件又可由多個儲存格物件所組成，像這種一層一層由上而下組成的物件關係，我們稱該物件間具有層級特性，而每一個上層物件我們又可稱之為是一個物件集合（Collections）。

　　EXCEL 有著不同的物件，而各物件能做的事也不同。剛提到的「屬性」是代表著物件的外觀，而「方法」則是物件的功能，例如活頁簿的開啟或關閉方法，工作表物件的切換方法等。在 Excel VBA 中要改變物件屬性與使用物件方法的語法相似，差別在於改變物件屬性要給定屬性值，而物件方法只要下指令即可。

1. 物件屬性指令：

　　（層級）物件名稱 . 屬性＝值

　　例如：設定活頁簿 Book1 中 Sheet1 工作表中的 A1 儲存格內存放數值 100，其語法為：

　　Workbooks("Book1").Worksheets("Sheet1").Range("A1").Value = 100
　　　　　（層級）物件名稱　　　　　 .　　屬性＝值

- 若目前是在 Book1 活頁簿中的 Sheet1 工作表中下 VBA 指令，則（層級）物件名稱的部分可以省略，整個語法可以改寫為：

　　Range("A1").Value = 100

- 單一儲存格的選取在 EXCEL 中有兩種方式表示，一種是參照工作表上的欄名和列號以 Range(" 欄名列號 ") 表示，另一種以 Cells(Row, Column) 表示 [2]，因此，上述語法可改寫為：

　　Workbooks("Book1").Worksheets("Sheet1").Cells(1,1).Value = 100

2. 物件方法指令：

　　（層級）物件名稱 . 方法

　　例如：我們已開啟了活頁簿 Book1.XLS 的檔案，要利用 VBA 來關閉它或是切換至不同的工作表時則可利用下列語法完成：

---

[2]　Range 與 Cell 的差別在於對儲存格定位格式的不同，Range 使用的是 A1 格式，而 Cell 使用的則是 R1C1 格式。至於使用那種方式，端看使用者的習慣。

Workbooks("Book1").Close　　關閉 Book1.xls 的活頁簿

（層級）物件名稱　.方法

Worksheets("Sheet2").Activate　　切換至 Sheet2 工作表

（層級）物件名稱　.方法

1-2　資料型態（Data Type）與變數

資料在運算中，經常需要將運算結果保存下來，並在程式後段使用到這些運算結果。存取這些運算中的結果，一般需要使用到變數或常數的宣告來達成。而這些變數的類別稱之為資料型態，VBA 可以使用的資料型態如下：

資料型態 （Data Type）	語法表示方式	記憶體空間 （Bytes）	數值範圍
整數（Integer）	Integer（整數）【％】	2	-32,768~32,767
	Long（長整數）【＆】	4	-2,147,483,648~2,147,483,647
浮點數 （Floating Number）	Single（單倍精準數）【！】	4	負數：-3.4E38~-1.4E-45 正數：1.4E-45~3.4E38
	Double（雙倍精準數）【#】	8	負數：-1.7E308~-4.9E-324 正數：4.9E-324~1.7E308
字串（String）[3]	String（可變長度字串）	10+ 字串長度	最多 2 的 31 次方個字元
	String * 字串長度（固字長度字串）	字串長度	最多 2 的 16 次方個字元
布林（Boolean）	Boolean	2	「True」或「False」
變數（Variant）[4]	Variant	數值：16 字串： 22+ 字串長度	數值型態時，與「Double」相同；字串型態時與「可變長度字串」相同。
貨幣（Currency）	Currency【@】	8	922,337,203,685,477.5807~ -922,337,203,685,477.5808
時間與日期（Date）	Date	8	日期：January 1,100~December 31,9999 時間：00:00:00~23:59:59
陣列（Array）	Array（ ）	資料型態 x 陣列元素個數	依資料型態而定
自訂資料型態 （User Defined）	Deftype		

---

[3]　表示字串資料型態數，必須使用雙引號「"」將字中包起來。
[4]　「變數」資料型態是指可以變換「資料型態」的資料型態。

1-2-1 常數

常數是指在程式執行前就已經確認的數值，不會因為程式的執行而改變，VBA
的常數分三類，分別為直接常數、符號常數及系統常數。

- **直接常數：**

  在程式中直接書寫的量稱為直接常數，直接常數大致可分為數值常數、字串常
  數、日期／時間常數及布林常數，例如：

數值常數	由整數小數正負符號所構成的量
area = r*r*3.14	
數值 3.14 為數值常數	

字串常數	以雙引號為定界符號
"area" 或 "area"""	
輸出 : area 或 area"	

日期／時間常數	以 # 為定界符號
#12/24/2010#	

布林常數	又稱邏輯值
True or False	

- **符號常數：**

  如果在程式中常會用到某一個常數值，例如圓周率 = 3.14159，則可為此一常數
  命名為 PI = 3.14159，當程式中要用到圓周率時，則可以以 PI 替代。一般使用
  符號常數都會給定一個有意義的符號，除了可以增加程式的可讀性外，更可快
  速修改常數數值。

符號常數宣告	VB 中，符號常數的定義格式
Const 符號常數 = 符號常數值	
Const PI = 3.14159 Const BookName=" 金融計算 -EXCEL VBA 基礎實作 "	

- **系統常數：**

  VBA 系統內部提供的一系列各種不同用途的符號常數，例如常用的色彩常數
  「vbBlack」表示黑色，而這些系統常數使用者是不能自行當成符號常數自行宣告。

1-2-2 變數宣告

變數是指資料的值會隨著程式的執行而改變，它是用來表示某一記憶體位置的名稱，你可以利用變數將資料的數值存入該記憶體位置或從該記憶體位置中取出資料來。變數宣告的原則如下：

變數的有效範圍 變數名稱 as 資料型態

在實務上常用的變數宣告有單變數宣告、多變數宣告及變數宣告但無宣告資料型態三種，其宣告方式說明如下：

變數宣告	單變數宣告
Dim 變數名稱 as 資料型態	
Dim i as Integer '變數 i 的資料型態為整數 Dim j as Double '變數 j 的資料型態為雙倍精準數 Dim k as string '變數 k 的資料型態為字串	

變數宣告	多變數宣告
Dim 變數 1 名稱 [, 變數 2 名稱 ,…] as 資料型態	
Dim i, j as Integer '變數 i 及 j 的資料型態為整數	

變數宣告	變數宣告但無宣告資料型態
Dim 變數名稱	
Dim i '變數 i 的資料型態會內定為 Variant	

在程式撰寫時，有時會遇到忘記宣告變數或是變數誤植的情況，這時強制宣告變數的指令多多少少可以減輕類似情形的發生。所以在開發撰寫模組時，通常會在模組一開始時加入 Option Explicit 的語法，強迫該模組中的所有變數必須事先宣告，若無事先宣告變數，在模組執行時則會出現該變數無法辨識訊息，提醒使用者注意。

1-2-3 宣告的有效範圍（Scope）

不論是變數的宣告或是 Function 及 Sub 的宣告，都有其有效範圍（Scope），也就是這些項目在應用程式中可運作的範圍。在 VBA 中常用的變數宣告方式有四種：Dim、Private、Public 及 Static。因此，對變數的宣告你可以依變數的特性，改變宣告方式而不局限於 Dim。另 Function 及 Sub 的宣告常使用 Private 及 Public 兩種。

・Dim：

在模組中透過 Dim 敘述所宣告的變數，可以在該模組所有程序中使用。而在程序中利用 Dim 敘述所宣告的變數則僅適用在該程序中。

・Private：

在模組中透過 Private 敘述所宣告的變數、Function 或 Sub，其適用該模組中的所有程序。

・Public：

在模組中透過 Public 敘述宣告的變數、Function 或 Sub，其適用整個專案中所有模組中的所有程序。

・Static：

在模組中透過 Static 敘述所宣告的變數，適用模組中所有的程序。而在程序中透過 Static 敘述所宣告的變數只適用在該程序中，但和 Dim 所宣告的變數差別在於它們的值會在整個應用程式執行時期都保留下來。

1-3　陣列（Array）

對於大量有序且相同資料型態的連續變數，我們可以使用陣列來對其進行資料的儲存及處理，並以索引值來描述指定使用第幾個變數資料，在金融計算中陣列常被運用在計算歷史資料的特徵及離散結構節點上。

陣列宣告	僅訂上界，下界起始索引值從 0 開始[5]
Dim 陣列名稱（上界 1，上界 2，...）as 資料型態	
Dim x(100) as double 說明： x 為一維陣列，內含元素個數為 101 個，分別為 x(0), x(1), ..., x(100)。	
Dim y(100,100) as double 說明： y 為二維陣列內，含元素個數為 101×101 個，分別為 y(0,0), y(0,1), ..., y(0,100): y(100,0), y(100,1), ..., y(100,100)	

---

[5]　如果要變更下界起始索引值從 1 開始，可以在模組前加入 Option Base 1 語法。

陣列宣告	自訂下界與上界
Dim 陣列名稱（下界 1 to 上界 1，下界 2 to 上界 2，...）as 資料型態	
Dim x(1 to 100) as double 説明： x 為一維陣列，內含元素個數為 100 個，分別為 x(1), x(2), ..., x(100)。	

Dim y (1 to 100 ,1 to 100) as double

説明：
y 為二維陣列內含元素個數為 100×100 個，分別為
y(1,1), y(1,2), ..., y(1,100):
y(100,1), y(100,2), ..., y(100,100)
註：
二維陣列可以表示行列式的資料，例如一個 4×4 的行列式資料可表達為：

	第 1 列	第 2 列	第 3 列	第 4 列
第 1 行	y(1,1)	y(1,2)	y(1,3)	y(1,4)
第 2 行	y(2,1)	y(2,2)	y(2,3)	y(2,4)
第 3 行	y(3,1)	y(3,2)	y(3,3)	y(3,4)
第 4 行	y(4,1)	y(4,2)	y(4,3)	y(4,4)

對於一些陣列，如果在起始變數宣告時無法確認陣列元素的大小，僅在程式執行中方可確定，這時可以使用 ReDim 動態陣列變數宣告的方式，來改變陣列元素及維度大小。利用 ReDim 宣告動態陣列，可以在模組中重覆改變陣列元素及維度的大小，並將原本陣列中儲存的元素值刪除，惟不能改變陣列原本宣告之資料型態。

動態陣列宣告	
ReDim 陣列名稱（上界）as 資料型態	

在 VBA 中提供了五種對陣列的基本操作函數，讓使用者在使用 Sub 或 Function 時，能判別引數是否為陣列、引數陣列的上下界或是刪除陣列中的資料。VBA 中陣列函數有：Array、Erase、IsArray、LBound 及 UBound。

Array	
陣列變數名稱 =Array（資料集）	賦予陣列變數元素值。其中陣列變數的資料型態為「變數」，非陣列後面無括號。
Dim WeekArray WeekArray = Array(" 星期日 "," 星期一 "," 星期二 "," 星期三 "," 星期四 "," 星期五 "," 星期六 ")	定義 WeekArray 為變數，其資料型態為變數（Variant）。並利用 Array 函數給定 WeekArray 陣列變數元素值： WeekArray（0）= 星期日 WeekArray（1）= 星期一 WeekArray（2）= 星期二 WeekArray（3）= 星期三 WeekArray（4）= 星期四 WeekArray（5）= 星期五 WeekArray（6）= 星期六

Erase	
Erase 陣列名稱 1, 陣列名稱 2,…	清除陣列內容或重新定義
承上 Array 設定： Erase WeekArray	將 WeekArray 設定為 empty

IsArray	
布林變數 = IsArray（變數名稱）	檢查變數是否為陣列變數，是的話傳回 「True」，不是的話傳回「False」。
承上 Array 設定： Dim CheckArray as Boolean CheckArray = IsArray (WeekArray)	CheckArray = True

LBound、UBound	
LBound（陣列名稱, 維數） UBound（陣列名稱, 維數）	傳回陣列下界及上界
Dim MyArray (1 to 10 , 2 to 5 ,0 to 3) LBound (MyArray , 1) LBound (MyArray , 2) LBound (MyArray , 3) UBound (MyArray , 1) UBound (MyArray , 2) UBound (MyArray , 3)	分別傳回 1,2,0 及 10,5,3

1-4　運算子

運算子是運算式中對元素（運算元）進行特定的計算或處理，VBA 提供的運算子中主要分四類：算術運算子、比較運算子、邏輯運算子及連接運算子。其功能說明如下：

算術運算子：對運算式作數值運算

符號	含義	語法：Result=	說明	使用範例
+	加法	expression1 + expression2	將兩個數值相加	10+4 傳回 14
-	減法	expression1 – expression2	將兩個數值相減	10-4 傳回 6
*	乘法	number1 * number2	將兩個數值相乘	10*4 傳回 40
/	除法	expression1 / expression2	兩數相除並傳回浮點結果	10/4 傳回 2.5
^	指數	number ^ exponent	將一數值對另一數值做乘冪運算	10^4 傳回 10000
\	商數	expression1 \ expression2	兩數相除並傳回整數結果	10\3 傳回 3
Mod	餘除或模數	number1 Mod number2	兩數相除並只傳回餘數	10 Mod 3 傳回 1

比較運算子：比較兩個運算式的大小或相似與否，並傳回布林值（True or False）

符號	含義	語法：Result=	說明	使用範例
<	小於	expression1 < expression2	小於則傳回 True，否則傳回 False	10<4+3 傳回 False
<=	小或等於	expression1 <= expression2	小或等於則傳回 True，否則傳回 False	10<=4+3 傳回 False
>	大於	expression1 > expression2	大於則傳回 True，否則傳回 False	10>4+3 傳回 True
>=	大或等於	expression1 >= expression2	大或等於則傳回 True，否則傳回 False	10>=4+3 傳回 True
=	等於	expression1 = expression2	等於則傳回 True，否則傳回 False	10=4+3 傳回 False
<>	不等於	expression1 <> expression2	不等於則傳回 True，否則傳回 False	10<>4+3 傳回 True

邏輯運算子：用來對邏輯運算式作判斷，並傳回布林值（True or False）

符號	含義	語法：Result=	說明	使用範例
Not	否	Not expression	當 expression 為非 True 時成立，傳回 True。	Not 10<4+3 傳回 True
And	且	expression1 And expression2	當 expression 1 及 expression 2 都為 True 時才成立，傳回 True。	10<20 And 10<4+3 傳回 False
Or	或	expression1 Or expression2	當 expression 1 或 expression 2 為 True 時成立，傳回 True。	10<20 Or 10<4+3 傳回 True
Xor	互斥	expression1 Xor expression2	expression 1 與 expression 2 兩者中只有一個為 True 時才傳回 True。	10<20 Xor 10<4+3 傳回 True

連接運算子：資料與資料串連的運算

符號	含義	語法：Result=	說明	使用範例
&	串連	expression1 & expression2	串連各種類別的運算式資料	2012 & " 使用 VBA" 傳回 "2012 使用 VBA"。
+	串連	expression1 + expression2	將兩個數值相加也可以用於串連兩個字串運算式，為避免使用上的混淆，字串串連請使用 & 符號。	"2012" + " 使用 VBA" 傳回 "2012 使用 VBA"。

1-5　流程控制指令

在撰寫程式解決問題或數值計算前，必須先對問題本身作一拆解規劃。先行了解如何將問題轉換為程式碼的邏輯及步驟，可以的話對比較複雜的問題先行以流程圖的方式規劃設計其演算法，用以減少開發程式時間，增加程式執行效率或避免一些不必要的除錯工作。電腦程式的執行是有一定的規則，有時只執行某一部分程式碼，或有時會重覆執行某一段的程式碼，而電腦程式的演算法必須滿足兩個部分：1. 以有限步驟求解某一特定問題的一種確定、完整的程序。2. 包括起始與終止程序。控制這些執行流程的語法我們稱之為結構化流程控制指令，結構化流程控制指令分三類：循序結構（Sequence）指令、選擇結構（Selection）指令及重複結構（Repetition）指令。

- 循序結構指令：各種處理動作依序排列，電腦按先後順序執行它們。
- 選擇結構指令：又稱分支結構。主要依據「條件」來選擇語法中那一分支的程式碼需要被執行。
- 重複結構指令：又稱迴圈結構。在滿足某一條件下，重覆執行某一部分的程式碼。

1-5-1 選擇結構指令

選擇結構又稱 IF THEN ELSE 結構，依其條件的不同又可細分為單一選擇結構（IF THEN 結構）、雙向選擇結構（IF THEN ELSE 結構）、巢狀結構（IF THEN ELSE IF 結構）及多向選擇結構（SELECT CASE 結構）等。

單一選擇結構	
單行結構敘述句： If 邏輯運算式 Then 敘述句	當邏輯運算式為「真」時才會執行敘述句。

區塊結構敘述句：
　If 邏輯運算式 Then
　　敘述句 1
　　敘述句 2
　　　：
　End If
	當邏輯運算式為「真」時才會執行敘述句。

雙向選擇結構	

If 邏輯運算式 Then
　敘述句 1
Else
　敘述句 2
End If
	當邏輯運算式為「真」時執行敘述句 1，為「假」時執行另一敘述句 2。

<table>
<tr><td colspan="2">巢狀結構</td></tr>
<tr>
<td>
If 邏輯運算式 1 Then
    敘述句 1
ElseIf 邏輯運算式 2 Then
    敘述句 2
ElseIf 邏輯運算式 3 Then
    敘述句 3
       :
       :
ElseIf 邏輯運算式 n Then
    敘述句 n
End If
</td>
<td>
當邏輯運算式 1 為「真」時，執行敘述句 1，為「假」時判斷邏輯運算式 2。當邏輯運算式 2 為「真」時，執行敘述句 2，為「假」時判斷邏輯運算式 3。當邏輯運算式 3 為「真」時，執行敘述句 3，為「假」時判斷邏輯運算式 4。……一直到最後。
</td>
</tr>
</table>

<table>
<tr><td colspan="2">多向選擇結構</td></tr>
<tr>
<td>
Select Case 判斷式
    Case 測試值 1
        敘述句 1
    Case 測試值 2
        敘述句 2
          :
    Case 測試值 n
        敘述句 n
    Case Else
        敘述句
End Select
</td>
<td>
執行滿足判斷式中不同測試值的敘述句。
當判斷式滿足測試值 1 時執行敘述句 1；
當判斷式滿足測試值 2 時執行敘述句 2；
        :
當判斷式滿足測試值 n 時執行敘述句 n；
當判斷式不滿足所有測試值時執行敘述句。
</td>
</tr>
</table>

1-5-2 重複（迴圈）結構指令

　　重複式結構主要的功能在於簡化程式碼，當某一段程式碼需重覆執行百次千次或萬次時，你不可能將該段程式碼重覆寫百次千次或萬次。在這種情況下 VBA 提供了兩種不同方式的重覆結構指令：計數式重覆結構（For Next 結構）指令及條件式重覆結構（Do While 結構）指令，運用這兩種方式可大為簡化程式碼．文中語法介紹時若為非必要語法會用中括號表示。

<table>
<tr><td colspan="2">計數式重覆結構</td></tr>
<tr>
<td>
For 變數 = 初始值 To 終止值 [Step 增減值]
    敘述句
    [Exit For]
Next [變數]
</td>
<td>
每重覆一次敘述句，變數值就會依增減值增減（若省略 Step 增減值則預設為 1），一直到變數值超過終止值的範圍。
Exit For：為強制離開重覆結構語法。
</td>
</tr>
</table>

條件式重覆結構

Do while 邏輯運算式 　　敘述句 　　[Exit Do] Loop	又稱前測起始型重覆結構：會先行判斷邏輯運算式，為「真」時執行敘述句，若為「假」時則離開重覆結構。 Exit Do：為強制離開重覆結構語法。
Do 　　敘述句 　　[Exit Do] Loop while 邏輯運算式	又稱後測起始型重覆結構：會先執行敘述句然後再判斷邏輯運算式，為「真」時再重覆執行敘述句，若為「假」時則離開重覆結構。 Exit Do：為強制離開重覆結構語法。
Do Until 邏輯運算式 　　敘述句 　　[Exit Do] Loop	又稱前測結束型重覆結構，會先判斷邏輯運算式，若為「真」時離開重覆結構。若為「假」時則繼續執行敘述句。 Exit Do：為強制離開重覆結構語法。
Do 　　敘述句 　　[Exit Do] Loop Until 邏輯運算式	又稱後測結束型重覆結構，會先執行敘述句，再判斷邏輯運算式，若為「真」時離開重覆結構。若為「假」時則繼續執行敘述句。 Exit Do：為強制離開重覆結構語法。
While 邏輯運算式 　　敘述句 Wend	同 Do while Loop 語法。

GoTo 強制改變流程

GoTo 標號 標號：	GoTo 語法可以無條件將程式碼轉跳到指定的位置，該語法的有效轉跳範圍僅止於該程序中的任一行。 標號：為一組由英文字母開頭的識別碼後加上冒號所構成，可放在程序中的任何地方。

1-6 Sub 及 Function

　　程序是一組可完成特定任務語法所組成的程式碼。在 VBA 中可執行的程式碼都可以存放在程序中。VBA 程序又可再細分為事件程序、屬性程序及通用程序。而本書的重點著重在使用通用程序，事件程序及屬性程序，若讀者有興趣可自行參考相關書籍。通用程序在 VBA 中以 Sub 程序及 Function 程序為主。Sub 程序是指在程序中完成任務後不回傳值，但 Function 程序完成後會返回一個可供程序使用的數值。

常用通用程序的類型及宣告語法：

類型	宣告語法
不傳遞引數（引數或稱參數）	[Private | Public] sub 子程式名稱 () 　　敘述句 　　[Exit sub] End sub
傳遞引數	[Private | Public] sub 子程式名稱 (引數 1 [, 引數 2,…]) 　　敘述句 　　[Exit sub] End sub
傳遞引數並傳回值	[Private | Public] Function 函數名稱 (引數 1 [, 引數 2,…]) as 傳回值資料型態 　　敘述句 　　函數名稱 = 傳回值 　　[Exit Function] End Function

　　VBA 中引數的傳遞方式有兩種：一是傳址呼叫（Call by Address）另一則為傳值呼叫（Call by value）。傳址呼叫（Call by Address）指在傳遞引數時會將變數對應的記憶體位址傳給通用程序，而通用程序會依記憶體位址取得引數的數值，當變數數值經通用程序改變時，程式中的變數值亦會跟著改變；傳值呼叫（Call by value）則是在傳遞引數變數時，將變數值直接傳給通用程序使用，而通用程序取得變數值並進行運算，當變數值改變時，並不影響原程式中的變數內容，我們以一個簡單的 Sub 程序來說明兩者的差異：

• 傳址呼叫（Call by Address）：

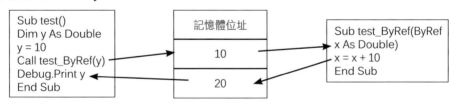

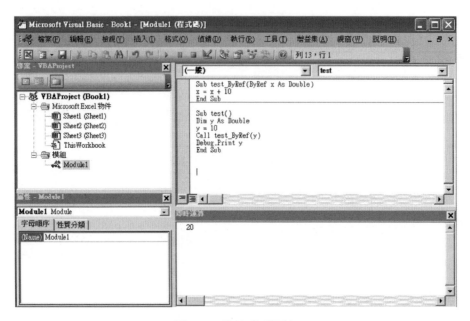

圖 1-2　傳址呼叫語法

在 test 程序中，使用 Call 語法呼叫 test_ByRef 子程式，並將 y 所在的記憶體位址傳遞給 test_ByRef 子程式。而 test_ByRef 子程式會將變數 x 的值定為該記憶體位址內的數值 10，並進行運算。當 test_ByRef 子程式運算完成後，x 的數值會返回原記憶體位址，此時原記憶體位址內的數值經子程式運算後變成 20。當 test 程序執行完 test_ByRef 子程式後，原本 y 所記載的記憶體位址內的數值由 10 變為 20，所以 Debug.Print y 會列出 20。

- 傳值呼叫（Call by value）：

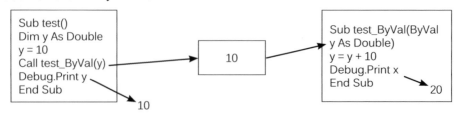

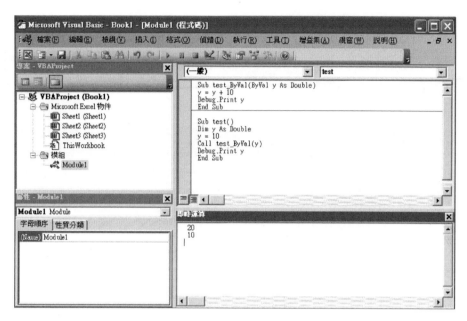

圖 1-3　傳值呼叫語法

　　在 test 程序中，使用 Call 語法呼叫 test_ByVal 子程式，並將 y 值 10 傳遞給 test_ByRef 子程式。test_ByRef 子程式會將變數 y 的值設定為 10，並進行運算。當 test_ByRef 子程式運算完成後，子程式變數 y 的數值會由 10 變為 20，但 test 程序中 y 的數值，不會因 test_ByRef 子程式的運行而有所改變依舊為 10。

　　至於通用程序引數是要使用傳址呼叫還是傳值呼叫？主要還是要依照程序本身的需求，以本書為例，Sub 以使用傳址呼叫為主，而 Function 的引數傳遞以傳值呼叫為主。另在程式撰寫時若無給定引數呼叫方式，VBA 會預設為傳址呼叫（Call by Address），若要設定引數傳遞方式時可在引數變數前加入 ByRef（傳址呼叫）或 ByVal（傳值呼叫）。

1-7　通用程序與內建函數的調用

　　在完成 Sub 或 Function 通用程序的撰寫後，接著就是如何調用這些通用程序，在 EXECL 中主要的使用環境為工作簿中的工作表，或是在通用程序中呼叫這些程序。這兩種不同使用環境中調用程序的方式會有所差異，其調用方式如下所述：

1-7-1 Sub 的調用

現有一名為 Hello 的 Sub 程序，其功能在以訊息視窗方式秀出「您好」兩字，其內容如下圖 1-4，該 Sub 的調用方式如下說明：

圖 1-4　Sub "Hello"

a. 工作表中調用：

在工作表中調用 Sub 的方法與使用巨集一樣，主要是 Excel 中所錄製的巨集也是以 Sub 的形式儲存在模組中，所以在 Excel 中自訂 Sub 的調用方式和調用錄製巨集的方式相同。但此種方法僅適用於不傳遞引數型的 Sub，當 Sub 為傳遞引數型時，此種方式便不適用。

調用捷徑：

1. 在 [開發] 索引標籤中，按下 [控制項] 類別中的 [插入]。
2. 按下表單控制項中的 [按鈕]。
3. 在工作表中任一地方，放置 [按鈕] 控制項。
4. 於 [指定巨集] 對話方塊中，[巨集名稱] 選取 [Hello] 即可。
5. 若要對 [按鈕] 進行屬性變更可直接於 [按鈕] 上按右鍵，即會出現快顯功能表，使用者可以透過快顯功能表變更 [按鈕] 屬性。

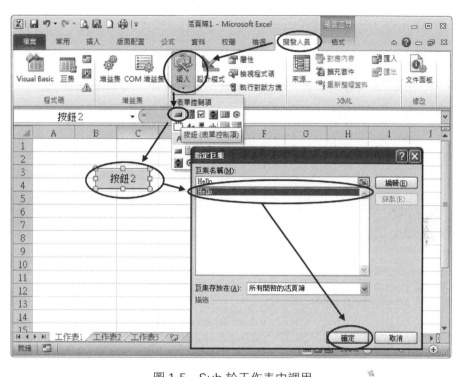

圖 1-5　Sub 於工作表中調用

當你於工作表中按下 [按鈕 2] 時，則按鈕會執行其指定的巨集，並以訊息視窗方式秀出「您好」兩字。

b. 程序中調用：

Sub 可在其它的 Sub 或 Function 中調用，其調用方式依有無引數的輸入而有所差異，若 Sub 無需引數輸入則以 Call 指令為之或是直接輸入 sub 名稱調用，例如上述調用 Hello 子程式語法可表示為「Call Hello」或「Hello」。另一種需要引數輸入的調用方式也有兩種不同的表達語法：

1. 所有引數依序輸入

　　Call 子程式名稱 (引數 1 輸入值 , 引數 2 輸入值 , ...)

2. 不依序輸入某些特定引數值

　　子程式名稱 引數名稱 : = 引數輸入值 , ...

1-7-2 Function 的調用

Function 的調用，我們以 MySum 函數為例，自訂函數 MySum 為計算 1 + 2 + 3 + ... + n 的總合，n 為輸入引數，其資料型態為整數，MySum 函數傳回值之資料型態亦為整數型態。

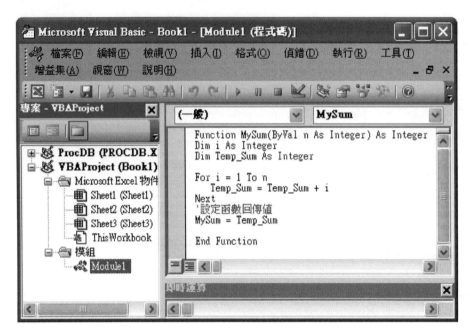

圖 1-6　MySum 函數

a. 工作表中調用：

在工作表中調用 MySum 函數方法和使用 Excel 中工作表函數一樣，先指定回傳值所在之儲存格（若函數回傳值的資料型態為矩陣，請選擇多個相鄰儲存格），並於儲存格中直接輸入「＝ MySum（100）」按下【Enter】確定，其中 100 為輸入之引數值。或是於 [公式] 索引標籤中，使用 [插入函數]，並於 [使用者定義] 中選取 MySum 函數，按下 [確定] 後輸入引數值即可。

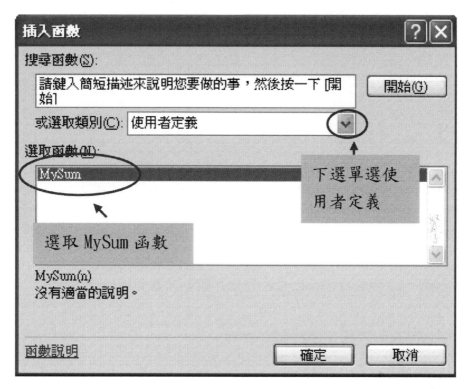

圖 1-7　MySum 函數於工作表中調用

b. 在程序中調用：

Function 因有回傳值所以在自訂函數使用時，可當作是一個變數或是宣告一個變數來儲存其傳回值，其語法如下：

變數名稱 = 自訂函數名稱 (引數值)

例如上例 MySum 函數在程序中的調用語法：

```
    :
Dim testMySum as Integer '於程序中宣告傳回值變數
testMySum = MySum (100)
    :
```

```
            :
Dim testMySum as Integer
testMySum = MySum (100)*100   ' 將函數當成變數值直接使用
            :
```

1-7-3 工作表函數的調用

在 EXCEL 工作表中建立了多種常用函數讓我們加速問題的解決，這些工作表函數除了在工作表中調用外（位於 [公式] 索引標籤中），我們也可以在自訂函數時加以調用，而這些工作表函數係屬於 WorksheetFunction 物件，所以你也可以依照物件屬性的引用方式在 VBA 中調用。

```
變數名稱 = WorksheetFunction . 工作表函數 ( 引數值 )
```

例如欲在程序中調用工作表函數 Average、Sum、Max 及 Min 其說明程式碼如下：

```
Sub test ()
Dim test_fun As Double
Dim data as Variant

data = Array (12, 14, 44, 56, 76, 77, 8)

test_fun = WorksheetFunction.Average (data)
Debug.Print test_fun

test_fun = WorksheetFunction.Sum (data)
Debug.Print test_fun

test_fun = WorksheetFunction.Max (data)
Debug.Print test_fun

test_fun = WorksheetFunction.Min (data)
Debug.Print test_fun

End Sub
```

data 為欲計算之資料集，執行該段 sub 時會於即時運算視窗中列出資料集的平均數、加總、最大值及最小值，傳回結果依序為 41、287、77 及 8，執行畫面如下：

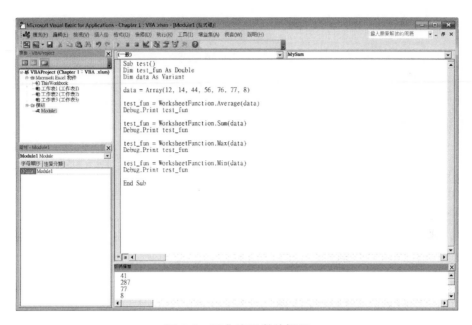

圖 1-8　工作表函數的調用

Chapter 2：規劃求解

　　Excel 規劃求解為一增益集（Add-In），檔案名稱 Solver.xlam，它包含了可用來模擬分析最適化的求解工具，提供了線性及非線性最佳化方法及求解函數在區域內的極值等（預設為非線性規劃：SolverOptions AssumeLinear: = False）。規劃求解在財務金融運用上最常被用在配適或估計金融模型參數；或是在投資學上求解投資組合效率前緣及最適投資權重或比例。本章將以 VBA 的方式操作規劃求解（讀者亦可通過 EXCEL 表單功能表方式操作），並以投資組合最適化的例子來說明規劃求解的用法，讓讀者能更深入了解此一增益集的運用。

2-1　增益集——規劃求解 Solver.xlam

　　規劃求解為一典型的工作表函數，其函數的使用必須搭配工作表使用。在使用前**必須確定**工作簿中是否已經引用了該增益集，其引用方式如下：

A. 索引標籤 [檔案]=>[選項]=>[增益集]。

B. 選取 [管理] 方塊中的 [Excel 增益集]=>[執行]。

C. 選取 [現有的增益集] 方塊中的 [規劃求解增益集] 核取方塊，然後按一下 [確定]。

D. 載入規劃求解增益集之後，[資料] 索引標籤上的 [分析] 群組中就會出現 [規劃求解] 命令。

（詳細可參考 http://office.microsoft.com/zh-tw/excel-help/HP010342660.aspx）

　　在 VBA 中使用規劃求解增益集除了要先於工作簿中引用 [規劃求解] 外，還必須於 VBE 編輯環境中設定引用項目 [Solver]，VBE 編輯環境中設定引用路徑為：[工具]=>[設定引用項目]=> 於可引用的項目中選取 [SOLVER] 並確定。若於 VBE 中設定引用項目無法發現 [SOLVER] 項目，請於工作表中先行執行 [規劃求解]，再於 VBE 中設定即可。

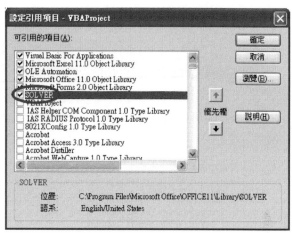

圖 2-1　VBE 中引用 solver

　　在這裡必須先釐清一點：規劃求解所求出的模擬解並不一定是全域解或最佳解，會因變數的初始值設定而可能產生不同的區域解，或產出次佳解。規劃求解 [Solver][1] 增益集內包含了不同功能選項的 Sub（子程式），使用者用於解決問題時，須依自身的需求呼叫相關 Sub（子程式）使用，以下列出常用於規劃求解之 Sub（子程式）：

- SolverOK 子程式：設定目標式

　　使用語法：

> SolverOK(SetCell , MaxMinVal , ValueOf , ByChange)

　　引數說明：

　　SetCell：目標函數 ($f(w_i)$) 所在之儲存格位置。

　　MaxMinVal：欲求取目標函數極值之種類

　　　　1：最大值

　　　　2：最小值

　　　　3：特定值

　　ValueOf：MaxMinVal 為 3 特定值時，須於此處設定數值。當 MaxMinVal 為 1 或 2 時，則省略此引數。

　　ByChange：變數儲存格（藉由變更變數儲存格內的數值來模擬求解），目標函數變數 w_i 所在之儲存格或儲存格區域。

---

[1] Solver 增益集內的子程式使用儲存格位置時，建議使用絕對參照方式輸入。

- SolverAdd 子程式：設定限制式

    使用語法：

    > SolverAdd(CellRef , Relation , FormulaText)

    引數說明：

    > CellRef：限制式左邊的一個或多個儲存格。

    > Relation：限制式算術關係

    >> 1：小於或等於（<=）

    >> 2：等於（＝）

    >> 3：大於或等於（>=）

    >> 4：整數

    >> 5：二進位數（零或一的值）。

    >> 6：Dif 即變數不能重覆取值

    > FormulaText：限制式右邊的一個或多個儲存格。

- SolverSolve 子程式：執行規劃求解

    使用語法：

    > SolverSolve(UserFinish ,ShowRef)

    引數說明：

    > UserFinish：TRUE 傳回結果且不顯示規劃求解結果對話方塊，FALSE 傳回結果且顯示規劃求解結果對話方塊。

    > ShowRef：識別 Solver 傳回中繼解法時呼叫的巨集。當 SolverOptions 函數的 StepThru 引數為 TRUE 時，才會使用 ShowRef 引數。

- Solverfinish 子程式：完成規劃求解對結果採取的動作

    使用語法：

    > SolverFinish(KeepFinal ,ReportArray)

    引數說明：

    > KeepFinal：數值為 1 則保留最終模擬值於變數儲存格中，若數值為 2 則會捨棄最終模擬值，並還原原先值。

    > ReportArray：指定一個陣列，陣列指示得到解答時 Microsoft Excel 會建立的報告類型。數值為 1，Microsoft Excel 會建立答案報告。數值為 2，

Microsoft Excel 會建立敏感度報告，若設定數值為 3，Microsoft Excel 會
建立限制報告。

- SolverReset 子程式：重設所有規劃求解設定，無引數設定。

上述子程式 Excel 亦已將其整合於規劃求解參數視窗中（所在路徑為：[資料]
索引標籤上的 [分析] 群組中的 [規劃求解]），其內容如圖 2-2 所示，規劃求解參數
視窗除了條件式的設定外還包含了一些主要求解參數設定，如選取求解方法、求解的
精確度、模擬求解的反覆運算次數等，更多的參數於規劃求解參數視窗中的【選項】
按鈕設定，如圖 2-3 頁籤內容。

圖 2-2　規劃求解參數視窗

圖 2-3　規劃求解選項三個頁籤內容

規劃求解參數一般是預設的，除了上述視窗可供設定外，也可以在 VBA 中呼叫
SolverOptions 子程式完成。

- SolverOptions 子程式：設定規劃求解選項。

  使用語法：

  > SolverOptions([MaxTime], [Iterations], [Precision], [AssumeLinear],
  > [StepThru], [Estimates], [Derivatives], [SearchOption], [IntTolerance],
  > [Scaling], [Convergence], [AssumeNonNeg], [PopulationSize],
  > [RandomSeed], [MultiStart], [RequireBounds], [MutationRate],
  > [MaxSubproblems], [MaxIntegerSols], [SolveWithout], [MaxTimeNoImp])

  引數說明：

  MaxTime（最長運算秒數）：以秒為單位，限制求解程序所花的時間。您可
  以輸入的最大值為 32,767，但是預設的 100（秒）即可適用於大多數的
  小型問題。

  Iterations（反覆運算）：設定規劃求解時反覆求算次數。您可以輸入的最大
  值為 32,767，但是預設的 100 次即可適用於大多數的小型問題。

  Precision（精確度）：一個介於 0（零）和 1 之間的數字。預設精確度為
  0.000001。

AssumeLinear（採用線性模型）：如果為 True，則規劃求解時將假設模型為線性模型。False 假設模型為非線性模型。預設值為 False。

StepThru（顯示反覆運算結果）：如果為 True，則顯示每一次反覆運算的結果。使用 SolverSolve 函數 ShowRef 參數可以在每次暫停時向規劃求解傳回中斷解法。預設值為 False。

Estimates（估計式）：指定方法以取得每次一維搜尋中基本變數的起始估計值。1 表示使用正切向量的線性外插法。2 表示二次項外插法，以改進極度非線性問題的結果。預設值為 1（正切函數估計）。

Derivatives（導函數／偏導函數）：指定目標函數和限制式函數的偏導式估計值使用向前差分還是中心差分：1 表示向前差分，向前差分法用於大多數的問題，這類問題的限制式數值的改變相當緩慢。2 表示中心差分，中心差分法用於限制式改變很快、並特別靠近限制值的問題上。雖然這個選項需要更多的計算，但當規劃求解傳回無法改進解決方案的訊息時，您可以嘗試使用這個選項。預設值為 1（向前差分）。

SearchOption（搜尋）：指定每次迭代時所使用的搜尋方法：1 表示牛頓搜尋法，2 表示共軛搜尋法。預設為 1（牛頓搜尋法）。

IntTolerance（誤差容忍度）：代表滿足整數限制式的解決方案之目標儲存格和真正的最佳數值的可接受差距百分比。這個選項只用於問題的限制式為整數時。容忍度越大，越能加速求解的程序。

Scaling（自動按比率縮放）：當輸入和輸出的結果具有極大的差異時，選取這個選項可使用自動按比例縮放功能。例如，依百萬元的投資單位來計算最大利潤百分比時，預設值為 False。

Convergence（收斂）：如果最後 5 次的反覆運算中，目標儲存格數值的相對改變小於 [收斂值] 方塊中的數值，規劃求解就停止執行。收斂值只用於非線性的問題上，並且必須表示成 0（零）和 1 之間的小數數值。如果您輸入的數值具有較多的小數位數，代表收斂值較小，例如 0.0001 比 0.01 具有較小的相對改變。收斂值越小，規劃求解需要求出解決方案的時間越長。預設值為 0.0001。

AssumeNonNeg（採用非負值）：如果為 TRUE 則將未設定的變數設為非負數。如果為 False 則不指定下限。

PopulationSize()：如果為 True，表示變數儲存格內的數值，若沒有限定則下限給零。如果為 False，則規劃求解僅使用在「限制」清單方塊中指定的限制。

RandomSeed()：若為正整數，亂數產生器使用同一亂數種子。這意味著，規劃求解每次在沒有變化的模型上運行時都會找到同一解。如果值為零，則指定規劃求解於每次運用的亂數種子皆不同，這樣，當它每次在沒有變化的模型上運行時，都會生成不同的解。

MultiStart()：如果為 True，則規劃求解會在調用 SolverSolve 時針對「GRG Nonlinear」方法使用多啟動方法來實現全域最佳化。如果為 False，則規劃求解僅在調用 SolverSolve 時調用一次「GRG Nonlinear」方法，而不使用多啟動。

RequireBounds()：如果為 True，當所有變數都沒有定義上限和下限時，則「Evolutionary」方法和多啟動方法會立即通過調用 SolverSolve 來替代。如果為 False，則這兩種方式會嘗試在不限定所有變數的情況下解決問題。

MutationRate()：一個介於 0 和 1 之間的數字，用於指定「Evolutionary」方法，將對現有總體成員進行變動的速率。變動率越高，越會增加總體的多樣性，並且生成的解越好。

MaxSubproblems()：該值必須為正整數。指規劃求解在包含整數約束的問題中，以及通過「Evolutionary」方法解決的問題中瀏覽的子問題最大數量。

MaxIntegerSols()：該值必須為正整數。規劃求解在包含整數限制的問題中，以及通過「Evolutionary」方法解決的問題中考慮的可行（或整數）解的最大數量。

SolveWithout()：若為 True，則規劃求解將忽略所有整數限制並解決問題的「relaxation」。如果為 False，則規劃求解在解決問題時使用整數限制。

MaxTimeNoImp()：該值必須為正整數。當使用「Evolutionary」方法時，規劃求解在找不到明顯最佳解下的最長執行時間（以秒為單位）。

（詳細內容請參考下列網頁：

http://msdn.microsoft.com/en-us/library/ff195446.aspx）

使用範例：

例如設定規劃求解的精確度至 0.001，語法可寫為：

```
SolverOptions Precision: = 0.001
```

2-2 投資組合管理

投資組合係指由一種或一種以上的證券或資產所構成的集合，而投資組合的用意在於風險分散，我們常常會聽到不要把所有的雞蛋放在同一個籃子裡，指的就是要透過不同資產的配置，來達到風險分散的效果。而上述的資產配置，第一步是決定投資的標的，而標的的選取一般會選擇分散性較高，也就是同質性較低的商品，例如股票和債券；第二步是投資資金的分配，也就是決定投資權重配置。

一般在管理資產時，最重要的莫過於對報酬的要求，而估計投資組合的預期報酬以期望報酬率 $E(R_P)$ 表示，$E(R_P)$ 為成份證券或資產的期望報酬加權平均（Weighted average），在假設投資 N 項成份證券或資產下，其公式表示如下：

$$E(R_P) = \sum_{i=1}^{N} w_i \times E(R_i) \tag{2-1}$$

其中

w_i：第 i 種成份證券或資產資金配置的權重，且 $\sum_{i=1}^{N} w_i = 1$

$E(R_i)$：第 i 種成份證券或資產的期望報酬率

投資組合的期望報酬和最終的實際報酬往往會有所差異，而期望報酬和實際報酬之間的差異我們稱之為風險，衡量此種風險的統計量最常以變異數（Variance）或標準差（Standard Deviation）來表示。變異數為投資組合的加權離差平方和，而將變異數開根號即稱為標準差。其計算公式如下：

$$\begin{aligned}
\sigma_P^2 &= \sum_{i=1}^{N} \sum_{j=1}^{N} w_i w_j \sigma_{ij} \\
&= \sum_{i=1}^{N} w_i^2 \sigma_i^2 + 2 \sum_{i=1}^{N} \sum_{j<i}^{N} w_i w_j \sigma_{ij} \\
&= \sum_{i=1}^{N} w_i^2 \sigma_i^2 + 2 \sum_{i=1}^{N} \sum_{j<i}^{N} w_i w_j \rho_{ij} \sigma_i \sigma_j
\end{aligned} \tag{2-2}$$

其中

σ_P^2：投資組合之變異數，σ_P 投資組合之標準差

w_i：第 i 種成份證券或資產資金配置的權重，且 $\sum_{i=1}^{N} w_i = 1$

σ_i^2：第 i 種成份證券或資產的變異數

σ_{ij}：第 i 與第 j 種成份證券或資產的共變異數

$$\sigma_{ij} = \rho_{ij}\sigma_i\sigma_j = \sum_{k=1}^{m} \frac{(r_{ik} - \bar{r}_i)(r_{jk} - \bar{r}_j)}{m}$$

r_{ik}：資產或證券 i 的第 k 筆歷史報酬率

$\bar{r}_i$：第 i 種資產或證券歷史期望報酬率

m：投資組合歷史資料筆數

ρ_{ij}：第 i 資產與第 j 資產之相關係數

馬克維茲（Markowitz）於 1952 年以資產投資組合為基礎，透過大量觀察和分析，認為投資者在具有相同報酬率的兩種證券之間進行選擇的話，任何投資者都會選擇風險小的；同樣的，投資者在具有相同風險的兩種證券之間進行選擇的話，會選擇報酬較大的。而滿足上述兩種優勢的投資組合稱之為最適投資組合（或效率組合；The Efficient Set），描繪效率組合的線型稱為效率前緣（Efficient Frontier）。

若金融環境中存在無風險利率投資商品，且投資人可進行無限制之借貸，那麼無風險利率商品與效率投資組合另可組成一組新的投資組合，而描述該投資組合的期望報酬和標準差之間的簡單線性關係稱之為資本市場線（Capital Market Line；CML），資本市場線與效率前緣切點上的投資組合，被稱之為最佳投資組合或市場投資組合（Market Portfolio），之所以被稱為最適投資組合是因為該組合具單位風險下最大之超額報酬，換句話說該組投資組合具最大之夏普比率。

馬克維茲從對報酬與風險的定量出發，有系統地研究了投資組合的特性，並從數學上解釋了投資者的避險行為，提出了建置最適投資組合的方法：

A.影響投資組合的兩個變數：期望報酬與變異數。

B.投資者將選擇在固定風險水準下，期望報酬率最大的投資組合；或在固定期望報酬率下，風險最低的投資組合。

C.對每種資產的期望報酬、變異數與相關係數計算和挑選，並進行數學規劃，以確定各資產在投資者資金中的權重。

依馬克維茲建置最適投資組合的方法，依投資者對報酬或風險的不同需求，可以將最適投資組合選擇的數學式寫成：

A. 固定風險 $\bar{\sigma}_P$ 下報酬最高：

$$Max \quad f(w_i) = E(R_P) \quad i = 1, 2, ..., N$$
$$s.t. \quad \sigma_P \leq \bar{\sigma}_P$$
$$\sum_{i=1}^{N} w_i = 1 \tag{2-3}$$
$$L_i \leq w_i \leq U_i \quad i = 1, 2, ..., N$$

B. 固定報酬 $E(\bar{R}_P)$ 下風險最低：

$$Min \quad f(w_i) = \sigma_P \quad i = 1, 2, ..., N$$
$$s.t. \quad E(R_P) \geq E(\bar{R}_P)$$
$$\sum_{i=1}^{N} w_i = 1 \tag{2-4}$$
$$L_i \leq w_i \leq U_i \quad i = 1, 2, ... N$$

C. 市場投資組合（Market Portfolio）：

$$Max \quad f(w_i) = \frac{E(R_P) - R_f}{\sigma_P} \quad i = 1, 2, ..., N$$
$$s.t. \quad \sigma_P > 0$$
$$E(R_P) \geq R_f$$
$$\sum_{i=1}^{N} w_i = 1 \tag{2-5}$$
$$L_i \leq w_i \leq U_i \quad i = 1, 2, ... N$$

其中 L_i 表示投資 i 資產權重下限、U_i 表示投資 i 資產權重上限、R_f 表示無風險利率。滿足上述 A 及 B 情況者即為效率組合，而滿足 C 情況者稱之為最佳投資組合或市場投資組合。針對上述 A、B 和 C 三種情況下，我們可以很方便的運用 EXCEL 規劃求解功能來解出各自的最適權重 w_i，分別滿足式 2-3、式 2-4 及式 2-5 中的目標式與限制式。

2-3 最適投資組合表單建置

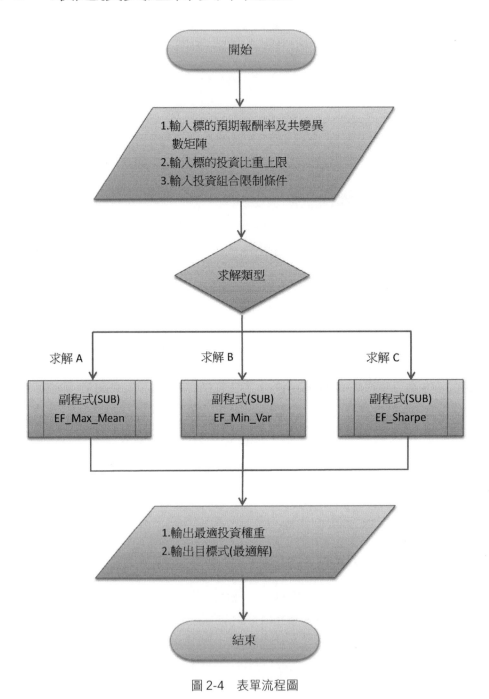

圖 2-4　表單流程圖

2-3-1 表單功能

表單主要透過 EXCEL 增益集中的規劃求解來達到下列目的：

A. 求解投資組合在固定風險 $\bar{\sigma}_P$ 下報酬最高的最適投資權重

B. 求解投資組合在固定報酬 $E(\bar{R}_P)$ 下風險最低的最適投資權重

C. 求解在市場投資組合下最適投資權重

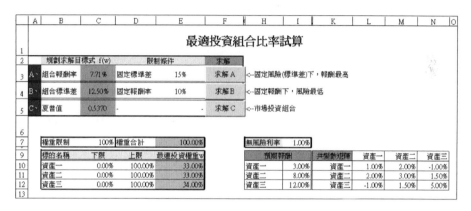

圖 2-5　最適投資組合表單

2-3-2 表單使用方式

A. 將投資組合標的名稱輸入儲存格 B10、儲存格 B11、儲存格 B12（若標的大於三檔則於儲存格 B13 一直往下增加）

B. 設定標的投資權重限制：儲存格 C7 為所有投資組合權重總合，一般設定為 100%，接著於儲存格 C10：C12 設定標的的投資下限比率，於儲存格 D10：D12 設定標的的投資上限比率，於求解前先行於儲存格 E10：E12 輸入目前投資權重比率為何。

C. 於儲存格 I10：I12 設定標的資產的歷史報酬率，於儲存格範圍 L10：N12 設定標的資產間的共變異數矩陣，並於儲存格 I7 輸入無風險利率。

D. 將上述的基本投資組合資料設定完成後，如果使用者要求解投資組合在固定風險下的最適投資權重，可於儲存格 E3 中輸入風險限制，接著按下儲存格 F3 上的「求解 A」按鈕，表單即會利用規劃求解估計出滿足設定的條件下最適的投資權重（儲存格 E10：E12）與其預期最高報酬率（儲存格 C3）。

如果使用者要求解投資組合在固定報酬下的最適投資權重可於儲存格 E4 中輸入報酬限制，接著按下儲存格 F4 上的「求解 B」按鈕，表單即會利用規劃求解估計出滿足設定的條件下最適的投資權重（儲存格 E10：E12）與其預期最小風險（儲存格 C4）。

同理，如果使用者要求解市場投資組合的最適投資權重，可按下儲存格 F5 上的「求解 C」按鈕，表單即會利用規劃求解估計出滿足設定的條件下最適的投資權重（儲存格 E10：E12）與其最高夏普值（儲存格 C5）。

2-3-3 表單說明

假設市場投資組合包含三種資產，分別為資產一、資產二及資產三，這三種資產的個別投資額度上限為總資產的 100%，下限為 0%。資產一的預期報酬為 3%、資產二的預期報酬為 8%、資產三的預期報酬為 12%，三種資產的共變數為：

共變數矩陣	資產一	資產二	資產三
資產一	1.00%	2.00%	-1.00%
資產二	2.00%	3.00%	1.50%
資產三	-1.00%	1.50%	5.00%

市場的無風險利率為 1%。我們將這些投資標的的基本設定輸入至儲存格 B10：D12 及儲存格 H9：N12；並於儲存格 C7 中設定權重上限為 100%。

當三項資產的起始投資權重設定為 33%、33% 及 34% 時，如圖 2-5 儲存格 E10：E12 所示，投資組合的預期報酬率為 7.71%（儲存格 C3）、標準差為 12.50%（儲存格 C4）及夏普值為 0.5370（儲存格 C5）。

A. 設定預期的投資風險（投資組合標準差）為 15%（儲存格 E3）時，按下【求解 A】按鈕即可求算出，資產一的最適投資權重為 27.85%（儲存格 E10）、資產二的最適投資權重為 0.84%（儲存格 E11）、資產三的最適投資權重為 71.30%（儲存格 E12），而投資組合的最高預期報酬率為 9.46%（儲存格 C3）。

B. 設定投資報酬率固定在 10%（儲存格 E4）後，按下【求解 B】按鈕即可求算出，資產一的最適投資權重為 12.31%（儲存格 E10）、資產二的最適投資權重為 22.31%（儲存格 E11）、資產三的最適投資權重為 65.38%（儲存格 E12）時，而投資組合的最小風險為 16.40%（儲存格 C4）。

C. 按下【求解 C】按鈕即可求算出市場投資組合之夏普值為 0.6801（儲存格 C5），這時投資組合的預期報酬為 6.44%（儲存格 C3）、標準差為 8.00%（儲存格 C4）。資產一的最適投資權重為 61.76%（儲存格 E10）、資產二的最適投資權重為 0.00%（儲存格 E11）、資產三的最適投資權重為 38.24%（儲存格 E12）。

2-3-4 表單製作

圖 2-5 為利用 EXCEL 所設計出的表單，表單主要功能為在滿足式 2-3、式 2-4 及式 2-5 下，利用規劃求解估出的最適投資權重 w_i。表單以按鈕的方式執行求解最適投資權重函數，其對映的按鈕名稱、公式、位置及執行之 Sub 名稱如下：

按鈕名稱	對映公式	儲存格位置	Sub 名稱
求解 A	式 2-3	F3	EF_Max_Mean()
求解 B	式 2-4	F4	EF_Min_Var()
求解 C	式 2-5	F5	EF_Sharpe()

表單中儲存格的配置說明如下：
- 儲存格範圍 H9：N12：為投資標的的基本統計量（假設為三項資產，讀者可依目的自行擴充標的數量）預期報酬及共變異數矩陣；
- 儲存格 I7：無風險利率；
- 儲存格範圍 B10：D12：輸入標的投資權重的上下限，若標的超過三個請自行擴充；
- 儲存格範圍 E10：E12：最適投資權重儲存格，在表單中設定為變數儲存格。規劃求解前可先輸入初始權重，當進行求解時，程式會利用這三個儲存格來進行目標函數（目標儲存格）模擬求解，並保留最終結果；
- 儲存格 C7：設定投資權重總和上限；
- 儲存格 E7：「= SUM(E10:E12)」，設定變數儲存格和。

儲存格範圍 B2：F5 為設定目標函數及限制式的地方，並於三個按鈕中分別執行【求解 A】滿足式 2-3 固定風險 $\bar{\sigma}_P$ 下報酬最高、【求解 B】滿足式 2-4 固定報酬 $E(\bar{R}_P)$ 下風險最低及【求解 C】滿足式 2-5 市場投資組合下的最適投資權重。
- 儲存格 C3：「= portfolio_Mean(I10:I12,E10:E12)」，式 2-3 中的目標式投資組合報酬率最大，而儲存格 E3 則是設定固定風險 $\bar{\sigma}_P$ 的數值；

- 儲存格 C4：「= portfolio_SD(L10:N12,E10:E12)」，式 2-4 中的目標式投資組合風險最小，而儲存格 E4 則是設定固定報酬 $E(\bar{R}_P)$ 的數值；
- 儲存格 C5：「= (C3-I7)/C4」，式 2-5 中市場投資組合效率最高者。

上述自訂函數 portfolio_Mean 及 portfolio_SD 分別計算投資組合的預期報酬率（式 2-1）及標準差（式 2-2）。該公式除了可用自訂函數外，亦可使用 EXCEL 內建函數完成，式 2-1 可使用公式「= SUMPRODUCT(E10:E12,I10:I12)」求算；式 2-2 可使用矩陣公式「= MMULT(TRANSPOSE(E10:E12),MMULT(L10:N12,E10:E12))」求算變異數，其中矩陣公式輸入後，需同時按【Shift】＋【Ctrl】＋【Enter】鍵方能得到矩陣計算結果。

- 儲存格範圍 F3：F5：這三個儲存格僅是借用位置放置執行 Sub 按鈕，在儲存格 F3 上頭製作表單按鈕，將按鈕命名為【求解 A】並將指定巨集之巨集名稱指向 EF_Max_Mean()。同儲存格 F3 表單按鈕製作，在儲存格 F4 上頭製作表單按鈕【求解 B】，並指定巨集 EF_Min_Var()，在儲存格 F5 上頭製作表單按鈕【求解 C】並引用 EF_Sharpe()。

綜上需設定儲存格公式者整理如下：

儲存格	公式名稱	說明
C3	= portfolio_Mean(I10:I12,E10:E12)	式（2-1）VB 函數
C4	= portfolio_SD(L10:N12,E10:E12)	式（2-2）開根號 VB 函數
C5	= (C3-I7)/C4	夏普值
E7	= SUM(E10:E12)	權重總合

2-4　範例

李小虎為一風險中立投資人，手上目前投資了三檔基金，分別為股票型基金、能源型基金及債券型基金，投資金額各為一百萬，假設目前市場無風險利率為 2%，三檔基金的預期報酬率別為 20%、10% 及 5%；標準差為 40%、20% 及 5%，共變異數矩陣如下：

共變異數矩陣	股票型基金	能源型基金	債券型基金
股票型基金	16.00%	4.00%	-1.60%
能源型基金	4.00%	4.00%	-0.50%
債券型基金	-1.60%	-0.50%	0.25%

在這種情況下，我們將所得的資訊輸入最適投資組合表單中（圖 2-6），由儲存格 C3 及 C4 可得李小虎投資組合的預期報酬率及標準差分別為 11.67% 及 16.35%。

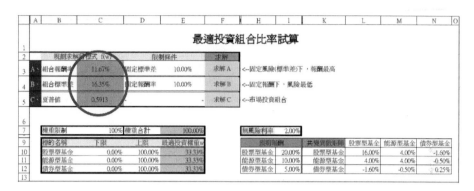

圖 2-6　最適投資組合比率試算

問題 1：檢視是否為效率投資組合

　　李小虎的投資金額配置係以平均配置為考量，並未考慮到投資效率，根據馬克維茲投資組合理論一個風險中立投資者，將會選擇在固定風險水準下，期望報酬率最高的投資組合；或在固定期望報酬率下，風險最低的投資組合。因此我們可以分兩個方式檢視李小虎的投資組合是否為最適：

(1) 在原有的風險基礎下（標準差為 16.35%），原有的期望報酬（11.67%）是否為條件下最大值？

(2) 在原有的預期報酬基礎下（11.67%），原有風險（標準差為 16.35%）是否為條件下最小值？

Ans(1)：

　　使用表單，於儲存格 E3 內的值輸入 16.35%（固定標準差），然後按下求解 A，表單會依規劃求解程式，求解出在其它條件不變下，當風險固定在 16.35% 時，投資組合最大的期望報酬率可達 11.92%，比原投資組合增加 0.25%。新投資組合的投資比重分別為 44.18%、5.93% 及 49.90%（差額受四捨五入影響）。調整數額如下表所示：

投資標的	原投資組合				最適投資組合				調整金額（萬）
	投資權重	金額（萬）	預期報酬	預期風險	投資權重	金額（萬）	預期報酬	預期風險	
股票型基金	33.33%	100			44.18%	133			33
能源型基金	33.33%	100	11.67%	16.35%	5.93%	18	11.92%	16.35%	-82
債券型基金	33.33%	100			49.90%	150			50

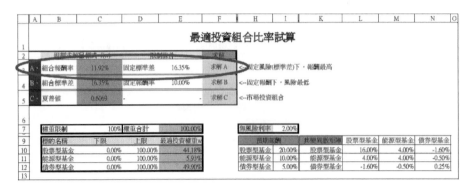

圖 2-7　最適投資組合比率試算

Ans(2)：

使用表單，於儲存格 E4 內的值輸入 11.67%（固定報酬率），然後按下求解 B，表單會依規劃求解程式，求解出在其它條件不變下，當報酬率固定在 11.67% 時，投資組合最小的標準差為 15.62%，比原投資組合減少 0.73%。新投資組合的投資比重分別為 42.45%、6.06% 及 51.49%。調整數額如下表所示：

投資標的	原投資組合				最適投資組合				調整金額（萬）
	投資權重	金額（萬）	預期報酬	預期風險	投資權重	金額（萬）	預期報酬	預期風險	
股票型基金	33.33%	100			42.45%	127			27
能源型基金	33.33%	100	11.67%	16.35%	6.06%	18	11.67%	15.62%	-82
債券型基金	33.33%	100			51.49%	154			54

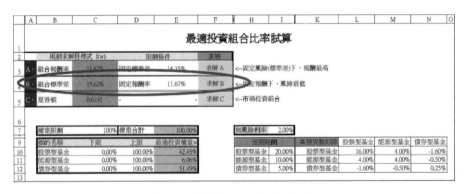

圖 2-8　最適投資組合比率試算

問題 2：（預期報酬下最小風險）

李小虎希望透過投資基金在一年後，能夠有 45 萬（15% 報酬）的收益去環遊世界，如果是你，你會作怎樣的一個配置建議？

Ans：

使用表單，於儲存格 E4 內的值輸入 15%（固定報酬率），然後按下求解 B，表單會依規劃求解程式，求解出在其它條件不變下，可配適出利用相對比較小的風險（25.32%）來達到預期報酬 15% 的目的。

投資標的	原投資組合				最適投資組合				調整金額（萬）
	投資權重	金額（萬）	預期報酬	預期風險	投資權重	金額（萬）	預期報酬	預期風險	
股票型基金	33.33%	100			64.34%	193			93
能源型基金	33.33%	100	11.67%	16.35%	6.99%	21	15.00%	25.32%	-79
債券型基金	33.33%	100			28.67%	86			-14

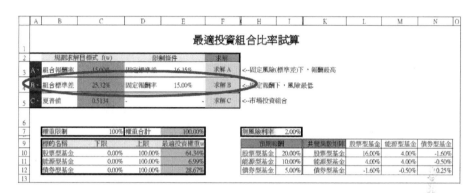

圖 2-9　最適投資組合比率試算

2-5　自訂函數

• **portfolio_Mean 函數：函數計算投資組合平均數**

使用語法：

portfolio_Mean(Mean ,Weight)

引數說明：

Mean：投資組合平均數矩陣（1 to N ,1）。

Weight：投資權重矩陣（1 to N , 1），權重總合為 100%。

返回值：投資組合平均數

行	程式內容
001	Function portfolio_Mean(ByRef mean, ByRef Weight) As Double
002	Dim i As Integer '計數變數
003	Dim N As Integer '投資組合標的個數
004	Dim temp_mean As Double '計算值暫存變數
005	N = UBound(mean.Value) '投資組合標的個數
006	For i = 1 To N
007	temp_mean = temp_mean + Weight(i, 1) * mean(i, 1)
008	Next
009	portfolio_Mean = temp_mean '回傳函數計算結果
010	End Function

程式說明：

行數 006-008：

計算投資組合的預期報酬率，其公式如式 2-1 所示。

- **portfolio_SD 函數：函數計算投資組合標準差**

使用語法：

portfolio_SD(Cov ,Weight)

引數說明：

Cov：共變異數矩陣（1 to N , 1 to N）。

Weight：投資權重矩陣（1 to N , 1），權重總合為 100%。

返回值：投資組合標準差

行	程式內容
001	Function portfolio_SD(ByRef Cov, ByRef Weight) As Double
002	Dim i As Integer '計數變數
003	Dim j As Integer '計數變數
004	Dim N As Integer '投資組合標的個數
005	Dim temp_SD As Double '計算值暫存變數
006	N = UBound(Cov.Value) '投資組合標的個數
007	For i = 1 To N
008	For j = 1 To N
009	temp_SD = temp_SD + Weight(i, 1) * Weight(j, 1) * Cov(i, j)
010	Next
011	Next
012	portfolio_SD = temp_SD ^ (0.5) '回傳投資組合標準差
013	End Function

程式說明：

行數 007-011：

計算投資組合標準差，其公式如式 2-2 所示。

- **EF_Max_Mean** 子程式：執行式 2-3 規劃求解，利用規劃求解求算在固定風險下報酬最高的最適投資權重

使用語法：

EF_Max_Mean()

行	程式內容
001	Sub EF_Max_Mean()
002	Call SolverReset
003	Call SolverOk("$C$3", 1, , "$E$10:$E$12")
004	Call SolverAdd("$E$10:$E$12", 1, "$D$10:$D$12")
005	Call SolverAdd("$E$10:$E$12", 3, "$C$10:$C$12")
006	Call SolverAdd("$C$4", 1, "$E$3")
007	Call SolverAdd("$E$7", 2, "$C$7")
008	Call SolverSolve(True)
009	Call solverfinish(1)
010	End Sub

程式說明：

行數 002：

重設規劃求解內所有引數，避免模型內殘存前次引數設定，影響規劃求解內容。

行數 003：

設定目標式，目標式必須為權重的函數。函數第一個引數為目標式所在之儲存格位置（$C$3），第二個引數為求目標式之最大值 1，第三個引數略，第四個引數為目標式變數所在之儲存格位置（$E$10:$E$12）。本行對應式 2-3 中的數學式為 $Max\ f(w_i) = E(R_P)$。

行數 004：

設定限制式投資權重上限，第一個引數為投資權重變數（目標式變數）所在之儲存格位置（"$E$10:$E$12"），第二個引數 1 表示小於，第三個引數為投資權重上限值所在之儲存格（"$D$10:$D$12"）。本行對應式 2-3 中的數學式為 $w_i \leq U_i$。

行數 005：

設定限制式投資權重下限，第一個引數為投資權重變數（目標式變數）所在之儲存格位置（"$E$10:$E$12"），第二個引數 3 表示大於，第三個引數為投資權重下限值所在之儲存格（"$C$10:$C$12"）。本行對應式 2-3 中的數學式為 $L_i \leq w_i$。

行數 006：

設定限制式投資組合風險要小於 $\bar{\sigma}_p$，第一個引數為投資組合標準差函數所在之儲存格位置（"$C$4"），第二個引數 1 表示小於，第三個引數為投資組合固定風險 $\bar{\sigma}_p$ 上限值所在之儲存格（"$E$3"）。

行數 007：

設定限制式投資組合權重變數總合為 100%，第一個引數為投資組合投資權重變數和所在之儲存格位置（"$E$7"），第二個引數 2 表示等於，第三個引數為投資權重和之限制值所在之儲存格（"$C$7"）。

行數 008：

執行規劃求解函數，並且不顯示規劃求解結果對話方塊。

行數 009：

將執行規劃求解後的結果保留下來（目標式變數，在此為權重變數），替換初始值。

- **EF_Min_Var 子程式：執行式 2-4 規劃求解，利用規劃求解求算在固定風險下報酬最高的最適投資權重**

使用語法：

EF_Min_Var()

行	程式內容
001	Sub EF_Min_Var()
002	Call SolverReset
003	Call SolverOk("$C$4", 2, , "$E$10:$E$12")
004	Call SolverAdd("$E$10:$E$12", 1, "$D$10:$D$12")
005	Call SolverAdd("$E$10:$E$12", 3, "$C$10:$C$12")
006	Call SolverAdd("$C$3", 3, "$E$4")
007	Call SolverAdd("$E$7", 2, "$C$7")
008	Call SolverSolve(True)
009	Call solverfinish(1)
010	End Sub

程式說明：

行數 002：

重設規劃求解內所有引數，避免模型內殘存前次引數設定，影響規劃求解內容。

行數 003：

設定目標式，目標式必須為權重的函數。函數第一個引數為目標式所在之儲存格位置（$C$4），第二個引數為求目標式之最小值 2，第三個引數略，第四個引數為目標式變數所在之儲存格位置（$E$10:$E$12）。本行對應式 2-4 中的數學式為 $Min\ f(w_i) = \sigma_P$。

行數 004：

設定限制式投資權重上限，第一個引數為投資權重變數（目標式變數）所在之儲存格位置（"$E$10:$E$12"），第二個引數 1 表示小於，第三個引數為投資權重上限值所在之儲存格（"$D$10:$D$12"）。本行對應式 2-4 中的數學式為 $w_i \leq U_i$。

行數 005：

設定限制式投資權重下限，第一個引數為投資權重變數（目標式變數）所在之儲存格位置（"$E$10:$E$12"），第二個引數 3 表示大於，第三個引數為投資權重下限值所在之儲存格（"$C$10:$C$12"）。本行對應式 2-4 中的數學式為 $L_i \leq w_i$。

行數 006：

設定限制式投資組合預期報酬最大，第一個引數為投資組合預期報酬函數所在之儲存格位置（"$C$3"），第二個引數 3 表示大於，第三個引數為投資組合報酬下限值所在之儲存格（"$E$4"）。

行數 007：

設定限制式投資組合權重變數總合為 100%，第一個引數為投資組合投資權重變數和所在之儲存格位置（"$E$7"），第二個引數 2 表示等於，第三個引數為投資權重和之限制值所在之儲存格（"$C$7"）。

行數 008：

執行規劃求解函數，並且不顯示規劃求解結果對話方塊。

行數 009：

將執行規劃求解後的結果保留下來（目標式變數，在此為權重變數），替換初始值。

- **EF_Sharpe 子程式：執行式 2-5 規劃求解，求算市場投資組合最適投資權重**

使用語法：

```
EF_Sharpe()
```

行	程式內容
001	Sub EF_Sharpe()
002	Call SolverReset
003	Call SolverOk("$C$5", 1, , "$E$10:$E$12")
004	Call SolverAdd("$E$10:$E$12", 1, "$D$10:$D$12")
005	Call SolverAdd("$E$10:$E$12", 3, "$C$10:$C$12")
006	Call SolverAdd("$E$7", 2, "$C$7"
007	Call SolverSolve(True)
008	Call solverfinish(1)
009	End Sub

程式說明：

行數 002：

重設規劃求解內所有引數，避免模型內殘存前次引數設定，影響規劃求解內容。

行數 003：

設定目標式，目標式必須為權重的函數。函數第一個引數為目標式所在之儲存格位置（$C$5），第二個引數為求目標式之最大值 1，第三個引數略，第四個引數為目標式變數所在之儲存格位置（$E$10:$E$12）。本行對應式 2-5 中的數學式為 $Max \quad f(w_i) = \dfrac{E(R_P) - R_f}{\sigma_P}$。

行數 004：

設定限制式投資權重上限，第一個引數為投資權重變數（目標式變數）所在之儲存格位置（"$E$10:$E$12"），第二個引數 1 表示小於，第三個引數為投資權重上限值所在之儲存格（"$D$10:$D$12"）。本行對應式 2-5 中的數學式為 $w_i \leq U_i$。

行數 005：

設定限制式投資權重下限，第一個引數為投資權重變數（目標式變數）所在之儲存格位置（"$E$10:$E$12"），第二個引數 3 表示大於，第三個引數為投資權重下限值所在之儲存格（"$C$10:$C$12"）。本行對應式 2-5 中的數學式為 $L_i \leq w_i$。

行數 006：

設定限制式投資組合權重變數總合為 100%，第一個引數為投資組合投資權重變數和所在之儲存格位置（"$E$7"），第二個引數 2 表示等於，第三個引數為投資權重和之限制值所在之儲存格（"$C$7"）。

行數 007：

執行規劃求解函數，並且不顯示規劃求解結果對話方塊。

行數 008：

將執行規劃求解後的結果保留下來（目標式變數，在此為權重變數），替換初始值。

Chapter 3：Black-Scholes 公式

　　早在 17 世紀時選擇權就已經廣泛被運用在歐洲商品市場中，但那時候的選擇權多屬於私契約的形態，直到 1934 年美國證管會（SEC）在證券法實施之後，選擇權交易才被正式納入政府監管。雖然選擇權很早就被運用在交易上，但對於其合理的定價卻一直困擾著投資者，雖然市場上不斷有經驗模型及計量模型問世，但受限於參數的取得不易、模型完整度不足及假設條件不符合常態等因素，進而間接影響到整個選擇權市場的發展。

　　直到 1973 年 Black-Scholes 發表了一篇影響衍生性金融商甚鉅的論文，透過標的資產與現金所構成的簡單投資組合進行動態避險，利用可直接或間接觀察到的五個變數（標的價格 S、履約價格 K、標的報酬率的波動率 σ_S、無風險利率 r 及到期年限 T），以封閉解合理的決定選擇權的價格。於是乎選擇權市場如同解除封印般的快速成長，不但各國紛紛建立選擇權的交易平台，並陸續推出各種不同交易標的的選擇權類型。

　　本章內容主要介紹 Black-Scholes 公式及其 Greeks 的運用，但不對公式作推導，並介紹後續延伸考量持有成本之選擇權評價公式，以表單方式對歐式期貨選擇權、歐式債券選擇權及歐式外匯選擇權作評價。

3-1　股價的隨機過程

　　股價不像固定收益可以透過收益率明確定義未來特定時間的未來值，它的未來價值隨著時間的變化而有所變動，它是具有隨機性的一種隨機行為（A Stochastic Process；或稱隨機過程）。一般最常見的隨機行為模型為隨機漫步（Random Walk），這種隨機行為我們可以用醉漢走路來形容，意思就是說：醉漢走路東倒西歪般的無意識行為，你永遠也不知道他的下一步會往那個方向走（包括他自己），在金融市場中，根據研究不論是股價還是利率或匯率，它的變動過程也可用一種隨機過程行為表示。

　　在財務工程或財務金融中，最重要的隨機行為模型稱 Wiener Process，它是馬可夫隨機過程（Markov stochastic Process）的一種，所謂馬可夫隨機過程簡單的說係指未來值只和現值有關，和過去的歷史值無關，以股價變動趨勢來說：明天的股價和過去的歷史無關，你不可能運用過去的歷史資料來推測明天的股票走勢。

　　Norbert Wiener 是最早把 Brownian Motion（布朗運動）當作一種隨機行為來研究，也因此我們現在所稱的 Wiener Process 亦或稱 Brownian Motion，其運用的統計式可表示為：

假設 w_t 變數服從 Wiener Process，它必須滿足下列兩個條件：

1. $\Delta w_t = \varepsilon \sqrt{\Delta t}$ 其中 $\Delta w_t = w_t - w_{t-1}$，$\varepsilon \sim N(0,1)$ 標準常態分配；

2. 在兩個不重覆時段 Δt 與 Δs 下，w_t 的增量 Δw_t 及 Δw_s 獨立（$Cov(\Delta w_t, \Delta w_s) = 0$，馬可夫隨機過程成立）。

根據上述條件，在連續時間下，dw_t 的機率分配為服從期望值為 0，變異數為 dt 的常態分配：

$$dw_t \sim N(0, dt) \tag{3-1}$$

式 3-1 表示標準 Wiener Process，但很多的隨機變數每單位時間（dt）變量並不服從期望值為 0 變異數為 1 的常態分配。因此，我們會對標準 Wiener Process 作擴充，而這些擴充模型被稱之為 Generalized Wiener Process：

假設 X_t 為一隨機變量，X_t 的瞬間變量可表示為：

$$dX_t = a\,dt + b\,dw_t \tag{3-2}$$

其中：a 表 dX_t 單位時間（dt）的漂浮項（drift）

　　　b 表 dX_t 單位時間（dt）的標準差

$dX_t \sim N(a\,dt, b^2 dt)$。

Generalized Wiener Process 假設 a 及 b 為常數，並不太合理，為了描述更複雜的隨機過程，Ito's process 放寬對 a 及 b 為常數的假設：

$$dX_t = a(x,t)\,dt + b(x,t)\,dw_t \tag{3-3}$$

$a(x, t)$ 表示瞬間變量期望值，它會隨著 X_t 本身及時間 t 的變動而變動；$b(x, t)$ 表示瞬間變量標準差，它會隨著 X_t 本身及時間 t 的變動而變動。

3-2　Black-Scholes

Black-Scholes 運用 Ito's Lemma 導出偏微分方程式，再以變數轉換與熱傳導方程式，得到歐式買權定價模型，該模型主要是用來評估歐式選擇權的價格，其假設如下：

1. 短期利率已知且固定。
2. 標的股票的股價呈對數常態分配，且股價報酬的變異數固定。

$$dS = rSdt + \sigma_S Sdw_t \tag{3-4}$$

$dw_t \sim N(0, dt)$：標準 Wiener process

3. 到期日前不發放股利。
4. 只能在到期日履約，即歐式選擇權。
5. 買賣股票或選擇權時，不用支付交易成本。
6. 借貸利率相同且為短期利率。
7. 可任意放空股票且無套利機會。

依據假設，歐式股票選擇權的買權價格 C 及賣權價格 P 分別表示為：

$$C = SN(d_1) - Ke^{-rT}N(d_2) \tag{3-5}$$

$$P = Ke^{-rT}N(-d_2) - SN(-d_1) \tag{3-6}$$

其中

$$d_1 = \frac{\ln(S/K) + (r + \sigma_S^2/2)T}{\sigma_S \sqrt{T}} \tag{3-7}$$

$$d_1 = \frac{\ln(S/K) + (r + \sigma_S^2/2)T}{\sigma_S \sqrt{T}} \tag{3-8}$$

S：標的價格
K：選擇權履約價格
T：到期時間（年）
r：短期利率
σ_S：標的報酬率波動率
N(.)：累積常態分配函數

式 3-5 及 3-6 可以表示為：

$$C(or\ P) = ISN(Id_1) - IKe^{-rT}N(Id_2) \tag{3-9}$$

若 $I = 1$ 則為歐式買權，$I = -1$ 則為歐式賣權。

範例 3-1：標準歐式買權及賣權定價

計算一歐式股票買權 C 或賣權 P，其到期時間還有六個月（0.5 年），標的股票價格 25 元，履約價亦為 25 元，無風險利率為 1%，標的報酬率年化波動率為 25% 則：

$$d_1 = \frac{\ln(25/25) + (0.01 + 0.25^2/2) \times 0.5}{0.25 \times \sqrt{0.5}} = 0.1167$$

$$d_2 = d_1 - \sigma_S\sqrt{T} = 0.1167 - 0.25 \times \sqrt{0.5} = -0.0601$$

買權價格：$C = 25 \times N(0.1167) - 25 \times e^{-0.01 \times 0.5} \times N(-0.0601) = 1.8195$

賣權價格：$P = 25 \times e^{-0.01 \times 0.5} \times N(0.0601) - 25 \times N(0.1167) = 1.6948$

3-3　Greeks

Black-Scholes 選擇權模型共有五個參數，分別為：

S：標的價格

K：選擇權履約價格

T：到期時間（年）

r：短期利率

σ_S：標的報酬率（年）波動率

而觀察這五個參數的變化，可大致了解該選擇權的價格敏感性。以希臘字母表示這五種不同的變化情形，介紹如下：

a、Delta（Δ；$\frac{\partial C}{\partial S}$ or $\frac{\partial P}{\partial S}$）

表示當股價變動一個單位時，造成選擇權價格的變量，公式如下：

$$\Delta_C = \frac{\partial C}{\partial S} = N(d_1) > 0 \tag{3-10}$$

$$\Delta_P = \frac{\partial P}{\partial S} = -N(-d_1) = N(d_1) - 1 < 0 \tag{3-11}$$

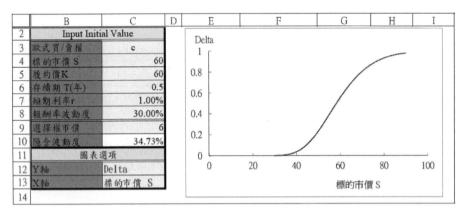

圖 3-1　買權 Delta 與標的之間的關係圖

b、Gamma（Γ；$\frac{\partial^2 C}{\partial S^2}$ or $\frac{\partial^2 P}{\partial S^2}$）

表示股價等於 S 時，選擇權價值線的弧度（Curvature），也就是 Delta 變動的敏感度，Gamma 越大，代表股價 S 變動時，Delta 的變動愈大，避險也愈困難。公式如下：

$$\Gamma_C = \frac{\partial^2 C}{\partial S^2} = \frac{\partial}{\partial S} N(d_1) = \frac{n(d_1)}{S\sigma_S\sqrt{T}} = \frac{\partial^2 P}{\partial S^2} = \Gamma_P \tag{3-12}$$

其中 $n(.)$ 為常態分配機率密度函數。

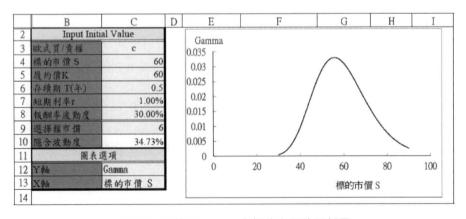

圖 3-2　買權 Gamma 與標的之間的關係圖

c、Vega（v；$\dfrac{\partial C}{\partial \sigma_S}$ or $\dfrac{\partial P}{\partial \sigma_S}$）

當標的股價報酬波動度 σ_S 變動一個單位（100%）時，造成選擇權價格的變動量。公式如下：

$$v_C = \frac{\partial C}{\partial \sigma_S} = S\sqrt{T}\,n(d_1) = \frac{\partial P}{\partial \sigma_S} = v_P > 0 \tag{3-13}$$

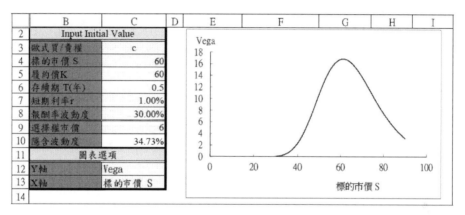

圖 3-3　買權 Vega 與標的之間的關係圖

d、Theta（Θ；$\dfrac{\partial C}{\partial T}$ or $\dfrac{\partial P}{\partial T}$）

代表選擇權價值隨著時間的消失（1 年）而減少的價值。公式如下：

$$\Theta_C = \frac{\partial C}{\partial T} = -\frac{S\sigma_S\,n(d_1)}{2\sqrt{T}} - rKe^{-rT}N(d_2) < 0 \tag{3-14}$$

$$\Theta_P = \frac{\partial P}{\partial T} = -\frac{S\sigma_S\,n(d_1)}{2\sqrt{T}} + rKe^{-rT}N(-d_2) <> 0 \tag{3-15}$$

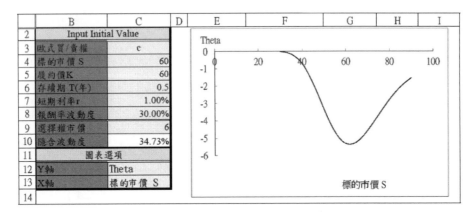

圖 3-4　買權 Theta 與標的之間的關係圖

e、Rho（ρ；$\dfrac{\partial C}{\partial r}$ or $\dfrac{\partial P}{\partial r}$）

代表利率變動一單位（100%）時，造成選擇權價格的變量。公式如下：

$$\rho_C = \frac{\partial C}{\partial r} = KTe^{-rT}N(d_2) \tag{3-16}$$

$$\rho_P = \frac{\partial P}{\partial r} = -KTe^{-rT}N(-d_2) \tag{3-17}$$

範例 3-2：標準歐式選擇權 Greeks

求算範例 3-1 中選擇權的 Greeks：

- **Delta**

$$\Delta_C = N(d_1) = N(0.1167) = 0.5464$$
$$\Delta_P = -N(-d_1) = N(d_1) - 1 = 0.5464 - 1 = -0.4536$$

- **Gamma**

$$\Gamma_C = \Gamma_P = \frac{n(d_1)}{S\sigma_s\sqrt{T}} = \frac{n(0.1167)}{25 \times 0.25 \times \sqrt{0.5}} = \frac{0.3962}{4.4194} = 0.08966$$

- **Vega**

$$v_C = v_P = S\sqrt{T}n(d_1) = 25 \times \sqrt{0.5} \times n(0.1167) = 7.0045$$

- **Theta**

$$\Theta_C = -\frac{S\sigma_S n(d_1)}{2\sqrt{T}} - rKe^{-rT}N(d_2)$$

$$= -\frac{25 \times 0.25 \times n(0.1167)}{2\sqrt{0.5}} - 0.01 \times 25 \times e^{-0.01 \times 0.5} \times N(-0.0601)$$

$$= -1.8695$$

$$\Theta_P = -\frac{S\sigma_S n(d_1)}{2\sqrt{T}} + rKe^{-rT}N(-d_2)$$

$$= -\frac{25 \times 0.25 \times n(0.1167)}{2 \times \sqrt{0.5}} + 0.01 \times 25 \times e^{-0.01 \times 0.5} \times N(0.0601)$$

$$= -1.6208$$

- **Rho**

$$\rho_C = KTe^{-rT}N(d_2) = 25 \times 0.5 \times e^{-0.01 \times 0.5} \times N(-0.0601) = 5.9208$$

$$\rho_P = -KTe^{-rT}N(-d_2) = -25 \times 0.5 \times e^{-0.01 \times 0.5} \times N(0.0601) = -6.5169$$

3-4　選擇權避險策略

　　基本選擇權有四種型態：買買權（看多）、買賣權（看空）、賣買權（看空）及賣賣權（看多），其中看多及看空各有兩種，針對後市的看法，我們要如何運用合適的交易工具來達到報酬最大化呢？交易選擇權比交易一般商品來得複雜，除了要考慮對行情好壞的判斷外，還要對不同參數的影響作考量，舉例來說假設你預計明天大盤會上漲 20 點，對映台指買權的價格會上漲 2 點，但該買權的時間價值卻也高達 2 點時，這意味著當所有條件不變下，明天大盤如你所願上漲 20 點，但台指買權卻會以平盤開出。所以選擇權的投資，你可以把它看作是在作 Greeks 的投資，例如，交易 Delta 或 Gamma 是指在交易行情的方向；交易 Vega 是指在交易市場的積極度，而交易 Theta 則是在交易選擇權的時間價值。運用好 Greeks 可增加交易策略使用彈性。

　　Greeks 除了可以增加交易策略的使用彈性外，最常被運用在避險策略上，其中較為常見的三種 Greeks 風險中立的規避方法為 Delta neutral、Gamma neutral 及 Vega neutral。Delta neutral 是指交易之投資組合（同一標的）總 Delta 為零，換句話說指當標的價格變動時，不會對投資組合一階變動有所影響；Gamma neutral 是指交易之投資組合（同一標的）總 Gamma 為零，亦指當標的價格變動時，不會對投資組合二階變動有所影響；而 Vega neutral 是指交易之投資組合（同一標的）總 Vega 為零，指當標的波動率變動時，不會對投資組合產生影響。

範例 3-3：Delta neutral、 Gamma neutral 及 Vega neutral 策略

假設市場上有 5 種台積電選擇權，其資料如下：

選擇權名稱	買／賣權	Delta	Gamma	Vega
A	Call	0.6	0.2	8
B	Call	0.8	0.3	10
C	Call	0.3	0.09	4
D	Put	-0.6	0.12	6
E	Put	-0.7	0.15	7

小萱萱日前於市場上買進 100 單位 E、買進 50 單位 D 及賣出 200 單位 C。請問：

(1) 小萱萱要交易多少單位台積電現貨才能使得投資組合達到 Delta neutral？

(2) 小萱萱要交易多少單位 A 才能使得投資組合達到 Gamma neutral？

(3) 小萱萱要交易多少單位 A 才能使得投資組合達到 Vega neutral？

(4) 小萱萱要交易多少單位台積電現貨與多少單位 A，才能使得投資組合達到 Delta neutral 及 Gamma neutral？

(5) 小萱萱要交易多少單位台積電現貨、多少單位 A 及多少單位 B，才能使得投資組合達到 Delta neutral、Gamma neutral 及 Vega neutral？

Ans：

首先計算小萱萱投資中 Delta 部位數、Gamma 部位數及 Vega 部位數：

Delta 部位數 $=100\times(-0.7)+50\times(-0.6)+(-200)\times0.3=-160$

Gamma 部位數 $=100\times0.15+50\times0.12+(-200)\times0.09=3$

Vega 部位數 $=100\times7+50\times6+(-200)\times4=200$

(1) 投資組合中，部位總 Delta 為 -160 個單位數，所以要買進 160 個單位的台積電現貨使得部位總 Delta 為零。

(2) 假設需要交易 W_A 個單位 A，則滿足 Gamma neutral 的條件式為：

$0.2\times W_A+3=0\Rightarrow W_A=-15$

所以要賣出 15 個單位 A，使得投資組合達到 Gamma neutral。

(3) 假設需要交易 W_A 個單位 A，則滿足 Vega neutral 的條件式為：

$8\times W_A+200=0\Rightarrow W_A=-25$

所以要賣出 25 個單位 A，使得投資組合達到 Vega neutral。

(4) 承 (2) 賣出 15 個單位 A 使得投資組合達到 Gamma neutral，但新賣出的 15 個單位 A 會使得投資組合中 Delta 部位數多出 -9，所以要買進 $160+9=169$ 個單位的台積電現貨，使得新投資組合達到 Delta neutral。

(5) 假設需要交易 W_A 個單位 A 及 W_B 個單位 B，用以滿足 Gamma neutral 及 Vega neutral 其條件式為：

$$0.2 \times W_A + 0.3 \times W_B - 3 = 0$$
$$8 \times W_A + 10 \times W_B - 200 = 0$$
$$\Rightarrow W_A = 75 \cdot W_B = -40$$

所以要買進 75 個單位 A 及賣出 40 個單位 B，使得投資組合達到 Gamma neutral 及 Vega neutral，但新買進 75 個單位 A，賣出 40 單位 B，會使得投資組合中 Delta 部位多出 $75 \times 0.6 + (-40) \times 0.8 = 13$ 個單位，所以要買進 $160-13=147$ 個單位的台積電現貨，使得新投資組合達到 Delta neutral。

3-5　隱含波動率（Implied volatility）

　　隱含波動率是指利用選擇權的市場價格代入選擇權理論模型中反推出的波動率，主要用來衡量權利金水準是否偏高或是偏低，亦或是衡量選擇權市場的恐慌程度。市場上對同一標的選擇權可能存在有多筆交易，隱含波動率會依價內價平或價外而有明顯的差異，一般對同一標的的隱含波動率會用加權平均來代替，例如 VIX 指數（芝加哥選擇權交易所波動率指數）。

　　隱含波動率與歷史波動率（Historical Volatility）不同，歷史波動率係以標的過去實際走勢計算，但隱含波動率可看作是對後市看法的積極性（或風險性）。當隱含波動率上升時，通常代表選擇權買方對後市看法積極，願意追價買進，同時賣方因為履約風險加大，亦可能會收取較高之權利金；若隱含波動率下跌，代表市場對行情後市將趨緩，買方不願意承擔時間價值衰減之風險，僅願意付出較低之權利金，而賣方卻積極進場，造成選擇權價格容易下跌。

　　以 Black-Scholes 公式而言，隱含波動率的求法最常用的有兩種，分別為牛頓法及二等份法：

牛頓法（Newton Method）：

　　利用泰勒展開式迭代求解，此種方法大約只要經過三到四次的迭代過程即可求得估計解，但相對的函數必須可求得偏微分方能利用泰勒展開式逐步逼近最佳解。假定選擇權價格函數以 $f(\sigma)$ 表示，$\sigma_{implied}$ 為其解（即 $f(\sigma_{implied})$ 為選擇權的市場價格），σ_{A_0} 為起始近似解，$f(\sigma_{implied})$ 的泰勒展開式可表示為：

$$f(\sigma_{implied}) - f(\sigma_{A_0})$$
$$= (\sigma_{implied} - \sigma_{A_0})f'(\sigma_{A_0}) + \frac{(\sigma_{implied} - \sigma_{A_0})^2}{2!}f''(\sigma_{A_0}) + ... = 0 \tag{3-18}$$

假設 σ_{A_0} 與 $\sigma_{implied}$ 的差為 h_0，則 $\sigma_{implied} - \sigma_{A_0} = h_0$ 代入上式可表示為：

$$f(\sigma_{implied}) - f(\sigma_{A_0}) = h_0 f'(\sigma_{A_0}) + \frac{h_0^2}{2!}f''(\sigma_{A_0}) + ... = 0 \tag{3-19}$$

捨去二次方以上的項目可得近似函數：

$$f(\sigma_{implied}) - f(\sigma_{A_0}) \cong h_0 f'(\sigma_{A_0}) \cong 0 \tag{3-20}$$

可解 h_0：

$$h_0 \cong \frac{f(\sigma_{implied}) - f(\sigma_{A_0})}{f'(\sigma_{A_0})} \tag{3-21}$$

上式 3-21 我們僅用一階微分方式近似處理，因此，所得的初步解 $\sigma_{A_0} + h_0$ 代入函數 $f(\sigma_{A_0} + h_0)$ 中與真實解 $\sigma_{implied}$ 代入函數 $f(\sigma_{implied})$ 中依舊會產生誤差 ε_0：
$f(\sigma_{implied}) - f(\sigma_{A_0} + h_0) = \varepsilon_0$。因此，重新令 $\sigma_{A_1} = \sigma_{A_0} + h_0$ 為新的起始解，重複迭代一直到誤差小於某一數值 ε 為止。

　　牛頓法求解通式可寫為：

$$\sigma_{A_{m+1}} = \sigma_{A_m} + \frac{f(\sigma_{implied}) - f(\sigma_{A_m})}{f'(\sigma_{A_m})} \tag{3-22}$$

直到 $|f(\sigma_{implied}) - f(\sigma_{A_{m+1}})| < \varepsilon$。而其起始值可採用 Manaster and Koehler（1982）所提出之設定：

$$\sigma_{A_0} = \sqrt{\left|\ln\left(\frac{S}{K}\right) + rT\right|\frac{2}{T}} \tag{3-23}$$

範例 3-4：計算歐式選擇權隱含波動率

假設範例 3-1 中歐式買權的市場價格為 2 元時（$f(\sigma_{implied})=2$），利用牛頓法求算隱含波動率：

先行求算隱含波動率的起始值 σ_{A_0}，再將 σ_{A_0} 代入 BS 評價公式 3-5 中計算選擇權價格 $f(\sigma_{A_0})$：

$$\sigma_{A_0} = \sqrt{\left|\ln\left(\frac{S}{K}\right) + rT\right|\frac{2}{T}} = \sqrt{\left|\ln\left(\frac{25}{25}\right) + 0.01 \times 0.5\right| \times \frac{2}{0.5}} = 14.14\%$$

$f(\sigma_{A_0}) = 1.0580$

$f'(\sigma_{A_0}) = 7.0172 \leftarrow$ 選擇權參數 Vega 公式見式 3-13

由上可求算起始波動率 σ_{A_0} 與隱含波動率 $\sigma_{implied}$ 的差：

$$h_0 \cong \frac{f(\sigma_{implied}) - f(\sigma_{A_0})}{f'(\sigma_{A_0})} = \frac{2 - 1.0580}{7.0172} = 0.1342$$

利用 h_0 可求得一初步解 $\sigma_{A_0} + h_0 = 14.14\% + 13.42\% = 27.56\%$，將這初步解代入式 3-5 中，計算選擇權價格 $f(\sigma_{A_0} + h_0) = 1.9991$ 並與市場價格 $f(\sigma_{implied}) = 2$ 作比較，兩者間的誤差為 0.0009，若使用者要求誤差小於 0.0001 則繼續重覆上述過程，令起始解 $\sigma_{A_1} = 27.56\%$，此時的 $f(\sigma_{A_1}) = 1.9991$、$f'(\sigma_{A_1}) = 6.9991$，接著求算起始波動率 σ_{A_1} 與隱含波動率 $\sigma_{implied}$ 的差 h_1：

$$h_1 \cong \frac{f(\sigma_{implied}) - f(\sigma_{A_1})}{f'(\sigma_{A_1})} = \frac{2 - 1.9991}{6.9991} = 0.0001$$

新的解 $\sigma_{A_2} = \sigma_{A_1} + h_1 = 27.56\% + 0.01\% = 27.527\%$，將這解代入式 3-5 中，計算選擇權價格 $f(\sigma_{A_2}) = 1.9994$，並與市場價格 $f(\sigma_{implied}) = 2$ 作比較，兩者間的誤差縮小到 0.0006，重覆上述步驟求解直到 $|f(\sigma_{implied}) - f(\sigma_{A_{m+1}})| < \varepsilon$ 所得的 $\sigma_{A_{m+1}}$ 即為隱含波動率的估計值，依本範例當設 $\varepsilon = 0.0001$ 時，隱含波動率估計值為 27.5786%。

二等份法（Bisection Method）：

二等份法算是一種比較常用的方法，它不需求算函數之偏微分，但它必需要給定兩個起始解 σ_L 及 σ_H，其所對應之選擇權價格分別為 $f(\sigma_L)$ 及 $f(\sigma_H)$。選擇權市場價格可利用線性插補法在 $f(\sigma_L)$ 及 $f(\sigma_H)$ 間求得 σ：

$$\sigma = \sigma_L + (f(\sigma_{implied}) - f(\sigma_L))\frac{\sigma_H - \sigma_L}{f(\sigma_H) - f(\sigma_L)} \tag{3-24}$$

當 $f(\sigma) < f(\sigma_{implied})$ 時,將 σ 取代 σ_L 並重複式 3-24,而當 $f(\sigma) > f(\sigma_{implied})$ 時,將 σ 取代 σ_H 並重複式 3-24,直到 $|f(\sigma_{implied}) - f(\sigma)| \leq \varepsilon$ 時,所求出的 σ 即為 $\sigma_{implied}$ 的近似值。

3-6 Black-Scholes 表單建置

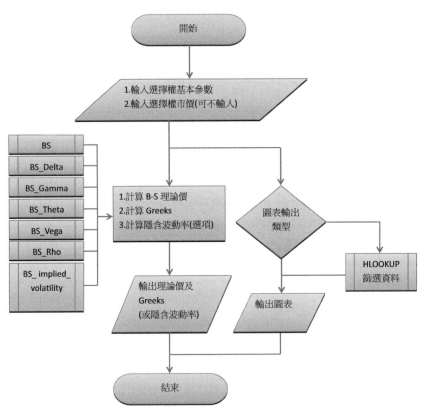

圖 3-5 表單流程圖

3-6-1 表單功能

A. 利用 Black-Scholes 封閉解求得歐式買權及賣權的理論價及 Greeks。

B. 利用牛頓法或二等份法計算歐式選擇權的隱含波動率。

C. 分別計算 Black-Scholes 公式中五個參數的敏感性分析數值，並透過 XY 散布圖繪出圖示，其中 X 軸可選擇 Black-Scholes 公式的五個參數，Y 軸可選擇：B-S 理論價、Delta、Gamma、Theta、Vega 及 Rho。

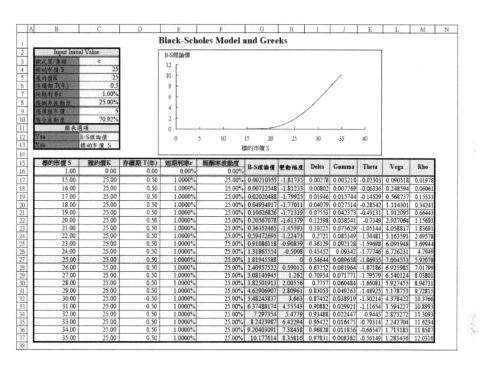

圖 3-6　Black-Scholes 表單

3-6-2 表單使用方式

A. 將欲計算的選擇權基本資料分別輸入下列儲存格中：

儲存格 C3：選擇買權「c」或賣權「p」；儲存格 C4 輸入標的市價（儲存格 B27 自動帶出標的市價）；儲存格 C5 輸入選擇權履約價（儲存格 C27 自動帶出履約價）；儲存格 C6 輸入選擇權存續期（年）（儲存格 D27 自動帶出存續期（年））；儲存格 C7 輸入短期利率或無風險利率（儲存格 E27 自動帶出短期利率）；儲存格 C8 輸入標的報酬波動率（儲存格 F27 自動帶出波動率）。

B. 如欲計算選擇權隱含波動率，則可於儲存格 C9 中輸入選擇權市價，儲存格 C10 會帶出以牛頓法或二等份法計算出隱含波動率數值。

C. 儲存格 B16、儲存格 C16、儲存格 D16、儲存格 E16、儲存格 F16 分別為 B-S 公式中五個參數標的市價、履約價、存續期（年）、短期利率、報酬波動率的變動幅度，且建議數值設定僅設定欲觀察的敏感度變數數值，其餘變動幅度皆給零。

D. 設定完以上參數，表單會將所計算出的結果於儲存格範圍 B17：M37 中輸出，並提供 XY 散布圖繪圖資料來源。

E. XY 散布圖繪圖的選項於儲存格 C13 設定 X 軸變數及儲存格 C12 設定 Y 軸變數，其中儲存格 C13 為對映 C 步驟中欲觀察的敏感度變數。設定完 X 軸及 Y 軸變數後，圖表便會依使用者的選取項目繪製出對映的 XY 散布圖。

3-6-3 表單製作

表單的設定步驟如下：

步驟 1：先行建立表單基本資料及格式

表單共分四個部分建立：a. 基本資料區（儲存格範圍 B2：C13）、b. 敏感度分析區（儲存格範圍 B15：M37）、c. 圖表資料（儲存格範圍 O14：Q37）及 d. 圖表區（儲存格範圍 E2：K14）。

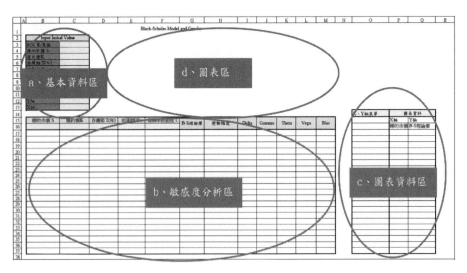

圖 3-7　表單位置配置

步驟 2：基本資料區儲存格設定

儲存格 C3、C12 及 C13 分別以下接式清單表示，下接式清單設定路徑為：[資料] 索引標籤→在 [資料工具] 的類別中選取 [資料驗證]→在 [資料驗證] 的對話方塊中

的 [設定] 頁籤裡的 [儲存格內允許（A）] 選擇 [清單]、[來源（S）] 分別選擇儲存格「=$A$3:$A$4」、「=$O$15:$O$25」及「=$O$15:$O$19」，儲存格 A3 值設定為「c」儲存格 A4 值設定為「p」，儲存格 O15：O25 設定值於步驟 4 中說明。

　　儲存格 C4：C8 為選擇權引數設定、儲存格 C9 值可不輸入，若有輸入選擇權市值則儲存格 C10 會計算隱含波動率，儲存格 C10 設定為：「=IF(C9<>"",BS_implied_volatility(C3,C9,C4,C5,C6,C7,2),"")」引用自訂函數 BS_implied_volatility 計算隱含波動率。

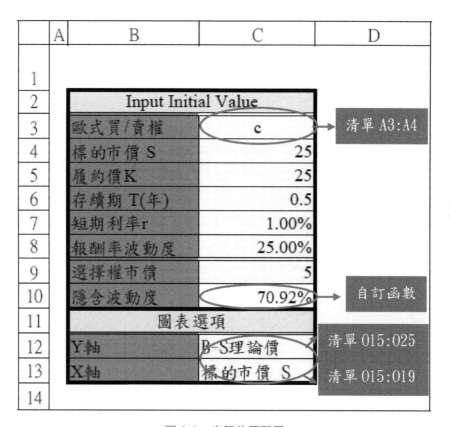

圖 3-8　表單位置配置

步驟 3：敏感度分析區儲存格設定

　　敏感度分析區主要用來觀察五個參數對理論價格及 Greeks 的變化及圖表資料來源，儲存格設定說明如下：

儲存格	設定公式	說明
B16:F16	-	參數的變動幅度，對映圖表 X 軸
B17 : B26 B27 B28 : B37	=IF(B18-$B$16<0,0,B18-$B$16) =IF(B27-$B$16<0,0,B27-$B$16) =$C$4 =B27+$B$16 =B36+$B$16	代入基本資料中之參數，並依參數變動幅度計算出對映值。C欄（C17：C37）、D欄（D17：D37）、E欄（E17：E37）及F欄（F17：F37）的設定方式同B欄。
G17 : G37	=BS($C$3,B17,C17,D17,E17,F17) =BS($C$3,B37,C37,D37,E37,F37)	代入自訂函數 BS 計算選擇權理論價格。
H17 : H37	=G17-$G$27 : =G37-$G$27	計算出各理論價格與原變數之變化幅度
I17 : I37	=BS_Delta($C$3,B17,C17,D17,E17,F17) : =BS_Delta($C$3,B37,C37,D37,E37,F37)	代入自訂函數計算選擇權 Delta 值。
J17 : J37	=BS_Gamma(B17,C17,D17,E17,F17) : =BS_Gamma(B37,C37,D37,E37,F37)	代入自訂函數計算選擇權 Gamma 值。
K17 : K37	=BS_Theta($C$3,B17,C17,D17,E17,F17) : =BS_Theta($C$3,B37,C37,D37,E37,F37)	代入自訂函數計算選擇權 Theta 值。
L17 : L37	=BS_Vega(B17,C17,D17,E17,F17) : =BS_Vega(B37,C37,D37,E37,F37)	代入自訂函數計算選擇權 Vega 值。
M17 : M37	=BS_Rho($C$3,B17,C17,D17,E17,F17) : =BS_Rho($C$3,B37,C37,D37,E37,F37)	代入自訂函數計算選擇權 Rho 值。

設定完成後結果如下圖 3-9 所示：

	標的市價 S	履約價K	存續期 T(年)	短期利率r	報酬率波動度	B-S理論價	變動幅度	Delta	Gamma	Theta	Vega	Rho
15												
16	1.00	0.00	0.00	0.00%	0.00%							
17	15.00	25.00	0.50	1.0000%	25.00%	0.00210355	-1.81735	0.00278	0.003218	-0.02303	0.090518	0.01978
18	16.00	25.00	0.50	1.0000%	25.00%	0.00712548	-1.81233	0.00802	0.007769	-0.06336	0.248594	0.06061
19	17.00	25.00	0.50	1.0000%	25.00%	0.02020488	-1.79925	0.01946	0.015744	-0.14529	0.568737	0.15533
20	18.00	25.00	0.50	1.0000%	25.00%	0.04934917	-1.77011	0.04079	0.027514	-0.28542	1.114301	0.34241
21	19.00	25.00	0.50	1.0000%	25.00%	0.10626826	-1.71319	0.07553	0.042373	-0.49131	1.912095	0.66443
22	20.00	25.00	0.50	1.0000%	25.00%	0.20567078	-1.61379	0.12598	0.058541	-0.7549	2.927064	1.15693
23	21.00	25.00	0.50	1.0000%	25.00%	0.36352465	-1.45593	0.19225	0.073629	-1.05144	4.058817	1.83691
24	22.00	25.00	0.50	1.0000%	25.00%	0.59472695	-1.22473	0.2721	0.085349	-1.34481	5.163591	2.69578
25	23.00	25.00	0.50	1.0000%	25.00%	0.91086118	-0.90859	0.36129	0.092128	-1.59698	6.091948	3.69944
26	24.00	25.00	0.50	1.0000%	25.00%	1.31865554	-0.5008	0.45452	0.09342	-1.77746	6.726231	4.7949
27	25.00	25.00	0.50	1.0000%	25.00%	1.81945588	0	0.54644	0.089658	-1.86955	7.004533	5.92078
28	26.00	25.00	0.50	1.0000%	25.00%	2.40957522	0.59012	0.63252	0.081964	-1.87186	6.925985	7.01799
29	27.00	25.00	0.50	1.0000%	25.00%	3.08145945	1.262	0.70954	0.071771	-1.79579	6.540124	8.03801
30	28.00	25.00	0.50	1.0000%	25.00%	3.82501913	2.00556	0.7757	0.060484	-1.66081	5.927455	8.94731
31	29.00	25.00	0.50	1.0000%	25.00%	4.62906907	2.80961	0.83053	0.049263	-1.48925	5.178753	9.72815
32	30.00	25.00	0.50	1.0000%	25.00%	5.48245837	3.663	0.87452	0.038919	-1.30214	4.378422	10.3766
33	31.00	25.00	0.50	1.0000%	25.00%	6.37488174	4.55543	0.90882	0.029921	-1.11654	3.594227	10.8993
34	32.00	25.00	0.50	1.0000%	25.00%	7.297354	5.4779	0.93488	0.022447	-0.9445	2.873272	11.3093
35	33.00	25.00	0.50	1.0000%	25.00%	8.2423987	6.42294	0.95422	0.016475	-0.79314	2.242704	11.6234
36	34.00	25.00	0.50	1.0000%	25.00%	9.20403091	7.38458	0.96828	0.011856	-0.66547	1.713183	11.8587
37	35.00	25.00	0.50	1.0000%	25.00%	10.177614	8.35816	0.97831	0.008382	-0.56149	1.283436	12.0316

圖 3-9　敏感度分析區

步驟 4：圖表資料區儲存格設定

　　圖表資料區為繪製圖表時資料來源的整理區，儲存格 O15：O25 為敏感度分析區可用於圖表繪製之表頭，儲存格設定如下：

儲存格	設定公式	說明
P16	=C13	欲繪製圖表 X 軸之資料表單
Q16	=C12	欲繪製圖表 Y 軸之資料表單
P17 ： P37	=HLOOKUP($C$13,$B$15:$M$37,3,0) ： =HLOOKUP($C$13,$B$15:$M$37,23,0)	利用 HLOOKUP 於敏感度分析區尋找滿足表頭 C13 的敏感度分析資料。
Q17 ： Q37	=HLOOKUP($C$12,$B$15:$M$37,3,0) ： =HLOOKUP($C$12,$B$15:$M$37,23,0)	利用 HLOOKUP 於敏感度分析區尋找滿足表頭 C14 的敏感度分析資料。

	N	O	P	Q	R
13					
14		**X、Y軸菜單**	**圖表資料**		
15		標的市價 S	X軸	Y軸	
16		履約價K	標的市價 S	B–S理論價	
17		存續期 T(年)	15	0.00210355	
18		短期利率r	16	0.00712548	
19		報酬率波動度	17	0.020204879	
20		B-S理論價	18	0.049349173	
21		Delta	19	0.106268265	
22		Gamma	20	0.205670779	
23		Theta	21	0.363524654	
24		Vega	22	0.594726948	
25		Rho	23	0.910861183	
26			24	1.318655535	
27			25	1.819455876	
28			26	2.40957522	
29			27	3.081459451	
30			28	3.825019129	
31			29	4.629069075	
32			30	5.48245837	
33			31	6.374881743	
34			32	7.297354004	
35			33	8.242398699	
36			34	9.20403091	
37			35	10.17761399	
38					

圖 3-10　圖表資料區

步驟 5：圖表區儲存格設定

　　利用步驟 4 圖表資料區的資料繪製 XY 散布圖，並加入兩個文字方塊，分別表示 X 軸名稱及 Y 軸名稱。

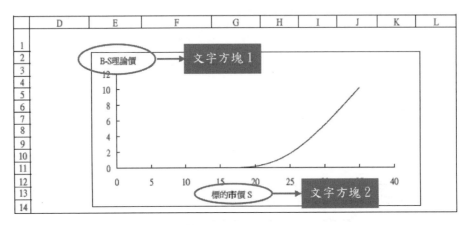

圖 3-11　XY 散布圖

a、圖表資料設定路徑：[插入] 索引標籤→按一下 [圖表] 群組中的圖表類型，選 [XY 散布圖] →在 [選取資料] 中的圖表資料範圍選儲存格 $P$17:$Q$37。

b、文字方塊的設定：

　1. 在 [開發] 索引標籤中，按下 [控制項] 類別中的 [插入]。

　2. 按下表單控制項中的 [文字方塊]。

　3. 在 XY 散布圖表上分別插入 X 軸名稱及 Y 軸名稱的 [文字方塊]。

　4. 在 [設計模式] 下，於 [文字方塊] 的上方按右鍵，然後選取 [內容]，在 [屬性] 功能表中的 [Name] 屬性中，分別設定為 Y_txt 及 X_txt 如圖 3-12 所示。

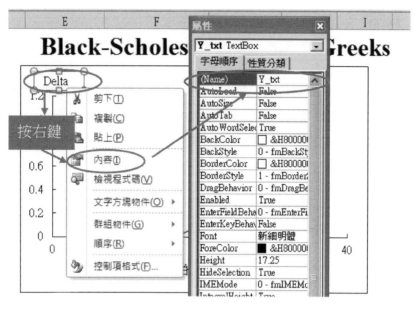

圖 3-12　文字方塊屬性

5. 於 VBE 中工作表（Sheet1(B_S)）的編輯視窗中設定，當工作表進行試算時，文字方塊中顯示的文字會去抓取儲存格 C13 及 C12 中的值，設定如下圖 3-13 所示。

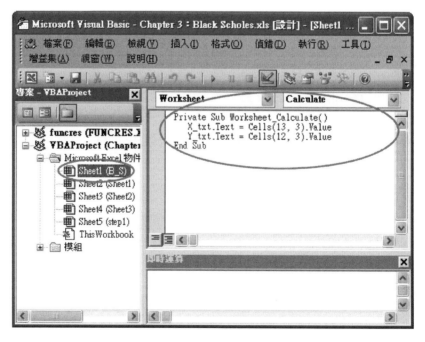

圖 3-13　工作表設定

3-7　Black-Scholes 一般式

　　Black-Scholes（1973）主要解決以股票為標的的選擇權評價問題，但對於一些擁有持有成本的選擇權而言，該公式勢必要再作延伸。首先 Merton（1973）解決連續股利發放的問題，該模型主要用以處理指數選擇權的評價問題：

$$C = Se^{-qT}N(d_1) - Ke^{-rT}N(d_2) \tag{3-25}$$

$$P = Ke^{-rT}N(-d_2) - Se^{-qT}N(-d_1) \tag{3-26}$$

其中，

$$d_1 = \frac{\ln(S/K) + (r - q + \sigma_S^2/2)T}{\sigma_S\sqrt{T}} \tag{3-27}$$

$$d_2 = \frac{\ln(S/K) + (r - q - \sigma_S^2/2)T}{\sigma_S\sqrt{T}} = d_1 - \sigma_S\sqrt{T} \tag{3-28}$$

S：標的價格

K：選擇權履約價格

T：到期時間（年）

r：短期利率

q：連續股息殖利率

σ_S：標的報酬率波動率

$N(.)$：累積常態分配函數

　　Black 76 模型主要是針對有季節性、週期性或是非隨機性標的的歐式選擇權作處理，模型主要是以遠期價格（F）替代現貨價格（S），並適用於一些農產或能源性商品、期貨商品、遠期商品及部分利率商品等。Black 76 模型可寫為：

$$C = e^{-rT}\left[FN(d_1) - KN(d_2)\right] \tag{3-29}$$

$$P = e^{-rT}\left[KN(-d_2) - FN(-d_1)\right] \tag{3-30}$$

其中，

$$d_1 = \frac{\ln(F/K) + (\sigma_F^2/2)T}{\sigma_F \sqrt{T}} \tag{3-31}$$

$$d_2 = \frac{\ln(F/K) - (\sigma_F^2/2)T}{\sigma_F \sqrt{T}} = d_1 - \sigma_F \sqrt{T} \tag{3-32}$$

σ_F 為遠期價格波動率。

Garman Kohlhagen（1983）修改 Black-Scholes 模型，用以應用於外匯選擇權之評價。該模型與 Merton（1973）模型很類似，差別在於指數選擇權的股利是以股息殖利率的方式表示，而外匯選擇權則會產生一連串外匯的利息收入。因此，只要把指數選擇權評價公式中的股息殖利率，改為外匯所賺的利率 r_f 即可。

$$C = Se^{-r_f T} N(d_1) - Ke^{-rT} N(d_2) \tag{3-33}$$

$$P = Ke^{-rT} N(-d_2) - Se^{-r_f T} N(-d_1) \tag{3-34}$$

其中，

$$d_1 = \frac{\ln(S/K) + (r - r_f + \sigma_S^2/2)T}{\sigma_S \sqrt{T}} \tag{3-35}$$

$$d_2 = \frac{\ln(S/K) + (r - r_f - \sigma_S^2/2)T}{\sigma_S \sqrt{T}} = d_1 - \sigma_S \sqrt{T} \tag{3-36}$$

S：標的價格

K：選擇權履約價格

T：到期時間（年）

r：本國貨幣的無風險利率（短期利率）

r_f：外國貨幣的無風險利率

σ_S：標的報酬率波動率

$N(.)$：累積常態分配函數

Black-Scholes（1973）、Merton（1973）、Black 76 及 Garman Kohlhagen（1983）
的公式可以用含持有成本 b 之一般性的公式表達：

$$C = Se^{(b-r)T} N(d_1) - Ke^{-rT} N(d_2) \tag{3-37}$$

$$P = Ke^{-rT} N(-d_2) - Se^{(b-r)T} N(-d_1) \tag{3-38}$$

其中，

$$d_1 = \frac{\ln(S/K) + (b + \sigma_S^2/2)T}{\sigma_S \sqrt{T}} \tag{3-39}$$

$$d_2 = \frac{\ln(S/K) + (b - \sigma_S^2/2)T}{\sigma_S \sqrt{T}} = d_1 - \sigma_S \sqrt{T} \tag{3-40}$$

當 $b=r$ 時為 Black-Scholes（1973）公式；
當 $b=r-q$ 時為 Merton（1973）公式；
當 $b=0$ 時為 Black 76 公式及
當 $b=r-r_f$ 為 Garman Kohlhagen（1983）外匯選擇權公式。
式 3-37 及 3-38 可以表示為：

$$C(or\ P) = ISe^{(b-r)T} N(Id_1) - IKe^{-rT} N(Id_2) \tag{3-41}$$

若 $I=1$ 則為歐式買權，$I=-1$ 則為歐式賣權。
另 Black-Scholes 一般式的 Greeks 可表示為：

a、Delta

$$\text{Call}: e^{(b-r)T} N(d_1) \tag{3-42}$$

$$\text{Put}: e^{(b-r)T} \left(N(d_1) - 1 \right) \tag{3-43}$$

b、Gamma

$$\text{Call and Put}: e^{(b-r)T} \frac{n(d_1)}{S\sigma_S \sqrt{T}} \tag{3-44}$$

c、Vega

$$\text{Call and Put}: Se^{(b-r)T}\sqrt{T}n(d_1) \tag{3-45}$$

d、Theta

$$\text{Call}: -\frac{Se^{(b-r)T}\sigma_S n(d_1)}{2\sqrt{T}} - (b-r)Se^{(b-r)T}N(d_1) - rKe^{-rT}N(d_2) \tag{3-46}$$

$$\text{Put}: -\frac{Se^{(b-r)T}\sigma_S n(d_1)}{2\sqrt{T}} + (b-r)Se^{(b-r)T}N(-d_1) + rKe^{-rT}N(-d_2) \tag{3-47}$$

e、Rho

$$\text{Call：當 b 不為零時：} KTe^{-rT}N(d_2) \tag{3-48}$$

$$\text{當 } b=0 \text{ 時：} -TC \tag{3-49}$$

$$\text{Put：當 } b \text{ 不為零時：} -KTe^{-rT}N(-d_2) \tag{3-50}$$

$$\text{當 } b=0 \text{ 時：} -TP \tag{3-51}$$

範例 3-5：歐式債券選擇權價格與 Greeks

假設一歐式債券買權距到期日還有一個月，標的債券的市場價格（除息價）為 100.5 元，履約價格為 99 元（除息價），短期利率為 2%，債券票面利率為 3%，債券波動率為 3%，運用 Black 76 公式計算債券選擇權價格與 Greeks：

Ans：

(1) 因為 Black 76 主要是以遠期價格替代現貨價格，所以我們必須先將債券目前的市場價格轉換為遠期價格，其轉換公式：

$$F = S(1-(c-r)t) = 100.5 \times (1-(0.03-0.02) \times 1/12) = 100.4163$$

其中，$(c-r)t$ 為持有期間之成本，c 為票面利率，r 為無風險利率。

接著將參數 $F=100.4163$、$K=99$、$r=2\%$、$\sigma_F=3\%$、$T=1/12$ 及 $b=0$、$I=1$ 代入式 3-41 中可得歐式債券買權價格為 1.4322。

$$d_1 = \frac{\ln(F/K) + (\sigma_F^2/2)T}{\sigma_F\sqrt{T}} = \frac{\ln(100.4163/99) + (0.03^2/2) \times (1/12)}{0.03 \times \sqrt{1/12}} = 1.64455$$

$$d_2 = 1.64455 - 0.03 \times \sqrt{1/12} = 1.63589$$

$$C = 100.4163 \times e^{0.02 \times (1/12)} \times N(1.64455) - 99 \times e^{-0.02 \times (1/12)} \times N(1.63589) = 1.4322$$

(2) 歐式債券買權的 Greeks 如下：

Delta（式 3-42）：

$$e^{rT} N(d_1) = e^{0.02 \times (1/12)} \times N(1.64455) = 0.9484$$

Gamma（式 3-44）：

$$e^{rT} \frac{n(d_1)}{F \sigma_F \sqrt{T}} = e^{0.02 \times (1/12)} \times \frac{n(1.64455)}{100.4163 \times 0.03 \times \sqrt{1/12}} = 0.1185$$

Vega（式 3-45）：

$$F e^{rT} \sqrt{T} n(d_1) = 100.4163 \times e^{0.03 \times (1/12)} \times \sqrt{1/12} \times n(1.1.64455) = 2.9862$$

Theta（式 3-46）：

$$-\frac{F e^{rT} \sigma_F n(d_1)}{2\sqrt{T}} - rF e^{rT} N(d_1) - rK e^{-rT} N(d_2)$$

$$= -\frac{100.4163 \times e^{0.02 \times (1/12)} \times 0.03 \times n(1.64455)}{2 \times \sqrt{1/12}} - 0.02 \times 100.4163 \times e^{0.02 \times (1/12)} \times N(1.64455)$$

$$- 0.02 \times 99 \times e^{-0.02 \times (1/12)} \times N(1.63589) = -0.5089$$

Rho（式 3-49）：

$$-TC = -\frac{1}{12} \times 1.4322 = -0.1193$$

	A	B	C	D	E	F	G
1		Genernal Black Scholes Model					
2		Input Initial Value			Output		
3		歐式買/賣權	c		Option Price	1.4322	
4		標的市價 S or F	100.4163		Delta	0.9484	
5		履約價K	99		Gamma	0.1185	
6		存續期 T（年）	0.083333		Vega	2.9862	
7		（本國）短期利率r	2.00%		Theta	-0.5089	
8		持有成本b	0.00%		Rho	-0.1193	
9		報酬率波動度	3.00%		Market_price	1.5000	
10		b=r時為Black Scholes(1973)公式			Implied_vol	4.4389%	
11		b=r-q時為Merton(1973)公式					
12		b=0時為Black 76公式					
13		b=r-rf時為外匯選擇權公式					

圖 3-14　債券選擇權評價表單

範例 3-6：歐式利率報價債券選擇權價格與 Greeks

市場有一公債其到期日為 2014 年 12 月 31 日，票面利率為 2% 且每年付息一次，目前該公債市場殖利率報價為 2.2%。假設一投資人於 2010 年 6 月 30 日欲與券商簽定買進名目本金為 10 萬元，且以上述公債為標的之債券買權，殖利率波動率為 10%、履約殖利率為 2.3%、債券選擇權交割日為 2010 年 7 月 30 日、市場短期利率為 1%，試問該債券買權權利金為何？

Ans：

債券買權我們還是一樣利用 Black 76 來計算權利金，但由於報價基礎為殖利率價，所以使用上必須轉換為遠期價。轉換說明如下表：

模型參數	市場資訊	轉換說明
K：履約價格	Strike 殖利率	將 Strike 殖利率換算為債券選擇權到期日的百元價。
F：債券遠期價格	市場殖利率（YTM）	利用市場殖利率計算評價日之價格百元價，再將之轉換為遠期價格，轉換公式：$F=S(1-(c-r)t)$ 其中，$(c-r)t$ 為持有期間之成本，c 為票面利率，r 為無風險利率。
σ_F：遠期價格報酬波動率	Yield 波動率 σ_y	轉換公式：$\sigma\left(\dfrac{dF}{F}\right) \approx F_{DM}\, y_F\, \sigma\left(\dfrac{dy_F}{y_F}\right)$ 即 $\sigma_F \approx F_{DM}\, y_F\, \sigma_y$ 其中 F_{DM} 為遠期債券價格調整後之存續期間。

(1) 利用第 7 章介紹的殖利率轉百元價計算方式，先行計算出公債之除息價格為 99.1458，接著將之轉換為遠期價格 99.0643（轉換方式同上例）。

(2) 履約殖利率為 2.3%，將之轉換為百元價 98.7467。

	A	B	C	D	E	F	G	H
1				**債券價格資訊**				
2		**債券基本資料**			**價格資訊**			
3		券種名稱	A123456		除息價(Clean Price)		98.7467	
4		面額	100		應計息(Accrued Interest)		1.1562	
5		票面利率	2.000%		含息價(Dirty Price)		99.9028	
6		付息頻率(次/年)	1		利息累計稅款(10%稅)		0.1156	
7		到期日	2014/12/31		交割價款		99.7872	
8		交割日	2010/7/30					
9		到期殖利率(YTM)	2.3000%		**債券敏感性分析**			
10					DV01		0.04129	
11		**隱含殖利率**			Duration (years)		4.22804	
12		市場百元價	100.0000		Modified Duration(years)		4.13298	
13		隱含殖利率	1.9988%		Convexity		21.64565	
14		利用二等份法計算			ChangeYTM(b.p)	1	-0.04080	
15								

(3) 將殖利率波動率（$y = 10\%$）轉換為遠期價格報酬波動率（$\sigma_F = 0.91964\%$），轉換公式 $\sigma_F = F_{DM}\, y_F\, \sigma_y$，其中 F_{DM} 為遠期債券的調整後存續期間。

	A	B	C	D	E	F	G
2							
3		**債券選擇權 Black 76 遠期價格轉換**					
4		**債券基本資料-Input**			**債券選擇權基本資料**		
5		券種名稱	A99108		Option評價日	2010/6/30	
6		面額	100		Option到期日	2010/7/30	
7		票載利率	2.0000%		Strike 殖利率	2.3000%	
8		付息頻率(次/年)	1		Yield波動率	10.0000%	
9		到期日	2014/12/31		無風險利率 r	1.0000%	
10		交割日期	2010/6/30		承作面額(萬)	10	
11		市場利率(YTM)	2.2000%		**債券遠期價格資訊**		
12		**債券資訊-Output**			存續期間(年)T	0.0821918	=YEARFRAC(F5,F6,1)
13		除息價(Clean Price)	99.1458		債券遠期價格F	99.0643	=C13*(1-(C7-F9)*F12)
14		DV01	0.04224		遠期殖利率	2.2232%	=Bond_Yield(F13,F6,C9,C7,C8)
15		Duration (years)	4.31077		債券權的價格K	98.7467	=Bond_price(C6,F6,C9,F7,C7,C8,0)
16		Modified Duration(y	4.21797		Modified Duration	4.1365	=Bond_Sensitivity(C6,F6,C9,F14,C7,C8,2)
17		Convexity	22.44202		遠期價格波動率σ_F	0.91964%	=F14*F16*F8

(4) 將參數 $F = 99.0643$、$K = 98.7467$、$r = 1\%$、$\sigma_F = 0.91964\%$、$T = 0.0821918$ 及 $b = 0$、$I = 1$ 代入式 3-41 中，可得歐式債券買權價格為 0.3314，相當於權利金 331.4 元（每十萬名目本金）。

	A	B	C	D	E	F	G
1		Genernal Black Scholes Model					
2		**Input Initial Value**			Output		
3		歐式買／賣權	c		Option Price	0.3314	
4		標的市價 S or F	99.0643		Delta	0.8879	
5		履約價K	98.7467		Gamma	0.7258	
6		存續期 T(年)	0.082192		Vega	5.3836	
7		(本國)短期利率r	1.00%		Theta	-0.2979	
8		持有成本b	0.00%		Rho	-0.0272	
9		報酬率波動度	0.92%		Market_price	0.5000	
10		b=r時為 Black Scholes(1973)公式			Implied_vol	2.7987%	
11		b=r-q時為 Merton(1973)公式					
12		b=0時為 Black 76公式					
13		b=r-rf時為 外匯選擇權公式					

範例 3-7：歐式外匯選擇權價格與 Greeks

投資者預期一個月後美元兌新臺幣匯率上升（美元升值臺幣貶值），所以向國內銀行買進一歐式外匯[1]選擇權 USD Call TWD Put[2]，履約價格為 USD/TWD 30.5，美元兌新臺幣現貨價為 USD/TWD 30，歷史匯率波動率為 15%，假設本國無風險利率為 1%，外國（美國）無風險利率為 1.5%，該筆外匯選擇權的理論價格為何？

Ans：

外匯選擇權價格可利用一般式 3-41 來求算，將參數 $S=30$、$K=30.5$、$r=1\%$、$r_f=1.5\%$、$\sigma_s=15\%$、$T=1/12$ 及 $b=1\%-1.5\%=-0.5\%$、$I=1$ 代入可得歐式外匯買權價格為 0.3054 TWD/USD，意即一單位美元兌換成新臺幣的權利金為 0.3054 元新臺幣。

$$d_1 = \frac{\ln(S/K) + (b + \sigma_s^2/2)T}{\sigma_s\sqrt{T}} = \frac{\ln(30/30.5) + (-0.005 + 0.15^2/2)\times(1/12)}{0.15\times\sqrt{1/12}} = -0.3697$$

$$d_2 = -0.3697 - 0.15\times\sqrt{1/12} = -0.4130$$

$$C = 30\times e^{(-0.005-0.01)\times(1/12)}\times N(-0.3697) - 30.5\times e^{-0.01\times(1/12)}\times N(-0.4130) = 0.3045$$

---

[1] 外匯匯率指兩國不同貨幣的兌換比率，市場上的匯率報價為「基本貨幣／目標貨幣匯率」，指一單位的基本貨幣能兌換多少單位的目標貨幣，換句話說匯率指的是一單位外國貨幣能兌換的本國貨幣比率，舉例來說目前一美元兌換 30 元新臺幣，匯率報價寫法為：USD/TWD 30。

[2] 外匯指兩國不同貨幣的兌換比率，所以在做外匯選擇權時必須要對兩種貨幣作定義。

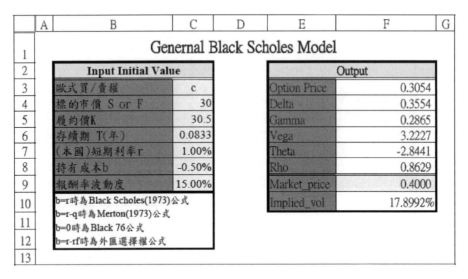

圖 3-15　外匯選擇權評價表單

3-8　Black-Scholes 一般式表單建置

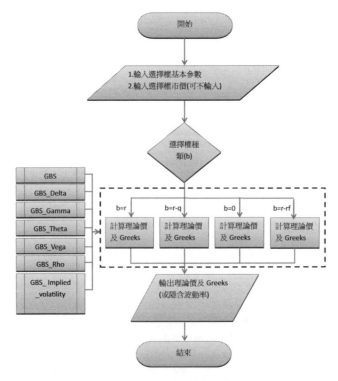

圖 3-16　B-S 一般式表單流程圖

3-8-1 表單功能

A. 以延伸之 B-S 公式，計算擁有持有成本之歐式選擇權價格。

B. 計算選擇權 Greeks。

C. 利用市場價格以牛頓法或二等份法反推選擇權隱含波動率。

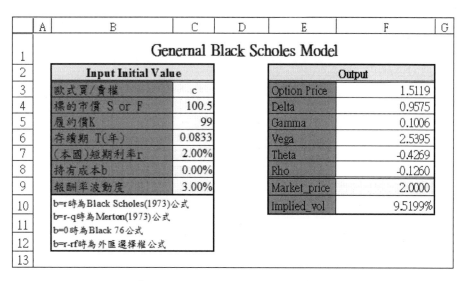

圖 3-17　Black-Scholes 一般式表單

3-8-2 表單使用方式

A. 於儲存格 C3：C9 中輸入選擇權的基本資料，其中儲存格 C8 為使用模型類別依據，當持有成本 $b=r$ 時為 Black-Scholes（1973）標準式；$b=r-q$ 時為 Black-Scholes Merton（1973）公式；$b=0$ 時為 Black 76 公式；$b=r-r_f$ 時為 Garman Kohlhagen（1983）外匯選擇權公式。

B. 儲存格 F3：F8 分別為選擇權價格及對映的 Greeks。

C. 儲存格 F9 為觀察到的選擇權市價，儲存格 F10 會依使用者輸入的市場價格反推出隱含波動率。

3-8-3 表單製作

步驟 1：先行建立表單基本資料及格式

圖 3-17 中表單分兩個部分：Input Initial Value 及 Output。Input Initial Value 主要提供商品之基本資料輸入介面，儲存格 C3 為下拉式清單，清單內容於儲存格 A3（「=c」）及 A4（「=p」），儲存格 C4：C9 為基本資料輸入儲存格。Output 部分會將計算的結果輸出，但其中儲存格 F9 為計算商品隱含波動率之選擇權市場價格。

步驟 2：於 Output 區中帶入自訂函數

儲存格 F3：F8 及儲存格 F10 為自訂函數引用，儲存格設定如下：

儲存格	設定公式	說明
F3	=GBS(C3,C4,C5,C6,C7,C8,C9)	理論價
F4	=GBS_Delta(C3,C4,C5,C6,C7,C8,C9)	Delta
F5	=GBS_Gamma(C4,C5,C6,C7,C8,C9)	Gamma
F6	=GBS_Vega(C4,C5,C6,C7,C8,C9)	Vega
F7	=GBS_Theta(C3,C4,C5,C6,C7,C8,C9)	Theta
F8	=GBS_Rho(C3,C4,C5,C6,C7,C8,C9)	Rho
F10	=GBS_implied_volatility(C3,F9,C4,C5,C6,C7,C8,1)	隱含波動率，最後一個引數：1 表示以牛頓法求算；2 表示以二等份法求算

3-9　自訂函數

• **BS 函數：以 Black-Scholes 公式計算選擇權理論價格**

使用語法：

> BS(CallPutFlag ,S , k ,T ,r ,sigma_s)

引數說明：

CallPutFlag：p 為賣權、c 為買權

S：標的股價

k：履約價

T：到期期間（年）

r：年化無風險利率

sigma_s：標的報酬年化標準差

返回值：Black-Scholes 公式計算選擇權理論價格

行	程式內容
001	Function BS(ByVal CallPutFlag As String, ByVal S As Double, ByVal k As Double, ByVal T As Double, ByVal r As Double, ByVal sigma_s As Double) As Double
002	Dim d1 As Double
003	Dim d2 As Double
004	Dim i As Integer
005	d1 = (Log(S / k) + (r + sigma_s ^ 2 / 2) * T) / (sigma_s * T ^ 0.5)
006	d2 = d1 - sigma_s * T ^ 0.5
007	If CallPutFlag = "c" Then
008	i = 1
009	ElseIf CallPutFlag = "p" Then
010	i = -1
011	End If
012	BS = i * S * CND(i * d1) - i * k * Exp(-r * T) * CND(i * d2)
013	End Function

程式說明：

行數 005：

  計算標準歐式選擇權中介參數 d1，其公式如 3-7 所示。

行數 006：

  計算標準歐式選擇權中介參數 d2，其公式如 3-8 所示。

行數 007-011：

  判斷選擇權種類，若為歐式買權則 $i=1$，若為歐式賣權則 $i=-1$。

行數 012：

  利用封閉解公式 3-9 計算歐式選擇權價格。

- **BS_Delta 函數：Black-Scholes 公式計算選擇權 Delta**

使用語法：

  BS_Delta(CallPutFlag ,S ,k ,T ,r ,sigma_s)

引數說明：

  CallPutFlag：p 為賣權、c 為買權

  S：標的股價

  k：履約價

  T：到期期間（年）

  r：年化無風險利率

  sigma_s：標的報酬年化標準差

  返回值：Black-Scholes 公式計算選擇權 Delta

行	程式內容
001	Function BS_Delta(ByVal CallPutFlag As String, ByVal S As Double, ByVal k As Double, ByVal T As Double, ByVal r As Double, ByVal sigma_s As Double) As Double
002	Dim d1 As Double
003	d1 = (Log(S / k) + (r + sigma_s ^ 2 / 2) * T) / (sigma_s * T ^ 0.5)
004	If CallPutFlag = "c" Then
005	BS_Delta = CND(d1)
006	ElseIf CallPutFlag = "p" Then
007	BS_Delta = CND(d1) - 1
008	End If
009	End Function

程式說明：

行數 003：

計算標準歐式選擇權中介參數 d1，其公式如 3-7 所示。

行數 004-008：

利用 If Then Else 判斷，若為歐式買權 (c) 則 Delta 以公式 3-10 帶入，若為歐式賣權 (p) 之 Delta 則以公式 3-11 帶入，如果兩者都不是將不帶值返回。

- **BS_Gamma 函數：Black-Scholes 公式計算選擇權 Gamma**

使用語法：

    BS_Gamma(S ,k ,T ,r ,sigma_s)

引數說明：

S：標的股價

k：履約價

T：到期期間（年）

r：年化無風險利率

sigma_s：標的報酬年化標準差

返回值：Black-Scholes 公式計算選擇權 Gamma

行	程式內容
001	Function BS_Gamma(ByVal S As Double, ByVal k As Double, ByVal T As Double, ByVal r As Double, ByVal sigma_s As Double) As Double
002	Dim d1 As Double
003	d1 = (Log(S / k) + (r + sigma_s ^ 2 / 2) * T) / (sigma_s * T ^ 0.5)
004	BS_Gamma = Normal(d1) / (S * sigma_s * T ^ 0.5)
005	End Function

程式說明：

行數 003：

　　計算標準歐式選擇權中介參數 d1，其公式如 3-7 所示。

行數 004：

　　計算標準歐式選擇權之 Gamma 係數，其公式如 3-12。

• **BS_Vega 函數：Black-Scholes 公式計算選擇權 Vega**

使用語法：

　　BS_Vega(S ,k ,T ,r ,sigma_s)

引數說明：

　　S：標的股價

　　k：履約價

　　T：到期期間（年）

　　r：年化無風險利率

　　sigma_s：標的報酬年化標準差

　　返回值：Black-Scholes 公式計算選擇權 Vega

行	程式內容
001	Function BS_Vega(ByVal S As Double, ByVal k As Double, ByVal T As Double, ByVal r As Double, ByVal sigma_s As Double) As Double
002	Dim d1 As Double
003	d1 = (Log(S / k) + (r + sigma_s ^ 2 / 2) * T) / (sigma_s * T ^ 0.5)
004	BS_Vega = S * T ^ 0.5 * Normal(d1)
005	End Function

程式說明：

行數 003：

　　計算標準歐式選擇權中介參數 d1，其公式如 3-7 所示。

行數 004：

　　計算標準歐式選擇權之 Vega 係數，其公式如 3-13。

• **BS_Theta 函數：Black-Scholes 公式計算選擇權 Theta**

使用語法：

　　BS_Theta(CallPutFlag ,S ,k ,T ,r ,sigma_s)

引數說明：

CallPutFlag：p 為賣權、c 為買權

S：標的股價

k：履約價

T：到期期間（年）

r：年化無風險利率

sigma_s：標的報酬年化標準差

返回值：Black-Scholes 公式計算選擇權 Theta

行	程式內容
001	Function BS_Theta(ByVal CallPutFlag As String, ByVal S As Double, ByVal k As Double,ByVal T As Double, ByVal r As Double, ByVal sigma_s As Double) As Double
002	Dim d1 As Double
003	Dim d2 As Double
004	d1 = (Log(S / k) + (r + sigma_s ^ 2 / 2) * T) / (sigma_s * T ^ 0.5)
005	d2 = d1 - sigma_s * T ^ 0.5
006	If CallPutFlag = "c" Then
007	BS_Theta = -S * Normal(d1) * sigma_s / (2 * T ^ 0.5) - r * k * Exp(-r * T) * CND(d2)
008	ElseIf CallPutFlag = "p" Then
009	BS_Theta = -S * Normal(d1) * sigma_s / (2 * T ^ 0.5) + r * k * Exp(-r * T) * CND(-d2)
010	End If
011	End Function

程式說明：

行數 004：

計算標準歐式選擇權中介參數 d1，其公式如 3-7 所示。

行數 005：

計算標準歐式選擇權中介參數 d2，其公式如 3-8 所示。

行數 006-010：

利用 If Then Else 判斷，如欲計算歐式買權 (c) 則 Theta 以公式 3-14 帶入，如欲計算歐式賣權 (p) 之 Theta 則以公式 3-15 帶入，若兩者皆否將不帶值返回。

- **BS_Rho 函數：Black-Scholes 公式計算選擇權 Rho**

使用語法：

BS_Rho(S ,k ,T ,r ,sigma_s)

引數說明：

CallPutFlag：p 為賣權、c 為買權

S：標的股價

k：履約價

T：到期期間（年）

r：年化無風險利率

sigma_s：標的報酬年化標準差

返回值：Black-Scholes 公式計算選擇權 Rho

行	程式內容
001	Function BS_Rho(ByVal CallPutFlag As String, ByVal S As Double, ByVal k As Double, ByVal T As Double, ByVal r As Double, ByVal sigma_s As Double) As Double
002	Dim d1 As Double
003	Dim d2 As Double
004	d1 = (Log(S / k) + (r + sigma_s ^ 2 / 2) * T) / (sigma_s * T ^ 0.5)
005	d2 = d1 - sigma_s * T ^ 0.5
006	If CallPutFlag = "c" Then
007	BS_Rho = k * T * Exp(-r * T) * CND(d2)
008	ElseIf CallPutFlag = "p" Then
009	BS_Rho = -k * T * Exp(-r * T) * CND(-d2)
010	End If
011	End Function

程式說明：

行數 004：

計算標準歐式選擇權中介參數 d1，其公式如 3-7 所示。

行數 005：

計算標準歐式選擇權中介參數 d2，其公式如 3-8 所示。

行數 006-010：

利用 If Then Else 判斷，如欲計算歐式買權 (c) 則 Rho 以公式 3-16 帶入，如欲計算歐式賣權 (p) 之 Rho 則以公式 3-17 帶入，若兩者皆否將不帶值返回。

- **BS_implied_volatility 函數：Black-Scholes 公式反推隱含波動率**

使用語法：

BS_implied_volatility(CallPutFlag ,Market_price ,S ,k ,T ,r , flag)

引數說明：

CallPutFlag：p 為賣權、c 為買權

Market_price：選擇權市場價格

S：標的股價

k：履約價

T：到期期間（年）

r：年化無風險利率

flag：1 為使用 Newton 法、2 為使用二等份法

返回值：flag＝1 返回使用 Newton 法求算出的隱含波動率、flag＝2 返回使用二
　　　　等份法求算出的隱含波動率

行	程式內容
001	Function BS_implied_volatility(ByVal CallPutFlag As String, ByVal Market_price As Double, ByVal S As Double, ByVal k As Double, ByVal T As Double, ByVal r As Double, ByVal flag As Integer)
002	As Double
003	Dim sigma_temp As Double
004	Dim i As Integer
005	Dim f As Double
006	Dim error As Double ' 誤差值
007	Dim error_count As Integer ' 最大逼近次數
008	error = 0.00001
009	error_count = 0
010	
011	Select Case flag
012	Case 1 'Newton 法
013	Dim vega_temp As Double
014	sigma_temp = (Abs(Log(S / k) + r * T) * 2 / T) ^ 0.5
015	vega_temp = BS_Vega(S, k, T, r, sigma_temp)
016	f = BS(CallPutFlag, S, k, T, r, sigma_temp)
017	Do While Abs(f - Market_price) > error And error_count < 100
018	sigma_temp = sigma_temp + (Market_price - f) / vega_temp
019	vega_temp = BS_Vega(S, k, T, r, sigma_temp)
020	f = BS(CallPutFlag, S, k, T, r, sigma_temp)
021	error_count = error_count + 1
022	Loop
023	
024	Case 2 'bisection 法 _ 二等份法
025	Dim sigma_H As Double 'implied volatility 上限
026	Dim sigma_L As Double 'implied volatility 下限
027	Dim fL As Double
028	Dim fH As Double
029	sigma_H = 10
030	sigma_L = 0.001

```
031    fL = BS(CallPutFlag, S, k, T, r, sigma_L)
032    fH = BS(CallPutFlag, S, k, T, r, sigma_H)
033    sigma_temp = sigma_L + (Market_price - fL) * (sigma_H - sigma_L) / (fH - fL)
034    f = BS(CallPutFlag, S, k, T, r, sigma_temp)
035    Do While Abs(f - Market_price) > error And error_count < 100
036      If f < Market_price Then
037        sigma_L = sigma_temp
038      Else
039        sigma_H = sigma_temp
040      End If
041      fL = BS(CallPutFlag, S, k, T, r, sigma_L)
042      fH = BS(CallPutFlag, S, k, T, r, sigma_H)
043      sigma_temp = sigma_L + (Market_price - fL) * (sigma_H - sigma_L) / (fH - fL)
044      f = BS(CallPutFlag, S, k, T, r, sigma_temp)
045      error_count = error_count + 1
046    Loop
047  End Select
048  BS_implied_volatility = sigma_temp
049  End Function
```

程式說明：

行數 011-048：

為 Select 選擇結構指令，經由 flag 判斷使用何種方式來估計隱含波動率，flag＝1 時利用 Newton 法估計、flag＝2 時使用二等份法估計。

行數 014：

利用式 3-23 設定估算隱含波動率之起始值。

行數 017：

利用 while loop 結構判斷估計解 σ_A 與真實解 $\sigma_{implied}$ 帶入 BS 公式中所算出的差是否小於設定的容許範圍 0.00001，即判斷式 $|f(\sigma_{implied}) - f(\sigma_{A_{m+1}})| < \varepsilon$，或是重覆設算次數超過 100 次則將最後的求算估計解返回 σ_A，不然的話程式會繼續進行迭代求解的動作。

行數 018：

為牛頓法求解通式 3-22。

行數 019-020：

計算 $f(\sigma_{implied})$ 及 $f(\sigma_{A_{m+1}})$，判斷行數 017 是否符合 $|f(\sigma_{implied}) - f(\sigma_{A_{m+1}})| < \varepsilon$。

行數 029-030：

設定隱含波動率的上下限。

行數 031-032：

隱含波動率上下限帶入 BS 公式中的理論價格。

行數 033：

利用線性插補法求算估計之波動率，公式如 3-24 所示。

行數 035：

利用 while loop 結構判斷估計解 σ 與真實解 $\sigma_{implied}$ 帶入 BS 公式中所算出的理論價格差，是否小於設定的容許範圍 0.00001，即判斷式 $|f(\sigma_{implied}) - f(\sigma)| < \varepsilon$，或是重覆設算次數超過 100 次，則將最後的求算估計解返回 σ，不然的話程式會繼續進行迭代求解的動作。

行數 036-037：

當 $f(\sigma) < f(\sigma_{implied})$ 時，將 σ 取代 σ_L。

行數 038-039：

當 $f(\sigma) > f(\sigma_{implied})$ 時，將 σ 取代 σ_H。

行數 041-044：

計算判斷式中 $f(\sigma_{implied})$ 及 $f(\sigma)$，並代入判斷式（行數 035）中判斷是否繼續進行迭代求解。

- **GBS 函數：Black-Scholes 一般式計算歐式選擇權理論價格**

使用語法：

> GBS(CallPutFlag ,S ,k ,T ,r ,b ,sigma_s)

引數說明：

CallPutFlag：p 為賣權、c 為買權

S：標的股價

k：履約價

T：到期期間（年）

r：本國年化短期利率

b：年化持有成本；$b=r$ 時為 Black-Scholes（1973）公式、$b=r-q$ 時為 Merton（1973）公式、$b=0$ 時為 Black 76 公式、$b=r-r_f$ 時為 Garman Kohlhagen（1983）外匯選擇權公式。

sigma_s：標的報酬年化標準差

返回值：Black-Scholes 一般式計算歐式選擇權理論價格

行	程式內容
001	Function GBS(ByVal CallPutFlag As String, ByVal S As Double, ByVal k As Double, ByVal T As Double, ByVal r As Double, ByVal b As Double, ByVal sigma_s As Double) As Double
002	Dim d1 As Double
003	Dim d2 As Double
004	Dim i As Integer
005	d1 = (Log(S / k) + (b + sigma_s ^ 2 / 2) * T) / (sigma_s * T ^ 0.5)
006	d2 = d1 - sigma_s * T ^ 0.5
007	If CallPutFlag = "c" Then
008	i = 1
009	ElseIf CallPutFlag = "p" Then
010	i = -1
011	End If
012	GBS = i * S * Exp((b - r) * T) * CND(i * d1) - i * k * Exp(-r * T) * CND(i * d2)
013	End Function

程式說明：

行數 005：

　　計算一般式歐式選擇權中介參數 d1，其公式如 3-39 所示。

行數 006：

　　計算一般式歐式選擇權中介參數 d2，其公式如 3-40 所示。

行數 007-011：

　　判斷選擇權種類，若為歐式買權則 $i=1$，若為歐式賣權則 $i=-1$。

行數 012：

　　利用封閉解公式 3-41 計算 BS 一般式。

- **GBS_Delta 函數：Black-Scholes 一般式計算歐式選擇權的 Delta**

使用語法：

　　GBS_Delta(CallPutFlag ,S ,k ,T ,r ,b ,sigma_s)

引數說明：

　　CallPutFlag：p 為賣權、c 為買權

　　S：標的股價

　　k：履約價

　　T：到期期間（年）

　　r：本國年化短期利率

　　b：年化持有成本；$b=r$ 時為 Black-Scholes（1973）公式、$b=r-q$ 時為 Merton（1973）公式、$b=0$ 時為 Black 76 公式、$b=r-r_f$ 時為 Garman Kohlhagen（1983）外匯選擇權公式。

sigma_s：標的報酬年化標準差

返回值：Black-Scholes 一般式計算歐式選擇權 Delta

行	程式內容
001	Function GBS_Delta(ByVal CallPutFlag As String, ByVal S As Double, ByVal k As Double, ByVal T As Double, ByVal r As Double, ByVal b As Double, ByVal sigma_s As Double) As Double
002	Dim d1 As Double
003	d1 = (Log(S / k) + (b + sigma_s ^ 2 / 2) * T) / (sigma_s * T ^ 0.5)
004	If CallPutFlag = "c" Then
005	GBS_Delta = Exp((b - r) * T) * CND(d1)
006	ElseIf CallPutFlag = "p" Then
007	GBS_Delta = Exp((b - r) * T) * (CND(d1) - 1)
008	End If
009	End Function

程式說明：

行數 003：

　　計算一般式歐式選擇權中介參數 d1，其公式如 3-39 所示。

行數 004-008：

　　利用 If Then Else 判斷，若利用一般式計算歐式買權 (c) 則 Delta 以公式 3-42 帶入，若利用一般式計算歐式賣權 (p) 之 Delta，則以公式 3-43 帶入，若兩者皆非將不帶值返回。

- **GBS_Gamma 函數：Black-Scholes 一般式計算歐式選擇權的 Gamma**

使用語法：

　　GBS_Gamma(S ,k ,T ,r ,b ,sigma_s)

引數說明：

　　S：標的股價

　　k：履約價

　　T：到期期間（年）

　　r：本國年化短期利率

　　b：年化持有成本；$b=r$ 時為 Black-Scholes（1973）公式、$b=r-q$ 時為 Merton（1973）公式、$b=0$ 時為 Black 76 公式、$b=r-r_f$ 時為 Garman Kohlhagen（1983）外匯選擇權公式。

　　sigma_s：標的報酬年化標準差

　　返回值：Black-Scholes 一般式計算歐式選擇權 Gamma

行	程式內容
001	Function GBS_Gamma(ByVal S As Double, ByVal k As Double, ByVal T As Double, ByVal r As_ Double, ByVal b As Double, ByVal sigma_s As Double) As Double
002	Dim d1 As Double
003	d1 = (Log(S / k) + (b + sigma_s ^ 2 / 2) * T) / (sigma_s * T ^ 0.5)
004	GBS_Gamma = Exp((b - r) * T) * Normal(d1) / (S * sigma_s * T ^ 0.5)
005	End Function

程式說明：

行數 003：

　　計算一般式歐式選擇權中介參數 d1，其公式如 3-39 所示。

行數 004：

　　計算一般式歐式選擇權之 Gamma 係數，其公式如 3-44。

- **GBS_Vega 函數：Black-Scholes 一般式計算歐式選擇權的 Vega**

使用語法：

> GBS_Vega(S ,k ,T ,r ,b ,sigma_s)

引數說明：

　　S：標的股價

　　k：履約價

　　T：到期期間（年）

　　r：本國年化短期利率

　　b：年化持有成本；$b=r$ 時為 Black-Scholes（1973）公式、$b=r-q$ 時為 Merton（1973）公式、$b=0$ 時為 Black 76 公式、$b=r-r_f$ 時為 Garman Kohlhagen（1983）外匯選擇權公式。

sigma_s：標的報酬年化標準差

返回值：Black-Scholes 一般式計算歐式選擇權 Vega

行	程式內容
001	Function GBS_Vega(ByVal S As Double, ByVal k As Double, ByVal T As Double, ByVal r As Double, ByVal b As Double, ByVal sigma_s As Double) As Double
002	Dim d1 As Double
003	d1 = (Log(S / k) + (b + sigma_s ^ 2 / 2) * T) / (sigma_s * T ^ 0.5)
004	GBS_Vega = S * Exp((b - r) * T) * T ^ 0.5 * Normal(d1)
005	End Function

程式說明：

行數 003：

計算一般式歐式選擇權中介參數 d1，其公式如 3-39 所示。

行數 004：

計算一般式歐式選擇權之 Vega 係數，其公式如 3-45。

- **GBS_Theta 函數：Black-Scholes 一般式計算歐式選擇權的 Theta**

使用語法：

GBS_Theta(CallPutFlag ,S ,k ,T ,r ,b ,sigma_s)

引數說明：

CallPutFlag：p 為賣權、c 為買權

S：標的股價

k：履約價

T：到期期間（年）

r：本國年化短期利率

b：年化持有成本；$b=r$ 時為 Black-Scholes（1973）公式、$b=r-q$ 時為 Merton
（1973）公式、$b=0$ 時為 Black 76 公式、$b=r-r_f$ 時為 Garman Kohlhagen
（1983）外匯選擇權公式。

sigma_s：標的報酬年化標準差

返回值：Black-Scholes 一般式計算歐式選擇權 Theta

行	程式內容
001	Function GBS_Theta(ByVal CallPutFlag As String, ByVal S As Double, ByVal k As Double, ByVal T As Double, ByVal r As Double, ByVal b As Double, ByVal sigma_s As Double) As Double
002	Dim d1 As Double
003	Dim d2 As Double
004	d1 = (Log(S / k) + (b + sigma_s ^ 2 / 2) * T) / (sigma_s * T ^ 0.5)
005	d2 = d1 - sigma_s * T ^ 0.5
006	If CallPutFlag = "c" Then
007	GBS_Theta = -S * Exp((b - r) * T) * Normal(d1) * sigma_s / (2 * T ^ 0.5) - (b - r) * S * Exp((b - r) * T) * CND(d1) - r * k * Exp(-r * T) * CND(d2)
008	ElseIf CallPutFlag = "p" Then
009	GBS_Theta = -S * Exp((b - r) * T) * Normal(d1) * sigma_s / (2 * T ^ 0.5) + (b - r) * S * Exp((b - r) * T) * CND(-d1) + r * k * Exp(-r * T) * CND(-d2)
010	End If
011	End Function

程式說明：

行數 004：

　　計算一般式歐式選擇權中介參數 d1，其公式如 3-39 所示。

行數 005：

　　計算一般式歐式選擇權中介參數 d2，其公式如 3-40 所示。

行數 006-010：

　　利用 If Then Else 判斷，若利用一般式計算歐式買權 (c) 則 Theta 以公式 3-46 帶入，若利用一般式計算歐式賣權 (p) 之 Theta 則以公式 3-47 帶入，若兩者皆非將不帶值返回。

- **GBS_Rho 函數：Black-Scholes 一般式計算歐式選擇權的 Rho**

使用語法：

　　GBS_Rho(CallPutFlag ,S ,k ,T ,r ,b ,sigma_s)

引數說明：

　　CallPutFlag：p 為賣權、c 為買權

　　S：標的股價

　　k：履約價

　　T：到期期間（年）

　　r：本國年化短期利率

　　b：年化持有成本；$b=r$ 時為 Black-Scholes（1973）公式、$b=r-q$ 時為 Merton（1973）公式、$b=0$ 時為 Black 76 公式、$b=r-r_f$ 時為 Garman Kohlhagen（1983）外匯選擇權公式。

　　sigma_s：標的報酬年化標準差

　　返回值：Black-Scholes 一般式計算歐式選擇權 Rho

行	程式內容
001	Function GBS_Rho(ByVal CallPutFlag As String, ByVal S As Double, ByVal k As Double, ByVal T As Double, ByVal r As Double, ByVal b As Double, ByVal sigma_s As Double) As Double
002	Dim d1 As Double
003	Dim d2 As Double
004	d1 = (Log(S / k) + (b + sigma_s ^ 2 / 2) * T) / (sigma_s * T ^ 0.5)
005	d2 = d1 - sigma_s * T ^ 0.5
006	If CallPutFlag = "c" Then
007	If b = 0 Then
008	GBS_Rho = -T * GBS(CallPutFlag, S, k, T, r, b, sigma_s)
009	Else
010	GBS_Rho = k * T * Exp(-r * T) * CND(d2)
011	End If
012	ElseIf CallPutFlag = "p" Then
013	If b = 0 Then
014	GBS_Rho = -T * GBS(CallPutFlag, S, k, T, r, b, sigma_s)
015	Else
016	GBS_Rho = -k * T * Exp(-r * T) * CND(-d2)
017	End If
018	End If
019	End Function

程式說明：

行數 004：

計算標準歐式選擇權中介參數 d1，其公式如 3-39 所示。

行數 005：

計算標準歐式選擇權中介參數 d2，其公式如 3-40 所示。

行數 006-018：

利用 If Then Else 判斷買權或賣權，因買權或賣權的 Rho 各有兩種情況：b 等於零及 b 不為零。行數 008 為買權下且 b 為零公式見 3-49；行數 010 為買權下且 b 不為零公式見 3-48；行數 014 為賣權下且 b 為零公式見 3-51；行數 016 為賣權下且 b 不為零公式見 3-50。

- **GBS_implied_volatility 函數：Black-Scholes 一般式反推隱含波動率**

使用語法：

> GBS_implied_volatility(CallPutFlag ,Market_price ,S ,k ,T ,r , flag)

引數說明：

CallPutFlag：p 為賣權、c 為買權

Market_price：選擇權市場價格

S：標的股價

k：履約價

T：到期期間（年）

r：年化無風險利率

b：年化持有成本；$b=r$ 時為 Black-Scholes（1973）公式、$b=r-q$ 時為 Merton（1973）公式、$b=0$ 時為 Black 76 公式、$b=r-r_f$ 時為 Garman Kohlhagen（1983）外匯選擇權公式。

flag：1 為使用 Newton 法、2 為使用二等份法

返回值：flag＝1 返回使用 Newton 法求算出的隱含波動率、flag＝2 返回使用二
        等份法求算出的隱含波動率

行	程式內容
001	Function GBS_implied_volatility(ByVal CallPutFlag As String, ByVal Market_price As Double, ByVal S As Double, ByVal k As Double, ByVal T As Double, ByVal r As Double, ByVal b As Double, ByVal flag As Integer) As Double
002	Dim sigma_temp As Double
003	Dim i As Integer
004	Dim f As Double
005	Dim error As Double　　　'誤差值
006	Dim error_count As Integer　　'最大逼近次數
007	error = 0.00001
008	error_count = 0
009	
010	Select Case flag
011	Case 1　'Newton 法
012	Dim vega_temp As Double
013	sigma_temp = (Abs(Log(S / k) + r * T) * 2 / T) ^ 0.5
014	vega_temp = GBS_Vega(S, k, T, r, b, sigma_temp)
015	f = GBS(CallPutFlag, S, k, T, r, b, sigma_temp)
016	Do While Abs(f - Market_price) > error And error_count < 100
017	sigma_temp = sigma_temp + (Market_price - f) / vega_temp
018	vega_temp = GBS_Vega(S, k, T, r, b, sigma_temp)
019	f = GBS(CallPutFlag, S, k, T, r, b, sigma_temp)
020	error_count = error_count + 1
021	Loop
022	
023	Case 2　'bisection 法 _ 二等份法
024	Dim sigma_H As Double　　　'implied volatility 上限
025	Dim sigma_L As Double　　　'implied volatility 下限
026	Dim fL As Double
027	Dim fH As Double
028	sigma_H = 10
029	sigma_L = 0.001
030	fL = GBS(CallPutFlag, S, k, T, r, b, sigma_L)

```
031    fH = GBS(CallPutFlag, S, k, T, r, b, sigma_H)
032    sigma_temp = sigma_L + (Market_price - fL) * (sigma_H - sigma_L) / (fH - fL)
033    f = GBS(CallPutFlag, S, k, T, r, b, sigma_temp)
034    Do While Abs(f - Market_price) > error And error_count < 100
035      If f < Market_price Then
036        sigma_L = sigma_temp
037      Else
038        sigma_H = sigma_temp
039      End If
040      fL = GBS(CallPutFlag, S, k, T, r, b, sigma_L)
041      fH = GBS(CallPutFlag, S, k, T, r, b, sigma_H)
042      sigma_temp = sigma_L + (Market_price - fL) * (sigma_H - sigma_L) / (fH - fL)
043      f = GBS(CallPutFlag, S, k, T, r, b, sigma_temp)
044      error_count = error_count + 1
045    Loop
046  End Select
047  GBS_implied_volatility = sigma_temp
048  End Function
```

程式說明：

同 BS_implied_volatility 自訂函數

- 輔助函數

```
Public Function Normal(ByVal x As Double) As Double  ' 傳回標準常態分配
Normal =WorksheetFunction.NormDist(x, 0, 1, False)
End Function

Public Function CND(ByVal x As Double) As Double     ' 傳回累積標準常態分配
CND = WorksheetFunction.NormDist(x,0,1,True)
End Function
```

Chapter 4：樹狀結構

樹狀結構提供了一種較為簡便且易於了解的數值方法，用以解決可提前履約或路徑相依選擇權的訂價問題。本章內容首先提及 1979 年 Cox、Ross 及 Rubinstein（簡稱 CRR）二元樹（又稱二項式）模型，並對其 Greeks 的計算方式作一彙整說明，該模型雖然簡便但確不失其精確性。接著介紹二元樹的延伸 Boyle 三元樹基本作法，讓讀者更能了解樹狀模型的處理方法。

4-1　二元樹模型（Binomial Option Pricing Model）

1973 年 Black-Scholes 提供了一個具封閉解的選擇權定價模型，此後選擇權開始在全球金融市場上廣泛的被運用，但 B-S 所提供的封閉解，其內容涉及了較複雜的數學推導，而其中所隱含的經濟意義亦無法被廣泛了解（如風險中立假設，效用函數無關等）。

1979 年 Cox、Ross 及 Rubinstein（簡稱 CRR）提供了一種簡單的方法，利用無套利投資組合，以二元樹模型來推導出選擇權的價格。CRR 的基本假設為：1. 無風險利率固定、2. 無限制借貸且借貸利率相同、3. 完美市場假設，即無任何摩擦成本及 4. 投資者可無限制的買空賣空任何資產。

以一年期二元樹 n=1 為例：假設有一股票 S，短期利率（無風險利率）r，距到期日（存續期間）T=1，uS 為股價上漲時的價格，q 為其機率；dS 為股價下跌時的價格，（1-q）為其機率，以二元樹表示股價行徑如圖 4-1：

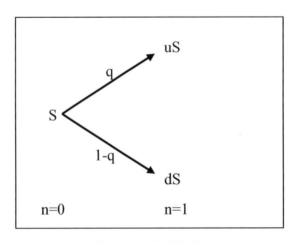

圖 4-1　股價行徑圖

若一以股票 S 為標的之買權 C，履約價格 K，則買權價格的二元樹可表示為圖 4-2：

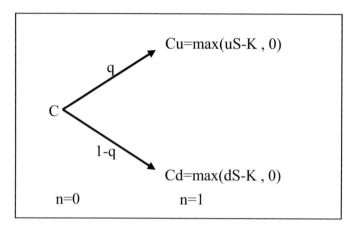

圖 4-2　買權價格的二元樹

現在我們建構一個投資組合 $\Delta S + B$ 來決定買權 C 的合理價格，即令 $\Delta S + B = C$ 其中 B 為無風險債券，Δ 為購買現貨 S 的比率，則此投資組合價值的二元樹可表示為：

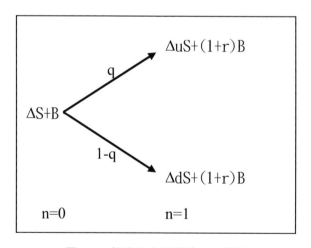

圖 4-3　投資組合價值的二元樹圖

期末 n=1 投資組合的價值和期末買權的價值相同：

$$Cu = \Delta uS + (1+r)B \tag{4-1}$$

$$Cd = \Delta dS + (1+r)B \tag{4-2}$$

由上兩式可求得：

$$\Delta = \frac{Cu - Cd}{(u-d)S} \ \text{、} \ B = \frac{uCd - dCu}{(u-d)(1+r)}$$

若投資組合中的 Δ 和 B 滿足上式，則稱此投資組合為避險投資組合（Δ 和 B 正負號相反代表現金流量一進一出）。如果買權的價值不等於避險投資組合的價值，則有套利機會產生，因此在無套利機會下：

$$C = \frac{Cu - Cd}{(u-d)S}S + \frac{uCd - dCu}{(u-d)(1+r)} = \left[\left(\frac{(1+r)-d}{u-d}\right)Cu + \left(\frac{u-(1+r)}{u-d}\right)Cd\right]/(1+r) \qquad (4\text{-}3)$$

令 $p = \frac{(1+r)-d}{u-d}$ 則上式可寫為：

$$C = \left[pCu + (1-p)Cd\right]/(1+r) \qquad (4\text{-}4)$$

p 為一介於 0 和 1 之間的值，其就像機率一樣，但事實上，當投資者為風險中立情況下，p 會等於真實機率 q：

$$quS + (1-q)dS = (1+r)S \Rightarrow q = \frac{(1+r)-d}{u-d} = p \qquad (4\text{-}5)$$

在 CRR 論文推導中，當期數 n 趨近無窮大時，取 $u = e^{\sigma_s \sqrt{\Delta t}}$、$d = e^{-\sigma_s \sqrt{\Delta t}}$ 及 $q = \frac{e^{r\Delta t} - d}{u-d}$ 時，歐式選擇權二項式模型會等於 Black-Scholes 模型，因此，在使用二元樹求解時，會以此 u、d 及 q 代入定價公式。

由上述兩期模型介紹中，選舉權的價格係由後一期往前推算本期，這種由後期推算至前期的方式我們稱為後推法，在一個多期的二元樹中，選擇權價格的表示方法如下：一個 n 期的二元樹節點 $C_{i,j}$ 表第 i 期中標的上漲 j 次且下跌 i-j 次的狀態節點，其中 j 小或等於 i，而選擇權價值可用後推法，表示為：

a、歐式買權：

$$C_{i,j} = \left[qC_{i+1,j+1} + (1-q)C_{i+1,j}\right]e^{-r\Delta t} \quad for \ i = 0,1,...,n-1 \quad j = 0,1,...,n-1$$

$$C_{n,j} = Max\left[Su^j d^{n-j} - K, 0\right] \quad for \ j = 0,1,2,...,n \qquad (4\text{-}6)$$

b、歐式賣權：

$$P_{i,j} = \left[qP_{i+1,j+1} + (1-q)P_{i+1,j} \right] e^{-r\Delta t} \quad for\ i = 0,1,...,n-1 \quad j = 0,1,...,n-1$$

$$P_{n,j} = Max\left[K - Su^j d^{n-j}, 0 \right] \quad for\ j = 0,1,2,...,n \tag{4-7}$$

c、美式買權：

$$C_{i,j} = Max\left[Su^j d^{i-j} - K, e^{-r\Delta t}\left(qC_{i+1,j+1} + (1-q)C_{i+1,j} \right) \right]$$
$$for\ i = 0,1,...,n-1 \quad j = 0,1,...,n-1$$

$$C_{n,j} = Max\left[Su^j d^{n-j} - K, 0 \right] \quad for\ j = 0,1,2,...,n \tag{4-8}$$

d、美式賣權：

$$P_{i,j} = Max\left[K - Su^j d^{i-j}, e^{-r\Delta t}\left(qP_{i+1,j+1} + (1-q)P_{i+1,j} \right) \right]$$
$$for\ i = 0,1,...,n-1 \quad j = 0,1,...,n-1$$

$$P_{n,j} = Max\left[K - Su^j d^{n-j}, 0 \right] \quad for\ j = 0,1,2,...,n \tag{4-9}$$

範例 4-1：美式選擇權（二元樹）

考慮一美式賣權，其現貨價格為 100、履約價格為 95、距到期日還有一年、短期利率為 2% 及標的波動率為 30%，我們以 n=3 的二元樹模型來定價選擇權：

Ans：

先就一些參數進行試算：

$$\Delta t = \frac{T}{n} = \frac{1}{3} = 0.3333$$

$$u = e^{\sigma_S \sqrt{\Delta t}} = e^{0.3 \times \sqrt{0.3333}} = 1.1891$$

$$d = e^{-\sigma_S \sqrt{\Delta t}} = e^{-0.3 \times \sqrt{0.3333}} = 0.8410$$

$$q = \frac{e^{r\Delta t} - d}{u - d} = \frac{e^{0.02 \times 0.3333} - 0.8410}{1.1891 - 0.8410} = 47.60\%$$

$$df = e^{-r\Delta t} = e^{-0.02 \times 0.3333} = 0.9934$$

各期別的股價及以後推方式求解各期別現金流量如下圖 4-4 所示，要特別說明一點在圖 4-4 中，因標的漲跌幅相同，故在此為了方便 EXCEL 表單的呈現，將節點狀態 j 變更為：若為正表示標的總上漲的次數，若為負則代表標的總下跌的次數，節點另

以 $D_{i,j}$ 表示，因此 $D_{2,-2}$ 表示在第 2 期時，該節點上漲 0 次且下跌 2 次後的狀態股價為 70.7222（儲存格 B19）；若 $D_{2,2}$ 時表示該節點係上漲 2 次後狀態股價為 141.3982（儲存格 B15）。

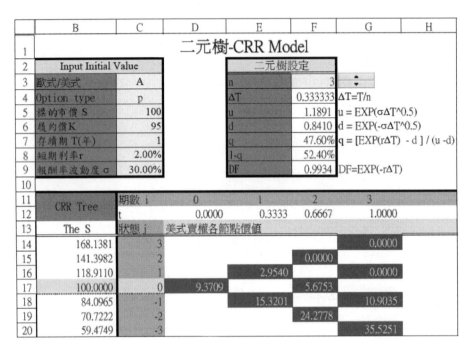

圖 4-4　三期二元樹

其計算說明如下：

(1) 計算各節點未來股票走勢（數值如同上圖 4-4 中儲存格範圍 B14：B20）：

期數 i	0	1	2	3
t	0.0000	0.3333	0.6667	1.0000
狀態 j	美式賣權各節點價值			
3				168.1381
2			141.3982	
1		118.9110		118.9110
0	100.0000		100.0000	
-1		84.0965		84.0965
-2			70.7222	
-3				59.4749

(2) 計算最後一期履約價值（i=3）：

$D_{3,3} = Max[95 - 168.1381, 0] = 0$

$D_{3,1} = Max[95 - 118.9110, 0] = 0$

$D_{3,-1} = Max[95 - 84.0965, 0] = 10.9035$

$D_{3,-3} = Max[95 - 59.4748, 0] = 35.5251$

(3) 由最後一期逐期往前推算各節點現金流量：

i=2

節點 2,2 中繼續持有價值：

$\left[qD_{3,3} + (1-q)D_{3,1}\right]e^{-r\Delta t} = \left[0.4760 \times 0 + (1-0.4760) \times 0\right] \times 0.9934 = 0$

立即履約價值：$Max[95 - 141.3982, 0] = 0$

所以在節點 2,2 會繼續持有，則 $D_{2,2} = 0$。

節點 2,0 中繼續持有價值：

$\left[qD_{3,1} + (1-q)D_{3,-1}\right]e^{-r\Delta t} = \left[0.4760 \times 0 + (1-0.4760) \times 10.9035\right] \times 0.9934 = 5.6757$

立即履約價值：$Max[95 - 100, 0] = 0$

所以在節點 2,2 會繼續持有，則 $D_{2,0} = 5.6757$。

節點 2,-2 中繼續持有價值：

$\left[qD_{3,-1} + (1-q)D_{3,-3}\right]e^{-r\Delta t} = \left[0.4760 \times 10.9035 + (1-0.4760) \times 35.5251\right] \times 0.9934 = 23.6481$

立即履約價值：$Max[95 - 70.7222, 0] = 24.2778$

立即履約價值大於繼續持有價值，所以在節點 2,2 會立即履約，則 $D_{2,-2} = 24.2778$。

i=1

節點 1,1 中繼續持有價值：

$\left[qD_{2,2} + (1-q)D_{2,0}\right]e^{-r\Delta t} = \left[0.4760 \times 0 + (1-0.4760) \times 5.6757\right] \times 0.9934 = 2.9544$

立即履約價值：$Max[95 - 118.9110, 0] = 0$

所以在節點 1,1 會繼續持有，則 $D_{1,1} = 2.9544$。

節點 1,-1 中繼續持有價值：

$\left[qD_{2,0} + (1-q)D_{2,-2}\right]e^{-r\Delta t} = \left[0.4760 \times 5.6757 + (1-0.4760) \times 24.2778\right] \times 0.9934 = 15.3214$

立即履約價值：$Max[95 - 84.0965, 0] = 10.9035$

所以在節點 1,-1 會繼續持有，則 $D_{1,-1} = 15.3214$。

i=0：

節點 0,0 價值為：

$$\left[qD_{1,1} + (1-q)D_{1,-1}\right]e^{-r\Delta t} = [0.4760 \times 2.9544 + (1 - 0.4760) \times 15.3214] \times 0.9934 = 9.3724$$

所以當 n=3 時，美式賣權理論價格為 9.3724（和表單差異為計算式中四捨五入的影響）。

範例 4-2：歐式及美式外匯選擇權（二元樹）

一外匯選擇權 USD Call TWD Put，履約價格為 USD/TWD 30.5，美元兌新臺幣現貨價為 USD/TWD 30，歷史匯率波動率為 15%，假設本國無風險利率為 1%，外國（美國）無風險利率為 1.5%，請利用二元樹模型計算該筆外匯選擇權歐式及美式的理論價格為何？

Ans：

(1) 歐式外匯買權

外匯買權使用 CRR 二元樹必須要考慮外國無風險利率的影響，因此只要將外國無風險利率當成是持有成本修改 $q = \dfrac{e^{(r-r_f)\Delta t} - d}{u - d}$ 即可。我們以期數 n=3 為例，圖 4-5 為計算三期歐式外匯選擇權二元樹表單（狀態 j 表示由原點出發上漲或下跌的次數和原公式中的定義不同請參考範例 4-1 中說明），儲存格 D18（或儲存格 J4）為三期歐式外匯買權理論價 0.3126 及儲存格範圍 J5：J10 表示其對映之 Greeks，以下簡介其計算方式：

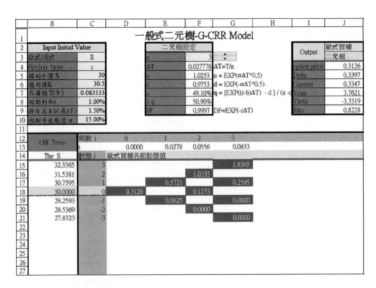

圖 4-5　三期歐式外匯選擇權二元樹

$$\Delta t = \frac{T}{n} = \frac{(1/12)}{3} = 0.027778$$

$$u = e^{\sigma_S \sqrt{\Delta t}} = e^{0.15 \times \sqrt{0.027778}} = 1.0253$$

$$d = e^{-\sigma_S \sqrt{\Delta t}} = e^{-0.15 \times \sqrt{0.027778}} = 0.9753$$

$$q = \frac{e^{(r-r_f)\Delta t} - d}{u - d} = \frac{e^{(0.01-0.015) \times 0.027778} - 0.9753}{1.0253 - 0.9753} = 49.10\%$$

$$df = e^{-r\Delta t} = e^{0.01 \times 0.027778} = 0.9997$$

a、首先計算未來美元兌換新臺幣可能匯率 S（數值同儲存格範圍 B15：B21）：

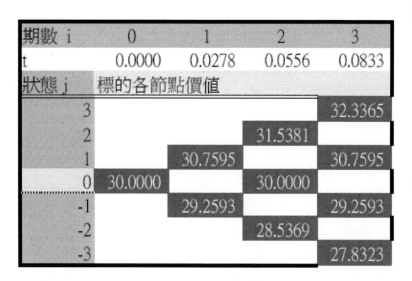

圖 4-6　標的可能走勢

b、接著計算最後一期履約價值（i=3）：

$$D_{3,3} = Max[32.3365 - 30.5, \, 0] = 1.8365$$

$$D_{3,1} = Max[30.7595 - 30.5, \, 0] = 0.2595$$

$$D_{3,-1} = Max[29.2593 - 30.5, \, 0] = 0$$

$$D_{3,-3} = Max[27.8323 - 30.5, \, 0] = 0$$

c、由最後一期逐期往前推算各節點現金流量：

i=2：

$$D_{2,2} = \left[qD_{3,3} + (1-q)D_{3,1} \right] e^{-r\Delta t} = \left[0.4910 \times 1.8365 + (1 - 0.4910) \times 0.2595 \right] \times 0.9997 = 1.0335$$

$$D_{2,0} = \left[qD_{3,1} + (1-q)D_{3,-1} \right] e^{-r\Delta t} = \left[0.4910 \times 0.2595 + (1-0.4910) \times 0 \right] \times 0.9997 = 0.1273$$

$$D_{2,-2} = \left[qD_{3,-1} + (1-q)D_{3,-3} \right] e^{-r\Delta t} = \left[0.4910 \times 0 + (1-0.4910) \times 0 \right] \times 0.9997 = 0$$

i=1：

$$D_{1,1} = \left[qD_{2,2} + (1-q)D_{2,0} \right] e^{-r\Delta t} = \left[0.4910 \times 1.0335 + (1-0.4910) \times 0.1273 \right] \times 0.9997 = 0.5721$$

$$D_{1,-1} = \left[qD_{2,0} + (1-q)D_{2,-2} \right] e^{-r\Delta t} = \left[0.4910 \times 0.1273 + (1-0.4910) \times 0 \right] \times 0.9997 = 0.0625$$

i=0：

$$D_{0,0} = \left[qD_{1,1} + (1-q)D_{1,-1} \right] e^{-r\Delta t} = \left[0.4910 \times 0.5721 + (1-0.4910) \times 0.0625 \right] \times 0.9997 = 0.3126$$

所以當 n=3 時，歐式外匯買權理論價格為 0.3126。當我們把期數 n 切割成 5000 期時，可得到歐式外匯買權為 0.3054（TWD/USD），同範例 3-7 以 Garman Kohlhagen（1983）外匯選擇權公式所求。

(2) 美式外匯買權

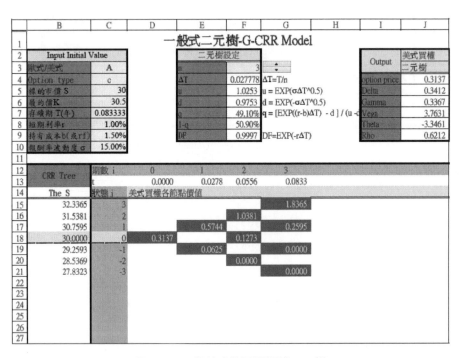

圖 4-7 三期美式外匯選擇權二元樹

　　同歐式作法但差別在於各節點中需決定是否提前履約，當切割期數為三期時可得美式外匯買權理論價格為 0.3137，如圖 4-7 表單所示。作法如下說明：

a、未來美元兌換新臺幣可能匯率如圖 4-7 所示，最後一期履約價值（i=3）亦如前述歐式外匯買權。

b、由最後一期逐期往前推算：

i=2：

節點 2,2 中繼續持有價值：

$$\left[qD_{3,3} + (1-q)D_{3,1}\right]e^{-r\Delta t} = \left[0.4910 \times 1.8365 + (1-0.4910) \times 0.2595\right] \times 0.9997 = 1.0335$$

立即履約價值：$Max[31.5831 - 30.5,\ 0] = 1.0381$

因為立即履約價值大於繼續持有價值，所以在節點 2,2 會立即履約，則 $D_{2,2} = 1.0381$。

節點 2,0 中繼續持有價值：

$$\left[qD_{3,1} + (1-q)D_{3,-1}\right]e^{-r\Delta t} = \left[0.4910 \times 0.2595 + (1-0.4910) \times 0\right] \times 0.9997 = 0.1273$$

立即履約價值：$Max[30 - 30.5,\ 0] = 0$

所以在節點 2,0 會繼續持有，則 $D_{2,0} = 0.1273$。

節點 2,-2 中繼續持有價值：

$$\left[qD_{3,-1} + (1-q)D_{3,-3}\right]e^{-r\Delta t} = \left[0.4910 \times 0 + (1-0.4910) \times 0\right] \times 0.9997 = 0$$

立即履約價值：$Max[30 - 30.5,\ 0] = 0$

所以在節點 2,0 會繼續持有，則 $D_{2,-2} = 0$。

i=1：

節點 1,1 中繼續持有價值：

$$\left[qD_{2,2} + (1-q)D_{2,0}\right]e^{-r\Delta t} = \left[0.4910 \times 1.0381 + (1-0.4910) \times 0.1273\right] \times 0.9997 = 0.5743$$

立即履約價值：$Max[30.7595 - 30.5,\ 0] = 0.2595$

所以在節點 1,1 會繼續持有，則 $D_{1,1} = 0.5743$。

節點 1,-1 中繼續持有價值：

$$\left[qD_{2,0} + (1-q)D_{2,-2}\right]e^{-r\Delta t} = \left[0.4910 \times 0.1273 + (1-0.4910) \times 0\right] \times 0.9997 = 0.0625$$

立即履約價值：$Max[29.2593 - 30.5,\ 0] = 0$

所以在節點 1,-1 會繼續持有，則 $D_{1,-1} = 0.0625$。

i=0：

節點 0,0 價值為：

$$\left[qD_{1,1} + (1-q)D_{1,-1}\right]e^{-r\Delta t} = \left[0.4910 \times 0.5743 + (1-0.4910) \times 0.0625\right] \times 0.9997 = 0.3137$$

所以當 n=3 時，美式外匯買權理論價格為 0.3137，當 n=5000 時可得到美式外匯買權為 0.3058（TWD/USD）。

4-2　二元樹模型 Greeks

二元樹以一種比較直覺的方式表達模型的 Greeks，以上述買權為例，Greeks 可表示為：

$$\text{Delta} = \frac{Cu - Cd}{uS - dS} \tag{4-10}$$

$$\text{Gamma} = \frac{\Delta_u - \Delta_d}{uS - dS} \tag{4-11}$$

其中 Δ_u 表第一期股價上漲至 uS 時的 Delta，Δ_d 表第一期股價下跌至 dS 時的 Delta。

$$\text{Vega} = \frac{C_{\sigma_S + \Delta\sigma_S} - C_{\sigma_S - \Delta\sigma_S}}{2\Delta\sigma_S} \tag{4-12}$$

其中 $C_{\sigma_S + \Delta\sigma_S}$ 表其他參數不變下，波動率以 $\sigma_S + \Delta\sigma_S$ 代入後買權的價值，$\Delta\sigma_S$ 表波動率微小變動量。

$$\text{Theta} = \frac{C_{T-\Delta T} - C_{T+\Delta T}}{2\Delta T} \tag{4-13}$$

其中 $C_{T+\Delta T}$ 表其他參數不變下，存續期間以 $T+\Delta T$ 代入後買權的價值，ΔT 表時間微小變動量。

$$\text{Rho} = \frac{C_{r+\Delta r} - C_{r-\Delta r}}{2\Delta r} \tag{4-14}$$

其中 $C_{r+\Delta r}$ 表其他參數不變下，短期利率以 $r+\Delta r$ 代入後買權的價值，Δr 表利率微小變動量。

範例 4-3：美式選擇權 Greeks（二元樹）

範例 4-1 例子中，美式賣權的 Greeks 經計算可得 Delta = -0.3562、Gamma = 0.0137、Vega = 39.5450、Theta = -5.2248 及 Rho = -35.3468。

4-3 二元樹模型表單建置

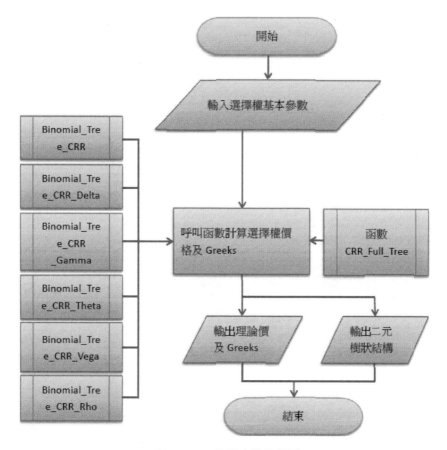

圖 4-8 二元樹表單流程圖

4-3-1 表單功能

A. 計算歐式及美式選擇權價格及其 Greeks。

B. 彈性調整期數 n，並將樹狀結構呈現於表單中。

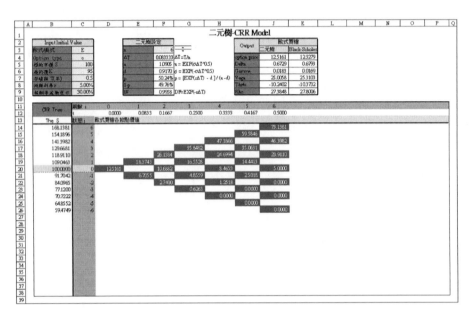

圖 4-9　n=6 二元樹表單

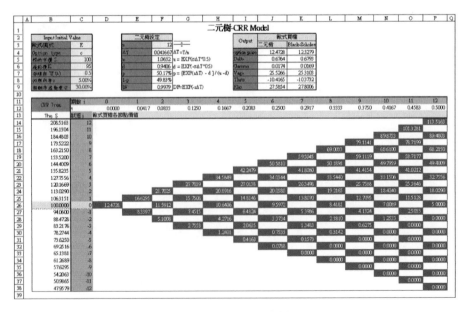

圖 4-10　n=12 二元樹表單

4-3-2 表單使用方式

A. 儲存格 C3：C9 中輸入模型參數，並於儲存格 F3 中調整期數 n（可於儲存格 G3 中微調）。

B. 基本參數輸入完成後，儲存格 F4：F9 會將模型計算的中介參數呈現出，其公式已設定於儲存格中。

C. 儲存格 J4：J9 為 CRR 模型計算出的選擇權價格及其 Greeks，而儲存格 K4：K9 為利用 Black-Scholes 封閉解所求出的數值供參考（僅適用於計算歐式選擇權）。

D. 表單下方樹狀結構區中，儲存格 B14：B38 為樹狀結構在各種狀態 j 下的標的價格，而儲存格範圍 D14：P38 為樹狀結構各節點選擇權的現金流量（節點（0,0）即為 CRR 計算之選擇權價格）。

4-3-3 表單製作

表單設計分四個部分，a. 基本資料區、b. 二元樹設定區、c.CRR 輸出區及 d. 樹狀結構區。各部分設定說明如下：

步驟 1：先行建立表單基本資料及格式

先行建立一個如圖 4-11 的二元樹空白表單，並區分為 a. 基本資料區、b. 二元樹設定區、c. CRR 輸出區及 d. 樹狀結構區。

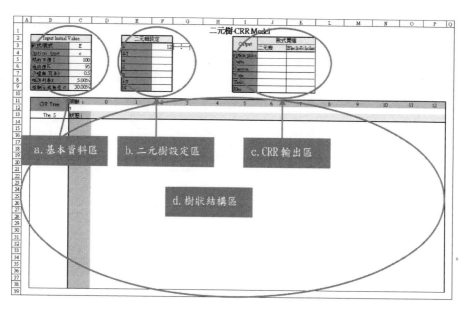

圖 4-11　二元樹空白表單

步驟 2：基本資料區及二元樹設定區格式設定

- 儲存格 C3 及儲存格 C4 為下接式清單表示（請參考第 3 章說明），儲存格 C3 清單位於儲存格 A3：A4，儲存格 C4 清單位於儲存格 A5：A6。
- 儲存格 F3 使用微調按鈕（微調按鈕路徑：[開發人員] 索引標籤中，按下 [控制項] 類別中的 [插入]→選取表單控制項中的 [微調按鈕]），並於 [控制項格式]（於微調按鈕上按右鍵）中的 [控制] 頁籤中設定最小值為 2、最大值為 12、遞增值為 1 及儲存格連結為 $F$3。
- 儲存 F4：F9 為二元樹的基本參數設定：

儲存格	設定公式	說明
F4	=C7/F3	DT=T/n
F5	=EXP(C9*F4^0.5)	$u = e^{\sigma_S \sqrt{\Delta t}}$
F6	=1/F5	$d = e^{-\sigma_S \sqrt{\Delta t}}$
F7	=(EXP(C8*F4)-F6)/(F5-F6)	$p = \dfrac{e^{r\Delta t} - d}{u - d}$
F8	=1-F7	1-p
F9	=EXP(-C8*F4)	單期折現因子

設定完成後結果如下圖 4-12 所示：

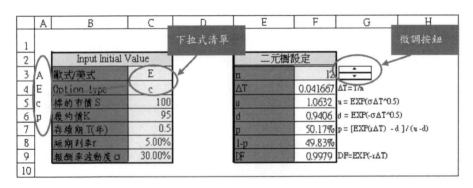

圖 4-12　基本資料區及二元樹設定區

步驟 3：CRR 輸出區格式設定

主要將 CRR 所求算出的選擇權數值及 Greeks 輸出至此，若為歐式選擇權，則將 Black-Scholes 公式解所求出的數字一併輸出比較，儲存格設定如下：

儲存格	設定公式	説明
J2	=IF(C3="E"," 歐式 "," 美式 ") & IF(C4="c"," 買權 "," 賣權 ")	輸出欲計算選擇權之型態
J4	=Binomial_Tree_CRR(C3,C4,C5,C6,C7,C8,C9,F3)	式 4-6、式 4-7、式 4-8 及式 4-9
J5	=Binomial_Tree_CRR_Delta(C3,C4,C5,C6,C7,C8,C9,F3)	式 4-10
J6	=Binomial_Tree_CRR_gamma(C3,C4,C5,C6,C7,C8,C9,F3)	式 4-11
J7	=Binomial_Tree_CRR_Vega(C3,C4,C5,C6,C7,C8,C9,F3)	式 4-12
J8	=Binomial_Tree_CRR_theta(C3,C4,C5,C6,C7,C8,C9,F3)	式 4-13
J9	=Binomial_Tree_CRR_Rho(C3,C4,C5,C6,C7,C8,C9,F3)	式 4-14
K4	=IF(C3="E",BS(C4,C5,C6,C7,C8,C9),"")	式 3-9
K5	=IF(C3="E",BS_Delta(C4,C5,C6,C7,C8,C9),"")	式 3-10 或式 3-11
K6	=IF(C3="E",BS_Gamma(C5,C6,C7,C8,C9),"")	式 3-12
K7	=IF(C3="E",BS_vega(C5,C6,C7,C8,C9),"")	式 3-13
K8	=IF(C3="E",BS_Theta(C4,C5,C6,C7,C8,C9),"")	式 3-14、式 3-15
K9	=IF(C3="E",BS_Rho(C4,C5,C6,C7,C8,C9),"")	式 3-16、式 3-17

設定完成後結果如下圖 4-13 所示：

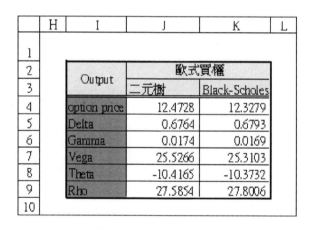

圖 4-13　CRR 輸出區

步驟 4：樹狀結構區格式設定

　　為了能更清晰呈現出二元樹的特性，將樹狀結構的狀態 j 重新定義為現貨上漲（正數）或下跌（負數）次數。且為了表示各節點的數值，樹狀結構區除了基本設定外，還使用到不少的 [設定格式化的條件] 功能，[設定格式化的條件] 功能路徑為：[常用] 索引標籤中，按下 [樣式] 類別中的 [設定格式化的條件]。樹狀結構區儲存格的公式設定如下：

儲存格	設定公式	説明
D12 E12 ： P12	=0 =D12+$F$4 ： =O12+$F$4	各期節點的時間點 t
D13	=IF(C3="E"," 歐式 "," 美式 ") & IF(C4="c"," 買權 "," 賣權 ") & " 各節點價值 "	欲計算選擇權種類
B14 B15 ： B38	=$C$5*$F$5^C14 =$C$5*$F$5^C15 ： =$C$5*$F$5^C38	標的股票在不同狀態時的價格
C14 C15 C16 ： C38	=F3 =C14-1 =C15-1 ： =C37-1	狀態 j，j 正表示上漲次數，負表示下跌次數
D14： P38	{=TRANSPOSE(CRR_Full_Tree($C$3,$C$4,$C$5,$C$6,$ C$7,$C$8,$C$9,$F$3))} 註：矩陣函數使用説明 先選取返回值儲存格範圍（D14：P38） 於資料編輯列中輸入：「=TRANSPOSE(CRR_Full_Tree($ C$3,$C$4,$C$5,$C$6,$C$7,$C$8,$C$9,$F$3))」 按下【Ctrl】+【Shift】+【Enter】	二元樹自訂函數 CRR_Full_Tree 返回值，矩陣轉置僅為呈現格式要求，不具任何意義

圖 4-14　儲存格設定完成

儲存格設定完成後，樹狀結構區將呈現如圖 4-14 所示。為了讓儲存格僅呈現出二元樹中節點的數值，我們另需額外於儲存格中設定，其儲存格格式設定說明如下：

儲存格範圍	格式設定説明
D11：P11	選取儲存格範圍 D11：P11 於 [設定格式化的條件] 中 [新增規則]->[選取規則種類] 中選取 [使用公式來決定要格式化哪些儲存格]-> 在 [格式化在此公式為 True 的值] 中輸入「=ABS(D$11)>$F$3」，並在 [格式] 中的 [字型] 色彩選擇與儲存格背景色彩一致（金色）。 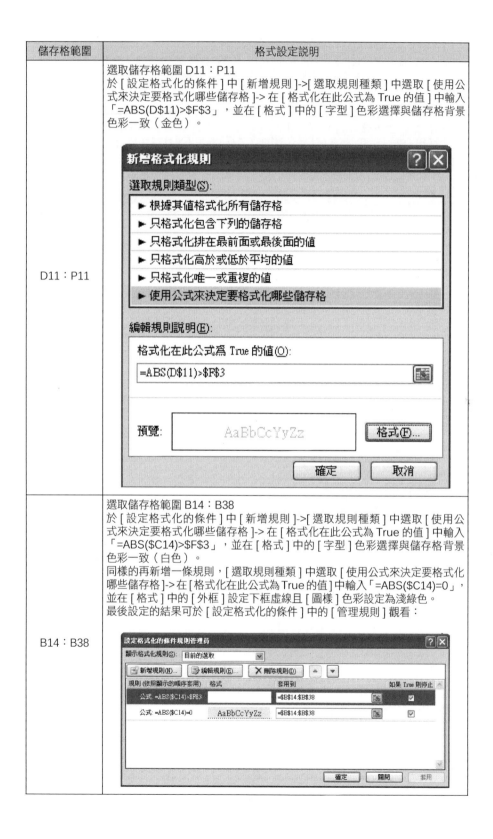
B14：B38	選取儲存格範圍 B14：B38 於 [設定格式化的條件] 中 [新增規則]->[選取規則種類] 中選取 [使用公式來決定要格式化哪些儲存格]-> 在 [格式化在此公式為 True 的值] 中輸入「=ABS($C14)>$F$3」，並在 [格式] 中的 [字型] 色彩選擇與儲存格背景色彩一致（白色）。 同樣的再新增一條規則，[選取規則種類] 中選取 [使用公式來決定要格式化哪些儲存格]-> 在 [格式化在此公式為 True 的值] 中輸入「=ABS($C14)=0」，並在 [格式] 中的 [外框] 設定下框虛線且 [圖樣] 色彩設定為淺綠色。 最後設定的結果可於 [設定格式化的條件] 中的 [管理規則] 觀看：

C14：C38	選取儲存格範圍 C14：C38 於 [設定格式化的條件] 中 [新增規則]->[選取規則種類] 中選取 [使用公式來決定要格式化哪些儲存格]-> 在 [格式化在此公式為 True 的值] 中輸入「=ABS($C14)>$F$3」，並在 [格式] 中的 [字型] 色彩選擇與儲存格背景色彩一致（金色）。 同樣的再新增一條規則，[選取規則種類] 中選取 [使用公式來決定要格式化哪些儲存格]-> 在 [格式化在此公式為 True 的值] 中輸入「=ABS($C14)<=0」，並在 [格式] 中的 [外框] 設定下框虛線且 [圖樣] 色彩設定為淺綠色。 最後設定的結果可於 [設定格式化的條件] 中的 [管理規則] 觀看： 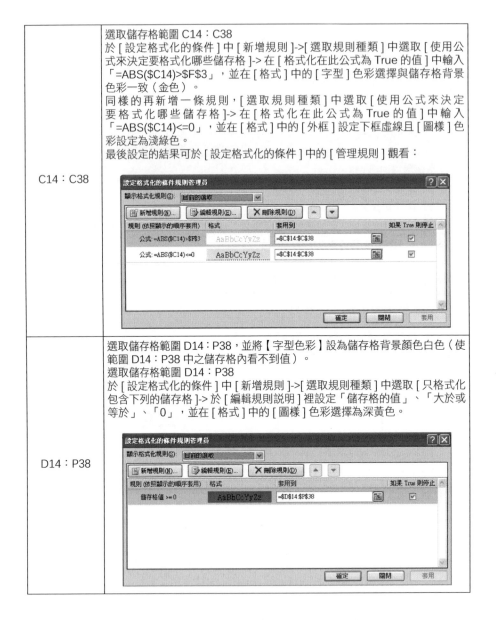
D14：P38	選取儲存格範圍 D14：P38，並將【字型色彩】設為儲存格背景顏色白色（使範圍 D14：P38 中之儲存格內看不到值）。 選取儲存格範圍 D14：P38 於 [設定格式化的條件] 中 [新增規則]->[選取規則種類] 中選取 [只格式化包含下列的儲存格]-> 於 [編輯規則說明] 裡設定「儲存格的值」、「大於或等於」、「0」，並在 [格式] 中的 [圖樣] 色彩選擇為深黃色。

格式設定完成後，表單結果會如圖 4-9 或圖 4-10 所示。

4-4　Boyle 三元樹

　　Boyle(1986) 延伸 CRR 二元樹，對標的 S 未來可能的價格變動區分為上漲、不變及下跌三種，三種可能的價格分別為 uS、mS 及 dS，上漲、不變及下跌的跳動幅度分別為：$u = e^{\sigma_s \sqrt{2\Delta t}}$、$m = 1$ 及 $d = e^{-\sigma_s \sqrt{2\Delta t}} = \dfrac{1}{u}$，而跳動的發生機率 P_u、P_m 及 P_d 表示為：

$$P_u = \left(\frac{e^{r\Delta t/2} - e^{-\sigma_s \sqrt{\Delta t/2}}}{e^{\sigma_s \sqrt{\Delta t/2}} - e^{-\sigma_s \sqrt{\Delta t/2}}} \right)^2 \tag{4-15}$$

$$P_d = \left(\frac{e^{\sigma_s \sqrt{\Delta t/2}} - e^{r\Delta t/2}}{e^{\sigma_s \sqrt{\Delta t/2}} - e^{-\sigma_s \sqrt{\Delta t/2}}} \right)^2 \tag{4-16}$$

$$P_m = 1 - P_u - P_d \tag{4-17}$$

其中：r 表短期利率（無風險利率）、$\Delta t = \dfrac{T}{n}$、n 為期數、T 為距到期日（年）、σ_S 為標的報酬之波動率。

如同二元樹的作法，可以透過標準的後推方式，將各節點的現金流量由最後一期推算折現至第零期，即為選擇權的價格，各節點的現金流量及 Greeks 的算法公式可參考 CRR 二元樹中的設定。

範例 4-4：美式選擇權及其 Greeks（三元樹）

延伸範例 4-1，我們運用五期的三元樹來計算美式賣權價格及 Greeks，首先計算模型所使用的中繼參數：

$$\Delta t = \frac{1}{5} = 0.2$$

$$u = e^{0.3 \times \sqrt{2 \times 0.2}} = 1.2089$$

$$m = 1$$

$$d = \frac{1}{u} = 0.8272$$

$$P_u = \left(\frac{e^{r\Delta t/2} - e^{-\sigma_s \sqrt{\Delta t/2}}}{e^{\sigma_s \sqrt{\Delta t/2}} - e^{-\sigma_s \sqrt{\Delta t/2}}} \right)^2 = 23.70\%$$

$$P_d = \left(\frac{e^{\sigma_s \sqrt{\Delta t/2}} - e^{r\Delta t/2}}{e^{\sigma_s \sqrt{\Delta t/2}} - e^{-\sigma_s \sqrt{\Delta t/2}}} \right)^2 = 26.33\%$$

$$P_m = 1 - P_u - P_d = 49.97\%$$

各期別的股價及以後推方式求解的現金流量步驟如同二元樹介紹一般，其結果如下圖 4-15 所示，第 0 期的現金流量 8.6287，即為五期三元樹模型計算出選擇權之價值。

	B	C	D	E	F	G	H	I
11	Boyle Tree	期數 i	0	1	2	3	4	5
12		t	0.0000	0.2000	0.4000	0.6000	0.8000	1.0000
13	The S	狀態 i	美式賣權各節點價值					
14	258.2307	5						0.0000
15	213.6025	4					0.0000	0.0000
16	176.6871	3				0.0000	0.0000	0.0000
17	146.1515	2			0.2216	0.0000	0.0000	0.0000
18	120.8931	1		2.6081	1.7410	0.8449	0.0000	0.0000
19	100.0000	0	8.6287	7.6154	6.4407	5.0348	3.2215	0.0000
20	82.7177	-1		16.1013	15.2474	14.2425	13.0834	12.2823
21	68.4222	-2			26.6613	26.5778	26.5778	26.5778
22	56.5972	-3				38.4028	38.4028	38.4028
23	46.8159	-4					48.1841	48.1841
24	38.7251	-5						56.2749

圖 4-15　五期三元樹

另選擇權的 Delta=-0.3535、Gamma=0.0132、Vega=36.7090、Theta=-4.7373 及 Rho=-38.4538。

4-5　Boyle 三元樹表單建置

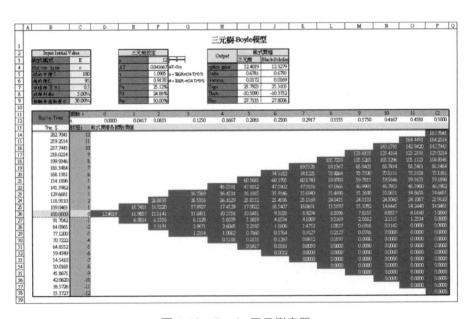

圖 4-16　Boyle 三元樹表單

4-5-1 表單功能

A. 計算歐式及美式選擇權價格及其 Greeks。

B. 彈性調整期數 n，並將樹狀結構呈現於表單中。

4-5-2 表單使用方式

同 **4-3-2 表單使用方式**。

4-5-3 表單製作

如同二元樹表單一般，三元樹表單亦分四個部分 a. 基本資料區、b. 三元樹設定區、c. 三元樹輸出區及 d. 樹狀結構區，表單格式設定如同二元樹，以下僅對儲存格公式設定作說明。

b. 三元樹設定區

儲存格	設定公式	說明
F4	=C7/F3	DT=T/n
F5	=EXP(C9*(2*F4)^0.5)	$u = e^{\sigma_S \sqrt{2\Delta t}}$
F6	=1/F5	$d = e^{-\sigma_S \sqrt{2\Delta t}} = \dfrac{1}{u}$
F7	=((EXP(C8*F4/2)-EXP(-C9*(0.5*F4)^0.5))/(EXP(C9*(0.5*F4)^0.5)-EXP(-C9*(0.5*F4)^0.5)))^2	式 4-15
F8	=((EXP(C9*(0.5*F4)^0.5)-EXP(C8*F4/2))/(EXP(C9*(0.5*F4)^0.5)-EXP(-C9*(0.5*F4)^0.5)))^2	式 4-16
F9	=1-F8-F7	式 4-17

c. 三元樹輸出區

儲存格	設定公式	說明
I2	=IF(C3="E"," 歐式 "," 美式 ") & IF(C4="c"," 買權 "," 賣權 ")	輸出欲計算選擇權之型態
I4	=Trinomial_Tree_Boyle(C3,C4,C5,C6,C7,C8,C9,F3)	
I5	=Trinomial_Tree_Boyle_Delta(C3,C4,C5,C6,C7,C8,C9,F3)	
I6	=Trinomial_Tree_Boyle_gamma(C3,C4,C5,C6,C7,C8,C9,F3)	參考二元樹設定公式
I7	=Trinomial_Tree_Boyle_Vega(C3,C4,C5,C6,C7,C8,C9,F3)	
I8	=Trinomial_Tree_Boyle_theta(C3,C4,C5,C6,C7,C8,C9,F3)	
I9	=Trinomial_Tree_Boyle_Rho(C3,C4,C5,C6,C7,C8,C9,F3)	
J4	=IF(C3="E",BS(C4,C5,C6,C7,C8,C9),"")	式 3-9

儲存格	設定公式	說明
J5	=IF(C3="E",BS_Delta(C4,C5,C6,C7,C8,C9),"")	式 3-10 或式 3-11
J6	=IF(C3="E",BS_Gamma(C5,C6,C7,C8,C9),"")	式 3-12
J7	=IF(C3="E",BS_vega(C5,C6,C7,C8,C9),"")	式 3-13
J8	=IF(C3="E",BS_Theta(C4,C5,C6,C7,C8,C9),"")	式 3-14 或式 3-15
J9	=IF(C3="E",BS_Rho(C4,C5,C6,C7,C8,C9),"")	式 3-16 或式 3-17

d. 樹狀結構區

儲存格	設定公式	說明
D12 E12 ： P12	=0 =D12+$F$4 ： =O12+$F$4	各期節點的時間點 t
D13	=IF(C3="E"," 歐式 "," 美式 ") & IF(C4="c"," 買權 "," 賣權 ") & " 各節點價值 "	欲計算選擇權種類
B14 B15 ： B38	=$C$5*$F$5^C14 =$C$5*$F$5^C15 ： =$C$5*$F$5^C38	標的股票在不同狀態時的價格
C14 C15 C16 ： C38	=F3 =C14-1 =C15-1 ： =C37-1	狀態 j，j 正表示上漲次數，負表示下跌次數
D14： P38	{=TRANSPOSE(Full_Trinomial_Tree_Boyle($C$3,$C$4,$C$5,$C$6,$C$7,$C$8,$C$9,$F$3))} 註：矩陣函數使用說明 先選取返回值儲存格範圍（D14：P38） 於資料編輯列中輸入：「=TRANSPOSE(Full_Trinomial_Tree_Boyle($C$3,$C$4,$C$5,$C$6,$C$7,$C$8,$C$9,$F$3))」 按下【Ctrl】+【Shift】+【Enter】	三元樹自訂函數 Full_Trinomial_Tree_Boyle 返回值，矩陣轉置僅為呈現格式要求不且任何意義

4-6　自訂函數

• **Binomial_Tree_CRR 函數：以 CRR 二元樹計算選擇權理論價格**

使用語法：

> Binomial_Tree_CRR (AE,CallPut,S,k,T,r,sigma_s,N)

引數說明：

AE：A 為美式、E 為歐式

CallPut：p 為賣權、c 為買權

S：標的股價

k：履約價

T：到期期間（年）

r：年化無風險利率

sigma_s：標的報酬年化標準差

N：切割期數

返回值：選擇權理論價格

行	程式內容
001	Function Binomial_Tree_CRR(ByVal AE As String, ByVal CallPut As String, ByVal S As Double, ByVal k As Double, ByVal T As Double, ByVal r As Double, ByVal sigma_s As Double, ByVal N As Integer) As Double
002	Dim z As Integer
003	Dim i As Integer
004	Dim j As Integer
005	If CallPut = "c" Then
006	z = 1
007	Else
008	z = -1
009	End If
010	
011	Dim u As Double
012	Dim d As Double
013	Dim p As Double
014	Dim dt As Double
015	Dim df As Double
016	ReDim cash_flow(0 To N) As Double
017	dt = T / N
018	u = Exp(sigma_s * dt ^ 0.5)
019	d = 1 / u
020	p = (Exp(r * dt) - d) / (u - d)
021	df = Exp(-r * dt)
022	For j = 0 To N
023	cash_flow(j) = Max(z * (u ^ j * d ^ (N - j) * S - k), 0)
024	Next
025	
026	For i = 1 To N
027	For j = 0 To N - i
028	If AE = "E" Then
029	cash_flow(j) = ((1 - p) * cash_flow(j) + p * cash_flow(j + 1)) * df
030	ElseIf AE = "A" Then
031	cash_flow(j) = Max(z * (u ^ j * d ^ (N - j - i) * S - k), ((1 - p) * cash_flow(j) + p * cash_flow(j + 1)) * df)
032	End If
033	Next
034	Next
035	
036	Binomial_Tree_CRR = cash_flow(0)
037	End Function

程式說明：

行數 005-009：

以參數 z 來表示選擇權種類，1 為買權，-1 為賣權。

行數 016：

由於本函數僅計算最終值，期間不保留各期別現金流量，所以只定義一維陣列儲存計算期中各狀態 j 的現金流量。

行數 022-024：

計算最後一期現金流量。

行數 026：

以後推方式，由最後一期 N 往前推 N-1、N-2⋯一直到 N-N 也就是現在。

行數 027：

計算狀態 j 的迴圈。

行數 029：

計算歐式選擇權的現金流量，若 z = 1 則參考公式 4-6，若 z = -1 則參考公式 4-7。

行數 031：

計算美式選擇權的現金流量，若 z = 1 則參考公式 4-8，若 z = -1 則參考公式 4-9。

行數 036：

回推到第零期第零個狀態，即為樹狀結構推算出的現值。

- **Binomial_Tree_CRR_Delta 函數：以 CRR 二元樹計算選擇權 Delta**

使用語法：

Binomial_Tree_CRR_Delta(AE,CallPut,S,k,T,r,sigma_s,N)

引數說明：

AE：A 為美式、E 為歐式

CallPut：p 為賣權、c 為買權

S：標的股價

k：履約價

T：到期期間（年）

r：年化無風險利率

sigma_s：標的報酬年化標準差

N：切割期數

返回值：選擇權 Delta

行	程式內容
001	Function Binomial_Tree_CRR_Delta(ByVal AE As String, ByVal CallPut As String, ByVal S As Double, ByVal k As Double, ByVal T As Double, ByVal r As Double, ByVal sigma_s As Double, ByVal N As Integer) As Double
002	Dim z As Integer
003	Dim i As Integer
004	Dim j As Integer
005	If CallPut = "c" Then
006	z = 1
007	Else
008	z = -1
009	End If
010	
011	Dim u As Double
012	Dim d As Double
013	Dim p As Double
014	Dim dt As Double
015	Dim df As Double
016	ReDim cash_flow(0 To N) As Double
017	dt = T / N
018	u = Exp(sigma_s * dt ^ 0.5)
019	d = 1 / u
020	p = (Exp(r * dt) - d) / (u - d)
021	df = Exp(-r * dt)
022	
023	For j = 0 To N
024	cash_flow(j) = Max(z * (u ^ j * d ^ (N - j) * S - k), 0)
025	Next
026	For i = 1 To N - 1
027	For j = 0 To N - i
028	If AE = "E" Then
029	cash_flow(j) = ((1 - p) * cash_flow(j) + p * cash_flow(j + 1)) * df
030	ElseIf AE = "A" Then
031	cash_flow(j) = Max(z * (u ^ j * d ^ (N - j - i) * S - k), ((1 - p) * cash_flow(j) +_ p * cash_flow(j + 1)) * df)
032	End If
033	Next
034	Next
035	
036	Binomial_Tree_CRR_Delta = (cash_flow(1) - cash_flow(0)) / (S * u - S * d)
037	End Function

程式說明：

行數 005-009：

　　以參數 z 來表示選擇權種類，1 為買權，-1 為賣權。

行數 016：

　　由於本函數僅計算最終值，期間不保留各期別現金流量，所以只定義一維陣列儲存計算期中各狀態 j 的現金流量。

行數 022-024：

計算最後一期現金流量。

行數 026：

以後推方式，由最後一期 N 往前推 N-1、N-2…一直到 N-（N-1）期以求算 Delta 用。

行數 027：

計算狀態 j 的迴圈。

行數 029：

計算歐式選擇權的現金流量，若 z=1 則參考公式 4-6，若 z=-1 則參考公式 4-7。

行數 031：

計算美式選擇權的現金流量，若 z=1 則參考公式 4-8，若 z=-1 則參考公式 4-9。

行數 036：

由後往前推 N-1 期至第 1 期後，再利用式 4-10 的公式計算選擇權的 Delta 數值。

- **Binomial_Tree_CRR_Gamma 函數：以 CRR 二元樹計算選擇權 Gamma**

使用語法：

> Binomial_Tree_CRR_Gamma(AE,CallPut,S,k,T,r,sigma_s,N)

引數說明：

AE：A 為美式、E 為歐式

CallPut：p 為賣權、c 為買權

S：標的股價

k：履約價

T：到期期間（年）

r：年化無風險利率

sigma_s：標的報酬年化標準差

N：切割期數

返回值：選擇權 Gamma

行	程式內容
001	Function Binomial_Tree_CRR_Gamma(ByVal AE As String, ByVal CallPut As String, ByVal S As Double, ByVal k As Double, ByVal T As Double, ByVal r As Double, ByVal sigma_s As Double, ByVal N As Integer) As Double
002	Dim z As Integer
003	Dim i As Integer
004	Dim j As Integer
005	If CallPut = "c" Then
006	z = 1
007	Else
008	z = -1
009	End If
010	
011	Dim u As Double
012	Dim d As Double
013	Dim p As Double
014	Dim dt As Double
015	Dim df As Double
016	ReDim cash_flow(0 To N) As Double
017	dt = T / N
018	u = Exp(sigma_s * dt ^ 0.5)
019	d = 1 / u
020	p = (Exp(r * dt) - d) / (u - d)
021	df = Exp(-r * dt)
022	
023	For j = 0 To N
024	cash_flow(j) = Max(z * (u ^ j * d ^ (N - j) * S - k), 0)
025	Next
026	For i = 1 To N - 2
027	For j = 0 To N - i
028	If AE = "E" Then
029	cash_flow(j) = ((1 - p) * cash_flow(j) + p * cash_flow(j + 1)) * df
030	ElseIf AE = "A" Then
031	cash_flow(j) = Max(z * (u ^ j * d ^ (N - j - i) * S - k), ((1 - p) * cash_flow(j) +_ p * cash_flow(j + 1)) * df)
032	End If
033	Next
034	Next
035	
036	Binomial_Tree_CRR_Gamma = ((cash_flow(2) - cash_flow(1)) / (S * u * u - S) - (cash_flow(1) _ - cash_flow(0)) / (S - S * d * d)) / (S * u - S * d)
037	End Function

程式說明：

行數 005-009：

以參數 z 來表示選擇權種類，1 為買權，-1 為賣權。

行數 016：

由於本函數僅計算最終值，期間不保留各期別現金流量，所以只定義一維陣列儲存計算期中各狀態 j 的現金流量。

行數 022-024：

計算最後一期現金流量。

行數 026：

以後推方式，由最後一期 N 往前推 N-1、N-2⋯一直到 N-（N-2）期以求算 Gamma 用。

行數 027：

計算狀態 j 的迴圈。

行數 029：

計算歐式選擇權的現金流量，若 z=1 則參考公式 4-6，若 z=-1 則參考公式 4-7。

行數 031：

計算美式選擇權的現金流量，若 z=1 則參考公式 4-8，若 z=-1 則參考公式 4-9。

行數 036：

由後往前推 N-2 期至第 2 期後，再利用式 4-11 的公式計算選擇權的 Gamma 數值。

- **Binomial_Tree_CRR_Vega 函數：以 CRR 二元樹計算選擇權 Vega**

使用語法：

> Binomial_Tree_CRR_Vega(AE,CallPut,S,k,T,r,sigma_s,N)

引數說明：

AE：A 為美式、E 為歐式

CallPut：p 為賣權、c 為買權

S：標的股價

k：履約價

T：到期期間（年）

r：年化無風險利率

sigma_s：標的報酬年化標準差

N：切割期數

返回值：選擇權 Vega

行	程式內容
001	Function Binomial_Tree_CRR_Vega(ByVal AE As String, ByVal CallPut As String, ByVal S As Double, ByVal k As Double, ByVal T As Double, ByVal r As Double, ByVal sigma_s As Double, ByVal N As Integer) As Double
002	Dim C0 As Double
003	Dim C1 As Double
004	C0 = Binomial_Tree_CRR(AE, CallPut, S, k, T, r, sigma_s - sigma_s / 100000, N)
005	C1 = Binomial_Tree_CRR(AE, CallPut, S, k, T, r, sigma_s + sigma_s / 100000, N)
006	Binomial_Tree_CRR_Vega = (C1 - C0) / (sigma_s / 100000) / 2
007	End Function

程式說明：

行數 004：

計算當波動率以 $\sigma_S - \Delta\sigma_S$ 代入樹狀結構求算之選擇權價值。

行數 005：

計算當波動率以 $\sigma_S + \Delta\sigma_S$ 代入樹狀結構求算之選擇權價值。

行數 006：

以式 4-12 計算樹狀結構選擇權之 Vega 值。

- **Binomial_Tree_CRR_Theta 函數：以 CRR 二元樹計算選擇權 Theta**

使用語法：

Binomial_Tree_CRR_Theta(AE,CallPut,S,k,T,r,sigma_s,N)

引數說明：

AE：A 為美式、E 為歐式

CallPut：p 為賣權、c 為買權

S：標的股價

k：履約價

T：到期期間（年）

r：年化無風險利率

sigma_s：標的報酬年化標準差

N：切割期數

返回值：選擇權 Theta

行	程式內容
001	Function Binomial_Tree_CRR_Theta(ByVal AE As String, ByVal CallPut As String, ByVal S As Double, ByVal k As Double, ByVal T As Double, ByVal r As Double, ByVal sigma_s As Double, ByVal N As Integer) As Double
002	Dim C0 As Double
003	Dim C1 As Double
004	C0 = Binomial_Tree_CRR(AE, CallPut, S, k, T - T / 100000, r, sigma_s, N)
005	C1 = Binomial_Tree_CRR(AE, CallPut, S, k, T + T / 100000, r, sigma_s, N)
006	Binomial_Tree_CRR_Theta = -(C1 - C0) / (T / 100000) / 2
007	End Function

程式說明：

行數 004：

計算當存續期間以 $T-\Delta T$ 代入樹狀結構求算之選擇權價值。

行數 005：

計算當存續期間以 $T+\Delta T$ 代入樹狀結構求算之選擇權價值。

行數 006：

以式 4-13 計算樹狀結構選擇權之 Theta 值。

- **Binomial_Tree_CRR_Rho 函數：以 CRR 二元樹計算選擇權 Rho**

使用語法：

Binomial_Tree_CRR_Rho(AE,CallPut,S,k,T,r,sigma_s,N)

引數說明：

AE：A 為美式、E 為歐式

CallPut：p 為賣權、c 為買權

S：標的股價

k：履約價

T：到期期間（年）

r：年化無風險利率

sigma_s：標的報酬年化標準差

N：切割期數

返回值：選擇權 Rho

行	程式內容
001	Function Binomial_Tree_CRR_Rho(ByVal AE As String, ByVal CallPut As String, ByVal S As Double, ByVal k As Double, ByVal T As Double, ByVal r As Double, ByVal sigma_s As Double, ByVal N As Integer) As Double
002	Dim C0 As Double
003	Dim C1 As Double
004	C0 = Binomial_Tree_CRR(AE, CallPut, S, k, T, r - r / 100000, sigma_s, N)
005	C1 = Binomial_Tree_CRR(AE, CallPut, S, k, T, r + r / 100000, sigma_s, N)
006	Binomial_Tree_CRR_Rho = (C1 - C0) / (r / 100000) / 2
007	End Function

程式說明：

行數 004：

　　計算當短期利率以 $r - \Delta r$ 代入樹狀結構求算之選擇權價值。

行數 005：

　　計算當短期利率以 $r + \Delta r$ 代入樹狀結構求算之選擇權價值。

行數 006：

　　以式 4-14 計算樹狀結構選擇權之 Rho 值。

- **Binomial_Full_Tree 函數：以 CRR 二元樹計算選擇權理論價格並傳回各節點現金流量。**

使用語法：

> Binomial_Full_Tree(AE,CallPut,S,k,T,r,sigma_s,N)

引數說明：

　　AE：A 為美式、E 為歐式

　　CallPut：p 為賣權、c 為買權

　　S：標的股價

　　k：履約價

　　T：到期期間（年）

　　r：年化無風險利率

　　sigma_s：標的報酬年化標準差

　　N：切割期數

　　返回值：選擇權各節點價值

行	程式內容
001	Function CRR_Full_Tree(ByVal AE As String, ByVal CallPut As String, ByVal S As Double, ByVal k As Double, ByVal T As Double, ByVal r As Double, ByVal sigma_s As Double, ByVal N As Integer) As Variant
002	Dim z As Integer
003	Dim i As Integer
004	Dim j As Integer
005	If CallPut = "c" Then
006	z = 1
007	Else
008	z = -1
009	End If
010	
011	Dim u As Double
012	Dim d As Double
013	Dim p As Double
014	Dim dt As Double
015	Dim df As Double
016	ReDim cash_flow(0 To N) As Double
017	ReDim option_flow(0 To N, -N To N) As Double
018	
019	For i = 0 To N
020	For j = -N To N
021	option_flow(i, j) = -9999
022	Next
023	Next
024	
025	dt = T / N
026	u = Exp(sigma_s * dt ^ 0.5)
027	d = 1 / u
028	p = (Exp(r * dt) - d) / (u - d)
029	df = Exp(-r * dt)
030	
031	For j = 0 To N
032	cash_flow(j) = Max(z * (u ^ j * d ^ (N - j) * S - k), 0)
033	option_flow(N, -N + 2 * j) = cash_flow(j)
034	Next
035	
036	For i = 1 To N
037	For j = 0 To N - i
038	If AE = "E" Then
039	cash_flow(j) = ((1 - p) * cash_flow(j) + p * cash_flow(j + 1)) * df
040	option_flow(N - i, -N + i + 2 * j) = cash_flow(j)
041	ElseIf AE = "A" Then
042	cash_flow(j) = Max(z * (u ^ j * d ^ (N - j - i) * S - k), ((1 - p) * cash_flow(j) + p * cash_flow(j + 1)) * df)
043	option_flow(N - i, -N + i + 2 * j) = cash_flow(j)
044	End If
045	Next
046	Next
047	
048	ReDim sort_option(0 To N, -N To N) As Double
049	For i = 0 To N
050	For j = -N To N
051	sort_option(i, j) = option_flow(i, -j)
052	Next
053	Next
054	
055	CRR_Full_Tree = sort_option
056	End Function

程式說明：

該程式主要為 EXCEL 表單輸出用，狀態 j 經過修改其範圍由 -N 到 N(j=-n,-n+1,…,n) 和原始公式 4-6 至公式 4-9 中的範圍 (j=0,1,…,n-i) 不同，語法中會略為調整節點位置，但不影響最後產出的結果。

行數 005-009：

以參數 z 來表示選擇權種類，1 為買權，-1 為賣權。

行數 016：

暫存計算期 i 的現金流量。

行數 017：

儲存各期別各種狀態的選擇權價值現金流量 option_flow。

行數 019-023：

預先給定 option_flow 陣列內數字為 -9999，此數字不具任何意義（預設為 0），最主要是在表單呈現時，能區分該節點是否有用到或計算到，不用預設值是因為選擇權現金流量常為 0，導致不易判別該節點是否有利用到。

行數 031-034：

計算最後一期現金流量。

行數 036-046：

由最後一期往前推算現金流量，並保留數值於 option_flow 陣列中。有一點應注意的是 option_flow 中的狀態，j 的位置存放和 Cash_flow 不一樣，主要是於表單中呈現方便用。

行數 048-053：

變更 option_flow 現金流量排列方式，把行列互調，僅於 EXCEL 表單中呈現用，無任何程式上的意義。

- **Trinomial_Tree_Boyle 函數：以 Boyle 三元樹計算選擇權價格。**

使用語法：

```
Trinomial_Tree_Boyle(AE,CallPut,S,k,T,r,sigma_s,N)
```

引數說明：

AE：A 為美式、E 為歐式

CallPut：p 為賣權、c 為買權

S：標的股價

k：履約價

T：到期期間（年）

r：年化無風險利率

sigma_s：標的報酬年化標準差

N：切割期數

返回值：選擇權價值

行	程式內容
001	Function Trinomial_Tree_Boyle(ByVal AE As String, ByVal CallPut As String, ByVal S As Double, ByVal k As Double, ByVal T As Double, ByVal r As Double, ByVal sigma_s As Double, ByVal N As Integer) As Double
002	Dim z As Integer
003	Dim i As Integer
004	Dim j As Integer
005	If CallPut = "c" Then
006	z = 1
007	Else
008	z = -1
009	End If
010	
011	Dim u As Double
012	Dim d As Double
013	Dim Pu As Double
014	Dim Pd As Double
015	Dim dt As Double
016	Dim df As Double
017	ReDim cash_flow(0 To 2 * N) As Double
018	dt = T / N
019	u = Exp(sigma_s * (2 * dt) ^ 0.5)
020	d = 1 / u
021	Pu = ((Exp(r * dt / 2) - Exp(-sigma_s * (dt / 2) ^ 0.5)) / (Exp(sigma_s * (dt / 2) ^ 0.5)- Exp(-sigma_s * (dt / 2) ^ 0.5))) ^ 2
022	Pd = ((Exp(sigma_s * (dt / 2) ^ 0.5) - Exp(r * dt / 2)) / (Exp(sigma_s * (dt / 2) ^ 0.5)- Exp(-sigma_s * (dt / 2) ^ 0.5))) ^ 2
023	df = Exp(-r * dt)
024	
025	For j = 0 To 2 * N
026	cash_flow(j) = Max(z * (u ^ (-N + j) * S - k), 0)
027	Next
028	
029	For i = N - 1 To 0 Step -1
030	For j = 0 To 2 * i
031	If AE = "E" Then
032	cash_flow(j) = (Pu * cash_flow(j + 2) + (1 - Pu - Pd) * cash_flow(j + 1) +Pd * cash_flow(j)) * df
033	ElseIf AE = "A" Then
034	cash_flow(j) = Max(z * (u ^ (-i + j) * S - k), (Pu * cash_flow(j + 2) + (1 - Pu - Pd) * cash_flow(j + 1) + Pd * cash_flow(j)) * df)
035	End If
036	Next
037	Next
038	
039	Trinomial_Tree_Boyle = cash_flow(0)
040	End Function

程式說明：

行數 005-009：

　　以參數 z 來表示選擇權種類，1 為買權，-1 為賣權。

行數 021：

　　下一期股價往上的機率，見公式 4-15。

行數 022：

　　下一期股價往下的機率，見公式 4-16。

行數 025-027：

　　計算最後一期現金流量。

行數 029-037：

　　由最後一期往前推算各期別現金流量，其歐式或美式的現金流量算法同二元樹的計算邏輯。

- **Full_Trinomial_Tree_Boyle 函數：以 Boyle 三元樹計算選擇權價格，並傳回各節點現金流量。**

使用語法：

　　　Full_Trinomial_Tree_Boyle(AE,CallPut,S,k,T,r,sigma_s,N)

引數說明：

　　AE：A 為美式、E 為歐式

　　CallPut：p 為賣權、c 為買權

　　S：標的股價

　　k：履約價

　　T：到期期間（年）

　　r：年化無風險利率

　　sigma_s：標的報酬年化標準差

　　N：切割期數

　　返回值：選擇權價格各節點現金流量

行	程式內容
001	Function Full_Trinomial_Tree_Boyle(ByVal AE As String, ByVal CallPut As String, ByVal S As Double, ByVal k As Double, ByVal T As Double, ByVal r As Double, ByVal sigma_s As Double, ByVal N As Integer) As Variant
002	Dim z As Integer
003	Dim i As Integer
004	Dim j As Integer
005	If CallPut = "c" Then
006	z = 1
007	Else
008	z = -1
009	End If
010	
011	Dim u As Double
012	'Dim d As Double
013	Dim Pu As Double
014	Dim Pd As Double
015	Dim dt As Double
016	Dim df As Double
017	ReDim cash_flow(0 To N, -N To N) As Double
018	dt = T / N
019	u = Exp(sigma_s * (2 * dt) ^ 0.5)
020	Pu = ((Exp(r * dt / 2) - Exp(-sigma_s * (dt / 2) ^ 0.5)) / (Exp(sigma_s * (dt / 2) ^ 0.5)- Exp(-sigma_s * (dt / 2) ^ 0.5))) ^ 2
021	Pd = ((Exp(sigma_s * (dt / 2) ^ 0.5) - Exp(r * dt / 2)) / (Exp(sigma_s * (dt / 2) ^ 0.5) - Exp(-sigma_s * (dt / 2) ^ 0.5))) ^ 2
022	df = Exp(-r * dt)
023	
024	For i = 0 To N
025	For j = -N To N
026	cash_flow(i, j) = -9999
027	Next
028	Next
029	
030	For j = -N To N
031	cash_flow(N, j) = Max(z * (u ^ j * S - k), 0)
032	Next
033	
034	For i = 1 To N
035	For j = -N + i To N - i
036	If AE = "E" Then
037	cash_flow(N - i, j) = (Pu * cash_flow(N - i + 1, j + 1) + (1 - Pu - Pd) *cash_flow(N - i + 1, j) + Pd * cash_flow(N - i + 1, j - 1)) * df
038	ElseIf AE = "A" Then
039	cash_flow(N - i, j) = Max(z * (u ^ j * S - k), (Pu * cash_flow(N - i + 1, j + 1) + (1 - Pu - Pd) * cash_flow(N - i + 1, j) + Pd * cash_flow(N - i + 1, j - 1)) * df)
040	End If
041	Next
042	Next
043	
044	ReDim option_cash_flow(0 To N, -N To N) As Double
045	For i = 0 To N
046	For j = -N To N
047	option_cash_flow(i, -j) = cash_flow(i, j)
048	Next
049	Next
050	
051	Full_Trinomial_Tree_Boyle = option_cash_flow
052	
053	End Function

程式說明：

行數 005-009：

以參數 z 來表示選擇權種類，1 為買權，-1 為賣權。

行數 017：

定義 cash_flow 陣列，該陣列將儲存所有節點之現金流量，並且狀態 j 表示股價往上（j 為正數）、往下（j 為負數）的次數或不變（j=0）。

行數 020：

下一期股價往上的機率，見公式 4-15。

行數 021：

下一期股價往下的機率，見公式 4-16。

行數 024-028：

預先給定 cash_flow 陣列內數字為 -9999，此數字不具任何意義（預設為 0），最主要是在表單呈現時，能區分該節點是否有用到或計算到，不用預設值是因為選擇權現金流量常為 0，導致不易判別該節點是否有利用到。

行數 030-032：

計算最後一期現金流量。

行數 034-042：

由最後一期往前推算現金流量，並保留數值於 cash_flow 陣列中。各節點的現金流量的判斷同二元樹中式 4-6、4-7、4-8 及 4-9。

行數 44-049：

變更 cash_flow 現金流量排列方式，把行列互調，僅於 EXCEL 表單中呈現用，無任何程式上的意義。

- **Trinomial_Tree_Boyle_Delta 函數：以 Boyle 三元樹計算選擇權 Delta。**

使用語法：

> Trinomial_Tree_Boyle_Delta(AE,CallPut,S,k,T,r,sigma_s,N)

引數說明：

AE：A 為美式、E 為歐式

CallPut：p 為賣權、c 為買權

S：標的股價

k：履約價

T：到期期間（年）

r：年化無風險利率

sigma_s：標的報酬年化標準差

N：切割期數

返回值：選擇權 Delta

行	程式內容
001	Function Trinomial_Tree_Boyle_Delta(ByVal AE As String, ByVal CallPut As String, ByVal S As Double, ByVal k As Double, ByVal T As Double, ByVal r As Double, ByVal sigma_s As Double, ByVal N As Integer) As Double
002	Dim z As Integer
003	Dim i As Integer
004	Dim j As Integer
005	If CallPut = "c" Then
006	z = 1
007	Else
008	z = -1
009	End If
010	
011	Dim u As Double
012	Dim d As Double
013	Dim Pu As Double
014	Dim Pd As Double
015	Dim dt As Double
016	Dim df As Double
017	ReDim cash_flow(0 To 2 * N) As Double
018	dt = T / N
019	u = Exp(sigma_s * (2 * dt) ^ 0.5)
020	d = 1 / u
021	Pu = ((Exp(r * dt / 2) - Exp(-sigma_s * (dt / 2) ^ 0.5)) / (Exp(sigma_s * (dt / 2) ^ 0.5) - Exp(-sigma_s * (dt / 2) ^ 0.5))) ^ 2
022	Pd = ((Exp(sigma_s * (dt / 2) ^ 0.5) - Exp(r * dt / 2)) / (Exp(sigma_s * (dt / 2) ^ 0.5) - Exp(-sigma_s * (dt / 2) ^ 0.5))) ^ 2
023	df = Exp(-r * dt)
024	
025	For j = 0 To 2 * N
026	cash_flow(j) = Max(z * (u ^ (-N + j) * S - k), 0)
027	Next
028	
029	For i = N - 1 To 1 Step -1
030	For j = 0 To 2 * i
031	If AE = "E" Then
032	cash_flow(j) = (Pu * cash_flow(j + 2) + (1 - Pu - Pd) * cash_flow(j + 1) + Pd * cash_flow(j)) * df
033	ElseIf AE = "A" Then
034	cash_flow(j) = Max(z * (u ^ (-i + j) * S - k), (Pu * cash_flow(j + 2) + (1 - Pu - Pd) * cash_flow(j + 1) + Pd * cash_flow(j)) * df)
035	End If
036	Next
037	Next
038	
039	Trinomial_Tree_Boyle_Delta = (cash_flow(2) - cash_flow(0)) / (S * u - S * d)
040	
041	End Function

程式說明：

行數 017：

由於本函數僅計算最終值，其間不保留各期別現金流量，所以只定義一維陣列儲存計算期中各狀態 j 的現金流量。

行數 025-027：

計算最後一期現金流量。

行數 029-037：

由最後一期 N 往前推 N-1、N-2…一直到 N-（N-1）期用以求算 Delta。

行數 039：

計算三元樹 Delta，公式見式 4-10。

- **Trinomial_Tree_Boyle_Gamma 函數：以 Boyle 三元樹計算選擇權 Gamma。**

使用語法：

Trinomial_Tree_Boyle_Gamma(AE,CallPut,S,k,T,r,sigma_s,N)

引數說明：

AE：A 為美式、E 為歐式

CallPut：p 為賣權、c 為買權

S：標的股價

k：履約價

T：到期期間（年）

r：年化無風險利率

sigma_s：標的報酬年化標準差

N：切割期數

返回值：選擇權 Gamma

行	程式內容
001	Function Trinomial_Tree_Boyle_Gamma(ByVal AE As String, ByVal CallPut As String, ByVal S As Double, ByVal k As Double, ByVal T As Double, ByVal r As Double, ByVal sigma_s As Double, ByVal N As Integer) As Double
002	Dim z As Integer
003	Dim i As Integer
004	Dim j As Integer
005	' 設定欲計算之選擇權種類所適用之參數
006	If CallPut = "c" Then
007	z = 1
008	Else
009	z = -1
010	End If
011	
012	Dim u As Double
013	Dim d As Double
014	Dim Pu As Double
015	Dim Pd As Double
016	Dim dt As Double
017	Dim df As Double
018	ReDim cash_flow(0 To 2 * N) As Double
019	dt = T / N
020	u = Exp(sigma_s * (2 * dt) ^ 0.5)
021	d = 1 / u
022	Pu = ((Exp(r * dt / 2) - Exp(-sigma_s * (dt / 2) ^ 0.5)) / (Exp(sigma_s * (dt / 2) ^ 0.5) - Exp(-sigma_s * (dt / 2) ^ 0.5))) ^ 2
023	Pd = ((Exp(sigma_s * (dt / 2) ^ 0.5) - Exp(r * dt / 2)) / (Exp(sigma_s * (dt / 2) ^ 0.5) - Exp(-sigma_s * (dt / 2) ^ 0.5))) ^ 2
024	df = Exp(-r * dt)
025	
026	For j = 0 To 2 * N
027	cash_flow(j) = Max(z * (u ^ (-N + j) * S - k), 0)
028	Next
029	
030	For i = N - 1 To 2 Step -1
031	For j = 0 To 2 * i
032	If AE = "E" Then
033	cash_flow(j) = (Pu * cash_flow(j + 2) + (1 - Pu - Pd) * cash_flow(j + 1) + Pd * cash_flow(j)) * df
034	ElseIf AE = "A" Then
035	cash_flow(j) = Max(z * (u ^ (-i + j) * S - k), (Pu * cash_flow(j + 2) + (1 - Pu - Pd)* cash_flow(j + 1) + Pd * cash_flow(j)) * df)
036	End If
037	Next
038	Next
039	
040	Trinomial_Tree_Boyle_Gamma = ((cash_flow(4) - cash_flow(2)) / (S * u * u - S) - (cash_flow(2) - cash_flow(0)) / (S - S * d * d)) / (S * u - S * d)
041	
042	End Function

程式說明：

行數 030-038：

　　由最後一期 N 往前推 N-1、N-2⋯一直到 N-（N-2）期用以求算 Gamma。

行數 040：

　　由後往前推 N-2 期至第 2 期後，再利用式 4-11 的公式計算選擇權的 Gamma 數值。

- **Trinomial_Tree_Boyle_Vega 函數：以 Boyle 三元樹計算選擇權 Vega。**

使用語法：

> Trinomial_Tree_Boyle_Vega(AE,CallPut,S,k,T,r,sigma_s,N)

引數說明：

　　AE：A 為美式、E 為歐式

　　CallPut：p 為賣權、c 為買權

　　S：標的股價

　　k：履約價

　　T：到期期間（年）

　　r：年化無風險利率

　　sigma_s：標的報酬年化標準差

　　N：切割期數

　　返回值：選擇權 Vega

行	程式內容
001	Function Trinomial_Tree_Boyle_Vega(ByVal AE As String, ByVal CallPut As String, ByVal S As Double, ByVal k As Double, ByVal T As Double, ByVal r As Double, ByVal sigma_s As Double, ByVal N As Integer) As Double
002	Dim C0 As Double
003	Dim C1 As Double
004	C0 = Trinomial_Tree_Boyle(AE, CallPut, S, k, T, r, sigma_s - sigma_s / 100000, N)
005	C1 = Trinomial_Tree_Boyle(AE, CallPut, S, k, T, r, sigma_s + sigma_s / 100000, N)
006	Trinomial_Tree_Boyle_Vega = (C1 - C0) / (sigma_s / 100000) / 2
007	End Function

程式說明：

行數 004：

　　計算當波動率以 $\sigma_S - \Delta\sigma_S$ 代入樹狀結構求算之選擇權價值。

行數 005：

　　計算當波動率以 $\sigma_S + \Delta\sigma_S$ 代入樹狀結構求算之選擇權價值。

行數 006：

　　以式 4-12 計算樹狀結構選擇權之 Vega 值。

- **Trinomial_Tree_Boyle_Theta 函數：以 Boyle 三元樹計算選擇權 Theta。**

使用語法：

> Trinomial_Tree_Boyle_Theta (AE,CallPut,S,k,T,r,sigma_s,N)

引數說明：

　　AE：A 為美式、E 為歐式

　　CallPut：p 為賣權、c 為買權

　　S：標的股價

　　k：履約價

　　T：到期期間（年）

　　r：年化無風險利率

　　sigma_s：標的報酬年化標準差

　　N：切割期數

　　返回值：選擇權 Theta

行	程式內容
001	Function Trinomial_Tree_Boyle_Theta(ByVal AE As String, ByVal CallPut As String, ByVal S As Double, ByVal k As Double, ByVal T As Double, ByVal r As Double, ByVal sigma_s As Double, ByVal N As Integer) As Double
002	Dim C0 As Double
003	Dim C1 As Double
004	C0 = Trinomial_Tree_Boyle(AE, CallPut, S, k, T - T / 100000, r, sigma_s, N)
005	C1 = Trinomial_Tree_Boyle(AE, CallPut, S, k, T + T / 100000, r, sigma_s, N)
006	Trinomial_Tree_Boyle_Theta = -(C1 - C0) / (T / 100000) / 2
007	End Function

程式說明：

行數 004：

　　計算當存續期間以 $T-\Delta T$ 代入樹狀結構求算之選擇權價值。

行數 005：

　　計算當存續期間以 $T+\Delta T$ 代入樹狀結構求算之選擇權價值。

行數 006：

　　以式 4-13 計算樹狀結構選擇權之 Theta 值。

- **Trinomial_Tree_Boyle_Rho 函數：以 Boyle 三元樹計算選擇權 Rho。**

使用語法：

> Trinomial_Tree_Boyle_Rho(AE,CallPut,S,k,T,r,sigma_s,N)

引數說明：

AE：A 為美式、E 為歐式

CallPut：p 為賣權、c 為買權

S：標的股價

k：履約價

T：到期期間（年）

r：年化無風險利率

sigma_s：標的報酬年化標準差

N：切割期數

返回值：選擇權 Rho

行	程式內容
001	Function Trinomial_Tree_Boyle_Rho(ByVal AE As String, ByVal CallPut As String, ByVal S As Double, ByVal k As Double, ByVal T As Double, ByVal r As Double, ByVal sigma_s As Double, ByVal N As Integer) As Double
002	Dim C0 As Double
003	Dim C1 As Double
004	C0 = Trinomial_Tree_Boyle(AE, CallPut, S, k, T, r - r / 100000, sigma_s, N)
005	C1 = Trinomial_Tree_Boyle(AE, CallPut, S, k, T, r + r / 100000, sigma_s, N)
006	Trinomial_Tree_Boyle_Rho = (C1 - C0) / (r / 100000) / 2
007	End Function

程式說明：

行數 004：

　　計算當短期利率以 $r - \Delta r$ 代入樹狀結構求算之選擇權價值。

行數 005：

　　計算當短期利率以 $r + \Delta r$ 代入樹狀結構求算之選擇權價值。

行數 006：

　　以式 4-14 計算樹狀結構選擇權之 Rho 值。

- 其它函數

```
Function Max(num1, num2)
    Max = WorksheetFunction.Max(num1, num2)
End Function
Function Min(num1, num2)
    Min = WorksheetFunction.Min(num1, num2)
End Function
```

Chapter 5：有限差分法
（Finite Differences）

有限差分法係以解偏微分方程來計算衍生性商品的價值，它通常被歸類於樹狀模型中，同樣對具提前履約或路徑相依選擇權具有處理能力。假設 f 為普通買權的價格，以不發放股息的 Black-Scholes-Merton（BSM）模型為例，其偏微分方程可表示為：

$$\frac{\partial f}{\partial t} + rS\frac{\partial f}{\partial S} + \frac{1}{2}\frac{\partial^2 f}{\partial S^2}\sigma_s^2 S^2 = rf \tag{5-1}$$

若到期日為 T，並將其等分割為 N 等份，每一時間間隔為 $\Delta t = T/N$，並設定股價的最高上限為 S_{max}，將其等分割為 M 等份，則每一股價變動幅度為 $\Delta S = S_{max}/M$。以節點（i, j）表示第 i 期時間點 $i\Delta t$，第 j 狀態標的價格 $S_j = j\Delta S$ 的節點位置。

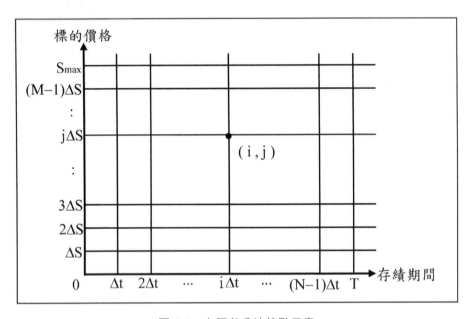

圖 5-1　有限差分法節點示意

在計算有限差分法時，一般會透過變數轉換方式處理標的價格 S，令 x = ln(S)，則 BSM 模型的偏微分方程可改寫為：

$$\frac{\partial f}{\partial t} + \left(r - \frac{\sigma_s^2}{2}\right)\frac{\partial f}{\partial x} + \frac{1}{2}\frac{\partial^2 f}{\partial x^2}\sigma_s^2 = rf \tag{5-2}$$

節點（i, j）為時間點 $i\Delta t$，標的價格 $S_j = Se^{j\Delta x}$ 的位置，其中 $i = 0, 1, ..., N$、$j = -M'$, $-M'+1, ..., M'-1, M'$，為使模型能達到穩定且收斂，x 的變動值以 $\Delta x = \sigma_s\sqrt{3\Delta t}$ 代入。

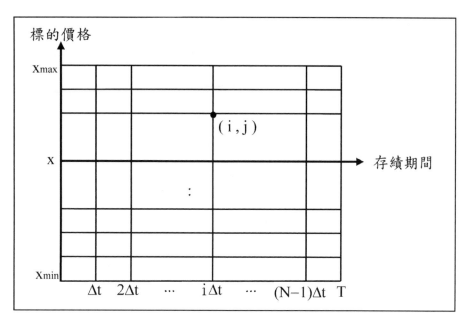

圖 5-2　有限差分法節點示意

5-1　顯式有限差分法（Explicit Finite Differences）

　　有限差分法基本型分兩類：顯式有限差分法（Explicit Finite Differences）及隱式有限差分法（Implicit Finite Differences）。顯式意指將已知的數值，代入式子中，經簡單四則運算即可得到未知數值；而隱式指將已知的數值代入式子中，必須經過解方程組的複雜運算，方可得到未知數值。

　　在顯式有限差分法下，如果節點 (i, j) 上的買權價值為 $f_{i,j}$，當 ΔS 與 Δt 趨近 0 時，$\dfrac{\partial f}{\partial t}$、$\dfrac{\partial f}{\partial x}$ 與 $\dfrac{\partial^2 f}{\partial x^2}$ 可表示為：

$$\frac{\partial f}{\partial t} = \frac{f_{i+1,j} - f_{i,j}}{\Delta t} \tag{5-3}$$

$$\frac{\partial f}{\partial x} = \frac{f_{i+1,j+1} - f_{i+1,j-1}}{2\Delta x} \tag{5-4}$$

$$\frac{\partial^2 f}{\partial x^2} = \frac{f_{i+1,j+1} + f_{i+1,j-1} - 2f_{i+1,j}}{\Delta x^2} \tag{5-5}$$

並代入式 5-2 中，整理後可得：

$$f_{i,j} = a_j f_{i+1,j+1} + b_j f_{i+1,j} + c_j f_{i+1,j-1} \tag{5-6}$$

其中，

$$a_j = \frac{\Delta t}{2\Delta x}\left(r - \frac{\sigma_S^2}{2}\right) + \frac{1}{2}\frac{\Delta t \sigma_S^2}{\Delta x^2} \tag{5-7}$$

$$b_j = 1 - \frac{\Delta t \sigma_S^2}{\Delta x^2} - r\Delta t \tag{5-8}$$

$$c_j = -\frac{\Delta t}{2\Delta x}\left(r - \frac{\sigma_S^2}{2}\right) + \frac{1}{2}\frac{\Delta t \sigma_S^2}{\Delta x^2} \tag{5-9}$$

式 5-7、式 5-8、式 5-9 中 a_j、b_j、c_j 與狀態 j 及切割時點 i 均無關，因此，式 5-6 中的 a_j、b_j、c_j 以 a、b、c 替代，其關係式可用圖 5-3 表示：

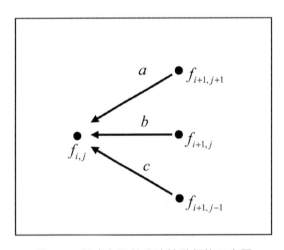

圖 5-3　顯式有限差分法節點價值示意圖

　　顯式有限差分法作法的求解和三元樹類似，選擇權價值由後推方式計算，每一期別的現金流量無論是歐式或美式的判別、Greeks 的計算皆和三元樹相同，而學理上也證實當 S 與 t 趨近 0 時，顯式有限差分法與三元樹相等。

範例 5-1：美式選擇權（顯式有限差分法）

市場上有一現貨價格 100 元、履約價格 95 元、距到期日還有六個月的美式賣權，在標的波動率為 30% 及短期無風險利率 5% 下，利用顯式有限差分法計算其價格（以切割 4 期為例 N＝4）。

Ans：

依題意可得：N＝4、$\Delta t＝0.5/4＝0.125$、$\sigma_S＝0.3$、$r＝0.05$、

$\Delta x＝\sigma_S\sqrt{3\Delta t}＝0.3\times\sqrt{3\times0.125}＝0.1837$，將之代入式 5-7、5-8 及 5-9；分別求算 a、b 及 c 三個參數：

$$a＝\frac{\Delta t}{2\Delta x}\left(r-\frac{\sigma_S^2}{2}\right)+\frac{1}{2}\frac{\Delta t\sigma_S^2}{\Delta x^2}＝\frac{0.125}{2\times0.1837}\left(0.05-\frac{0.3^2}{2}\right)+\frac{1}{2}\times\frac{0.125\times0.3^2}{0.1837^2}＝0.1684、$$

$$b＝1-\frac{\Delta t\sigma_S^2}{\Delta x^2}-r\Delta t＝1-\frac{0.125\times0.3^2}{0.1837^2}-0.05\times0.125＝0.6604、$$

$$c＝-\frac{\Delta t}{2\Delta x}\left(r-\frac{\sigma_S^2}{2}\right)+\frac{1}{2}\frac{\Delta t\sigma_S^2}{\Delta x^2}＝-\frac{0.125}{2\times0.1837}\left(0.05-\frac{0.3^2}{2}\right)+\frac{1}{2}\times\frac{0.125\times0.3^2}{0.1837^2}＝0.1650。$$

選擇權求解過程如下：

步驟 1： 首先計算各狀態下標的價格 $S_j＝Se^{j\Delta x}$：

$$S_4＝100\times e^{4\times0.1837}＝208.5065$$

$$S_3＝100\times e^{3\times0.1837}＝173.5161$$

$$S_2＝100\times e^{2\times0.1837}＝144.3975$$

$$S_1＝100\times e^{1\times0.1837}＝120.1655$$

$$S_0＝100\times e^{0\times0.1837}＝100$$

$$S_{-1}＝100\times e^{-1\times0.1837}＝83.2185$$

$$S_{-2}＝100\times e^{-2\times0.1837}＝69.2533$$

$$S_{-3}＝100\times e^{-3\times0.1837}＝57.6316$$

$$S_{-4}＝100\times e^{-4\times0.1837}＝47.9601$$

步驟 2： 計算最後一期 i＝4 賣權現金流量：

$$f_{4,4}＝\max(K-S_4,\,0)＝\max(95-208.5065,\,0)＝0$$

$$f_{4,3}＝\max(K-S_3,\,0)＝\max(95-173.5161,\,0)＝0$$

$$f_{4,2}＝\max(K-S_2,\,0)＝\max(95-144.3975,\,0)＝0$$

$$f_{4,1}＝\max(K-S_1,\,0)＝\max(95-120.1655,\,0)＝0$$

$$f_{4,0}＝\max(K-S_0,\,0)＝\max(95-100,\,0)＝0$$

$$f_{4,-1} = \max(K - S_{-1},\, 0) = \max(95 - 83.2185,\, 0) = 11.7815$$

$$f_{4,-2} = \max(K - S_{-2},\, 0) = \max(95 - 69.2533,\, 0) = 25.7467$$

$$f_{4,-3} = \max(K - S_{-3},\, 0) = \max(95 - 57.6316,\, 0) = 37.3684$$

$$f_{4,-4} = \max(K - S_{-4},\, 0) = \max(95 - 47.9601,\, 0) = 47.0399$$

步驟 3：利用式 5-6 計算第 i=3 期賣權現金流量，由於此例為美式選擇權，所以在計算賣權現金流量時，須比較提前贖回是否有利：

- 節點（3,3）：

  繼續持有價值為：$f_{3,3} = af_{4,4} + bf_{4,3} + cf_{4,2} = 0.1684 \times 0 + 0.6604 \times 0 + 0.1650 \times 0 = 0$

  立即履約價值為：$\max(K - S_3,\, 0) = \max(95 - 173.5161,\, 0) = 0$

  節點（3,3）的現金流量為：$\max($ 繼續持有價值 , 立即履約價值 $) = 0$

- 節點（3,2）：

  繼續持有價值為：$f_{3,2} = af_{4,3} + bf_{4,2} + cf_{4,1} = 0.1684 \times 0 + 0.6604 \times 0 + 0.1650 \times 0 = 0$

  立即履約價值為：$\max(K - S_2,\, 0) = \max(95 - 144.3975,\, 0) = 0$

  節點（3,2）的現金流量為：$\max($ 繼續持有價值 , 立即履約價值 $) = 0$

- 節點（3,1）：

  繼續持有價值為：$f_{3,1} = af_{4,2} + bf_{4,1} + cf_{4,0} = 0.1684 \times 0 + 0.6604 \times 0 + 0.1650 \times 0 = 0$

  立即履約價值為：$\max(K - S_1,\, 0) = \max(95 - 120.1655,\, 0) = 0$

  節點（3,1）的現金流量為：$\max($ 繼續持有價值 , 立即履約價值 $) = 0$

- 節點（3,0）：

  繼續持有價值為：

  $$f_{3,0} = af_{4,1} + bf_{4,0} + cf_{4,-1} = 0.1684 \times 0 + 0.6604 \times 0 + 0.1650 \times 11.7815 = 1.9439$$

  立即履約價值為：$\max(K - S_0,\, 0) = \max(95 - 100,\, 0) = 0$

  節點（3,0）的現金流量為：$\max($ 繼續持有價值 , 立即履約價值 $) = 1.9439$

- 節點（3,-1）：

  繼續持有價值為：

  $$f_{3,-1} = af_{4,0} + bf_{4,-1} + cf_{4,-2} = 0.1684 \times 0 + 0.6604 \times 11.7815 + 0.1650 \times 25.7467 = 12.0287$$

  立即履約價值為：$\max(K - S_{-1},\, 0) = \max(95 - 83.2185,\, 0) = 11.7815$

  節點（3,-1）的現金流量為：$\max($ 繼續持有價值 , 立即履約價值 $) = 12.0287$

- 節點（3,-2）：

  繼續持有價值為：

  $$f_{3,-2} = af_{4,-1} + bf_{4,-2} + cf_{4,-3} = 0.1684 \times 11.7815 + 0.6604 \times 25.7457 + 0.1650 \times 37.3684$$
  $$= 25.1523$$

立即履約價值為：$\max(K - S_{-2}, 0) = \max(95 - 69.2533, 0) = 25.7467$

節點（3,-2）的現金流量為：$\max($ 繼續持有價值 $,$ 立即履約價值 $) = 25.7467$

- 節點（3,-3）：

繼續持有價值為：

$f_{3,-3} = af_{4,-2} + bf_{4,-3} + cf_{4,-4} = 0.1684 \times 25.7457 + 0.6604 \times 37.3684 + 0.1650 \times 47.0399$
$= 36.7753$

立即履約價值為：$\max(K - S_{-3}, 0) = \max(95 - 57.6316, 0) = 37.3684$

節點（3,-3）的現金流量為：$\max($ 繼續持有價值 $,$ 立即履約價值 $) = 37.3684$

步驟 4：重覆步驟 3 動作，計算第 i = 2 期賣權現金流量：

- 節點（2,2）：

繼續持有價值為：$f_{2,2} = af_{3,3} + bf_{3,2} + cf_{3,1} = 0.1684 \times 0 + 0.6604 \times 0 + 0.1650 \times 0 = 0$

立即履約價值為：$\max(K - S_2, 0) = \max(95 - 144.3975, 0) = 0$

節點（2,2）的現金流量為：$\max($ 繼續持有價值 $,$ 立即履約價值 $) = 0$

- 節點（2,1）：

繼續持有價值為：

$f_{2,1} = af_{3,2} + bf_{3,1} + cf_{3,0} = 0.1684 \times 0 + 0.6604 \times 0 + 0.1650 \times 1.9439 = 0.3208$

立即履約價值為：$\max(K - S_1, 0) = \max(95 - 120.1655, 0) = 0$

節點（2,1）的現金流量為：$\max($ 繼續持有價值 $,$ 立即履約價值 $) = 0.3208$

- 節點（2,0）：

繼續持有價值為：

$f_{2,0} = af_{3,1} + bf_{3,0} + cf_{3,-1} = 0.1684 \times 0 + 0.6604 \times 1.9439 + 0.1650 \times 12.0287 = 3.2685$

立即履約價值為：$\max(K - S_0, 0) = \max(95 - 100, 0) = 0$

節點（2,0）的現金流量為：$\max($ 繼續持有價值 $,$ 立即履約價值 $) = 3.2685$

- 節點（2,-1）：

繼續持有價值為：

$f_{2,-1} = af_{3,0} + bf_{3,-1} + cf_{3,-2} = 0.1684 \times 1.9439 + 0.6604 \times 12.0287 + 0.1650 \times 25.7467 = 12.5139$

立即履約價值為：$\max(K - S_{-1}, 0) = \max(95 - 83.2185, 0) = 11.7815$

節點（2,-1）的現金流量為：$\max($ 繼續持有價值 $,$ 立即履約價值 $) = 12.5193$

- 節點（2,-2）：

繼續持有價值為：

$f_{2,-2} = af_{3,-1} + bf_{3,-2} + cf_{3,-3} = 0.1684 \times 12.0287 + 0.6604 \times 25.7467 + 0.1650 \times 37.3684$
$= 25.1945$

立即履約價值為：$\max(K - S_{-2}, 0) = \max(95 - 69.2533, 0) = 25.7647$

節點（2,-2）的現金流量為：$\max($ 繼續持有價值 , 立即履約價值 $) = 25.7467$

步驟 5：重覆步驟 3 動作，計算第 i＝1 期賣權現金流量：

- 節點（1,1）：

  繼續持有價值為：

  $f_{1,1} = af_{2,2} + bf_{2,1} + cf_{2,0} = 0.1684 \times 0 + 0.6604 \times 0.3208 + 0.1650 \times 3.2685 = 0.7512$

  立即履約價值為：$\max(K - S_1, 0) = \max(95 - 120.1655, 0) = 0$

  節點（1,1）的現金流量為：$\max($ 繼續持有價值 , 立即履約價值 $) = 0.7512$

- 節點（1,0）：

  繼續持有價值為：

  $f_{1,0} = af_{2,1} + bf_{2,0} + cf_{2,-1} = 0.1684 \times 1.9439 + 0.6604 \times 12.0287 + 0.1650 \times 12.5193 = 4.2782$

  立即履約價值為：$\max(K - S_0, 0) = \max(95 - 100, 0) = 0$

  節點（1,0）的現金流量為：$\max($ 繼續持有價值 , 立即履約價值 $) = 4.2782$

- 節點（1,-1）：

  繼續持有價值為：

  $f_{1,-1} = af_{2,0} + bf_{2,-1} + cf_{2,-2} = 0.1684 \times 12.0287 + 0.6604 \times 12.5193 + 0.1650 \times 25.7467 = 13.0664$

  立即履約價值為：$\max(K - S_{-1}, 0) = \max(95 - 83.2185, 0) = 11.7815$

  節點（1,-1）的現金流量為：$\max($ 繼續持有價值 , 立即履約價值 $) = 13.0664$

步驟 6：重覆步驟 3 動作，計算第 i＝0 期賣權現金流量：

- 節點（0,0）：

  繼續持有價值為：

  $f_{0,0} = af_{1,1} + bf_{1,0} + cf_{1,-1} = 0.1684 \times 0.7512 + 0.6604 \times 4.2782 + 0.1650 \times 13.0664 = 5.1078$

  立即履約價值為：$\max(K - S_0, 0) = \max(95 - 100, 0) = 0$

  節點（0,0）的現金流量為：$\max($ 繼續持有價值 , 立即履約價值 $) = 5.1078$

所以節點（0,0）的數值 5.1078 即為該美式賣權的價格。

5-2 隱式有限差分法（Implicit Finite Differences）

顯式有限差分法當期未知節點的現金流量 $f_{i,j}$，係利用後一期已知節點的現金流量（$f_{i+1,j+1}$、$f_{i+1,j}$、$f_{i+1,j-1}$）直接求得，而隱式有限差分法雖然也是由最後一期往前推算，但其現金流量的推算方法確是用當期未知的現金流量（$f_{i,j+1}$、$f_{i,j}$、$f_{i,j-1}$），來表示下一期已知的現金流量 $f_{i+1,j}$，以買權為例其求算公式及步驟如下說明：

$$f_{i+1,j} = af_{i,j+1} + bf_{i,j} + cf_{i,j-1} \qquad j = -M'+1,...,M'-1 \tag{5-10}$$

其中：

$$a = -\frac{\Delta t}{2}\left(\frac{1}{\Delta x}\left(r - \frac{\sigma_S^2}{2} \right) + \frac{\sigma_S^2}{\Delta x^2} \right) \tag{5-11}$$

$$b = 1 + \frac{\Delta t}{\Delta x^2}\sigma_S^2 + r\Delta t \tag{5-12}$$

$$c = -\frac{\Delta t}{2}\left(-\frac{1}{\Delta x}\left(r - \frac{\sigma_S^2}{2} \right) + \frac{\sigma_S^2}{\Delta x^2} \right) \tag{5-13}$$

式 5-10 中 $f_{i,j+1}$、$f_{i,j}$ 與 $f_{i,j-1}$ 未知，無法像式 5-6 顯式有限差分法那樣直接求解。因此，對任一切割時點 i（$i=0, 1, ..., N-1$）而言，首先我們定義上下界條件：

$$f_{i,M'} - f_{i,M'-1} = \lambda_U \tag{5-14}$$

$$f_{i,-M'+1} - f_{i,-M'} = \lambda_L \tag{5-15}$$

由式 5-10、式 5-14 及式 5-15 存在著 $2M'+1$ 條方程式，可解 $2M'+1$ 個未知數。

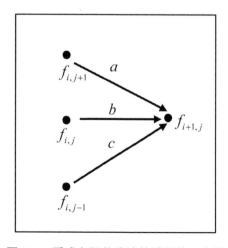

圖 5-4　隱式有限差分法節點價值示意圖

隱式有限差分法在任一切割時點 i（$i = 0, 1, ..., N-1$）的求算過程如下說明：

步驟 1：任一切割時點 i 的上下界 λ_U 及 λ_L 設定為：

$$\lambda_U = S_{M'} - S_{M'-1} \text{（若為賣權 } \lambda_L = 0 \text{）} \tag{5-16}$$

$$\lambda_L = 0 \text{（若為賣權 } \lambda_L = S_{-M'} - S_{-M'+1} \text{）} \tag{5-17}$$

步驟 2：當 $j = -M'$ 時由下界條件式 5-15 可得：

$$f_{i,-M'} = f_{i,-M'+1} - \lambda_L \tag{5-18}$$

步驟 3：當 $j = -M'+1$ 時，由式 5-10 並將式 5-18 代入，整理後可得：

$$f_{i,-M'+1} = \left[Q_{-M'+1} - af_{i,-M'+2} \right] / Q'_{-M'+1} \tag{5-19}$$

其中 $Q_{-M'+1} = f_{i+1,-M'+1} + c\lambda_L$、$Q'_{-M'+1} = c + b$

步驟 4：當 $j = -M'+2, ..., M'-1$ 時，同上作法可得：

$$f_{i,j} = \left[Q_j - af_{i,j+1} \right] / Q'_j \tag{5-20}$$

其中 $Q_j = f_{i+1,j} - \dfrac{Q_{j-1}}{Q'_{j-1}} c$、$Q'_j = b - \dfrac{a}{Q'_{j-1}} c$

步驟 5：當 $j = M'$ 時：

$$f_{i,M'-1} = \left[Q_{M'-1} - af_{i,M'} \right] / Q'_{M'-1} \tag{5-21}$$

將式 5-21 代入上界條件式 5-14，可得：

$$f_{i,M'} = \left(Q'_{M'-1}\lambda_U + Q_{M'-1} \right) / \left(Q'_{M'-1} + a \right) \tag{5-22}$$

步驟 6：由步驟 1 到步驟 5，依序得到 f_i 的相關式，最後將式 5-22 代入 5-21，即可求得 $f_{i,M'-1}$。同理於式 5-20 中，依序當 $j = M'-2$、$j = M'-3$、$\cdots$、$j = -M'+2$ 時，相繼求得 $f_{i,M'-2}$、$f_{i,M'-3}$、$\cdots$、$f_{i,-M'+2}$，最後將 $f_{i,-M'+2}$ 代入式 5-19 得 $f_{i,-M'+1}$，再將 $f_{i,-M'+1}$ 代入式 5-18 得到 $f_{i,-M'}$。

範例 5-2：美式選擇權（隱式有限差分法）

如同範例 5-1，市場上有一現貨價格 100 元、履約價格 95 元、距到期日還有六個月的美式賣權，在標的波動率為 30%，及短期無風險利率 5% 下，利用隱式有限差分法計算其價格（以切割 4 期為例 N＝4）。

Ans：

如同範例 5-1 中，依題意可得：N＝4、$\Delta t = 0.5/4 = 0.125$、$\sigma_S = 0.3$、$r = 0.05$、

$\Delta x = \sigma_S \sqrt{3\Delta t} = 0.3 \times \sqrt{3 \times 0.125} = 0.1837$，將之代入式 5-11、5-12 及 5-13 分別求算 a、b 及 c 三個參數：

$$a = -\frac{\Delta t}{2}\left(\frac{1}{\Delta x}\left(r - \frac{\sigma_S^2}{2}\right) + \frac{\sigma_S^2}{\Delta x^2}\right) = -\frac{0.125}{2} \times \left(\frac{1}{0.1837} \times \left(0.05 - \frac{0.3^2}{2}\right) + \frac{0.3^2}{0.1837^2}\right) = -0.1684 \text{、}$$

$$b = 1 + \frac{\Delta t}{\Delta x^2}\sigma_S^2 + r\Delta t = 1 + \frac{0.125}{0.1837^2} \times 0.3^2 + 0.05 \times 0.125 = 1.3396 \text{、}$$

$$c = -\frac{\Delta t}{2}\left(-\frac{1}{\Delta x}\left(r - \frac{\sigma_S^2}{2}\right) + \frac{\sigma_S^2}{\Delta x^2}\right) = -\frac{0.125}{2} \times \left(-\frac{1}{0.1837} \times \left(0.05 - \frac{0.3^2}{2}\right) + \frac{0.3^2}{0.1837^2}\right) = -0.1650 \text{。}$$

首先我們求算在不同狀態下標的價格 $S_j = Se^{j\Delta x}$：

$$S_4 = 100 \times e^{4 \times 0.1837} = 208.5065$$
$$S_3 = 100 \times e^{3 \times 0.1837} = 173.5161$$
$$S_2 = 100 \times e^{2 \times 0.1837} = 144.3975$$
$$S_1 = 100 \times e^{1 \times 0.1837} = 120.1655$$
$$S_0 = 100 \times e^{0 \times 0.1837} = 100$$
$$S_{-1} = 100 \times e^{-1 \times 0.1837} = 83.2185$$
$$S_{-2} = 100 \times e^{-2 \times 0.1837} = 69.2533$$
$$S_{-3} = 100 \times e^{-3 \times 0.1837} = 57.6316$$
$$S_{-4} = 100 \times e^{-4 \times 0.1837} = 47.9601$$

接著計算最後一期 i＝4 賣權現金流量：

$$f_{4,4} = \max(K - S_4,\ 0) = \max(95 - 208.5065,\ 0) = 0$$
$$f_{4,3} = \max(K - S_3,\ 0) = \max(95 - 173.5161,\ 0) = 0$$
$$f_{4,2} = \max(K - S_2,\ 0) = \max(95 - 144.3975,\ 0) = 0$$
$$f_{4,1} = \max(K - S_1,\ 0) = \max(95 - 120.1655,\ 0) = 0$$
$$f_{4,0} = \max(K - S_0,\ 0) = \max(95 - 100,\ 0) = 0$$
$$f_{4,-1} = \max(K - S_{-1},\ 0) = \max(95 - 83.2185,\ 0) = 11.7815$$
$$f_{4,-2} = \max(K - S_{-2},\ 0) = \max(95 - 69.2533,\ 0) = 25.7467$$

$$f_{4,-3} = \max(K - S_{-3}, 0) = \max(95 - 57.6316, 0) = 37.3684$$

$$f_{4,-4} = \max(K - S_{-4}, 0) = \max(95 - 47.9601, 0) = 47.0399$$

隱式有限差分法一樣由最後一期往前推算，在期別 i=3 時的求算步驟如下：

步驟 1：設定賣權現流量的上下界 λ_U 及 λ_L：

$$\lambda_U = 0$$

$$\lambda_L = S_{-4} - S_{-3} = 47.9601 - 57.6316 = -9.6715$$

步驟 2：當 $j=-4$ 時由下界條件式 5-15 可得：

$$f_{3,-4} = f_{3,-3} - (-9.6715) = f_{3,-3} + 9.6715$$

步驟 3：當 $j=-3$ 時，由式 5-19 可得：

$$Q_{-3} = f_{4,-3} + c\lambda_L = 37.3684 + (-0.1650) \times (-9.6715) = 38.9642$$

$$Q'_{-3} = c + b = -0.1650 + 1.3396 = 1.1746$$

$$f_{3,-3} = [Q_{-3} - af_{3,-2}]/Q'_{-3} = [38.9642 - (-0.1684) \times f_{3,-2}]/1.1746$$

步驟 4：當 $j=-2, -1, 0, 1, 2, 3$ 時，經式 5-20 可得：

$j=-2$：

$$Q_{-2} = f_{4,-2} - \frac{Q_{-3}}{Q'_{-3}}c = 25.7467 - \frac{38.9642}{1.1746} \times (-0.165) = 31.2201$$

$$Q'_{-2} = b - \frac{a}{Q'_{-3}}c = 1.3393 - \frac{-0.1684}{1.1746} \times (-0.1650) = 1.3156$$

$$f_{3,-2} = [Q_{-2} - af_{3,-1}]/Q'_{-2} = [31.2201 - (-0.1684) \times f_{3,-1}]/1.3156$$

$j=-1$：

$$Q_{-1} = f_{4,-1} - \frac{Q_{-2}}{Q'_{-2}}c = 11.7815 - \frac{31.2201}{1.3156} \times (-0.165) = 15.6971$$

$$Q'_{-1} = b - \frac{a}{Q'_{-2}}c = 1.3393 - \frac{-0.1684}{1.3156} \times (-0.1650) = 1.3182$$

$$f_{3,-1} = [Q_{-1} - af_{3,0}]/Q'_{-1} = [15.6971 - (-0.1684) \times f_{3,0}]/1.3182$$

$j=0$：

$$Q_0 = f_{4,0} - \frac{Q_{-1}}{Q'_{-1}}c = 0 - \frac{15.6971}{1.3182} \times (-0.165) = 1.9648$$

$$Q'_0 = b - \frac{a}{Q'_{-1}}c = 1.3393 - \frac{-0.1684}{1.3182} \times (-0.1650) = 1.3182$$

$$f_{3,0} = [Q_0 - af_{3,1}]/Q'_0 = [1.9648 - (-0.1684) \times f_{3,1}]/1.3182$$

$j=1$：

$$Q_1 = f_{4,1} - \frac{Q_0}{Q'_0}c = 0 - \frac{1.9648}{1.3182} \times (-0.165) = 0.2459$$

$$Q'_1 = b - \frac{a}{Q'_0}c = 1.3393 - \frac{-0.1684}{1.3182} \times (-0.1650) = 1.3182$$

$f_{3,1} = [Q_1 - af_{3,2}]/Q_1' = [0.2459 - (-0.1684) \times f_{3,2}]/1.3182$

$j = 2$：

$$Q_2 = f_{4,2} - \frac{Q_1}{Q_1'}c = 0 - \frac{0.2435}{1.3182} \times (-0.165) = 0.0305$$

$$Q_2' = b - \frac{a}{Q_1'}c = 1.3393 - \frac{-0.1684}{1.3182} \times (-0.1650) = 1.3182$$

$f_{3,2} = [Q_2 - af_{3,3}]/Q_2' = [0.0305 - (-0.1684) \times f_{3,3}]/1.3182$

$j = 3$：

$$Q_3 = f_{4,3} - \frac{Q_2}{Q_2'}c = 0 - \frac{0.0305}{1.3182} \times (-0.165) = 0.0038$$

$$Q_3' = b - \frac{a}{Q_2'}c = 1.3393 - \frac{-0.1684}{1.3182} \times (-0.1650) = 1.3182$$

$f_{3,3} = [Q_3 - af_{3,4}]/Q_3' = [0.0038 - (-0.1684) \times f_{3,4}]/1.3182$

步驟 5：當 $j = 4$ 時：

由式 5-22 可得：

$f_{3,4} = [Q_3'\lambda_U + Q_3]/(Q_3' + a)$

$= (1.3182 \times 0 + 0.0038)/(1.3182 + (-0.1684)) = 0.0033$

步驟 6：將步驟 5 求出的 $f_{3,4}$ 代入步驟 4 中，並依序求算 $f_{3,3}$、$f_{3,2}$、$f_{3,1}$、$f_{3,0}$、$f_{3,-1}$、$f_{3,-2}$，接著求算步驟 3 中 $f_{3,-3}$ 及步驟 2 中的 $f_{3,-4}$：

$f_{3,3} = [0.0038 - (-0.1684) \times f_{3,4}]/1.3182$

$= [0.0038 - (-0.1684) \times 0.0033]/1.3182 = 0.0033$

$f_{3,2} = [0.0305 - (-0.1684) \times f_{3,3}]/1.3182$

$= [0.0305 - (-0.1684) \times 0.0033]/1.3182 = 0.0236$

$f_{3,1} = [0.2459 - (-0.1684) \times f_{3,2}]/1.3182$

$= [0.2459 - (-0.1684) \times 0.0236]/1.3182 = 0.1896$

$f_{3,0} = [1.9648 - (-0.1684) \times f_{3,1}]/1.3182$

$= [1.9648 - (-0.1684) \times 0.1896]/1.3182 = 1.5147$

$f_{3,-1} = [15.6971 - (-0.1684) \times f_{3,0}]/1.3182$

$= [15.6971 - (-0.1684) \times 1.5147]/1.3182 = 12.1015$

$f_{3,-2} = [31.2201 - (-0.1684) \times f_{3,-1}]/1.3156$

$= [31.2201 - (-0.1684) \times 12.1015]/1.3156 = 25.2797$

$f_{3,-3} = [38.9642 - (-0.1684) \times f_{3,-2}]/1.1746$

$= [38.9642 - (-0.1684) \times 25.2797]/1.1746 = 36.7966$

$f_{3,-4} = f_{3,-3} + 9.6715 = 36.7966 + 9.6715 = 46.4681$

步驟 7：步驟 6 所算的數值為繼續持有價值，但因本例為美式選擇權，所以須比較提前贖回是否有利：

$$f'_{3,4}=\max(K-S_4, f_{3,4})=0.0033$$

$$f'_{3,3}=\max(K-S_3, f_{3,3})=0.0033$$

$$f'_{3,2}=\max(K-S_2, f_{3,2})=0.0236$$

$$f'_{3,1}=\max(K-S_1, f_{3,1})=0.1896$$

$$f'_{3,0}=\max(K-S_0, f_{3,0})=1.5147$$

$$f'_{3,-1}=\max(K-S_{-1}, f_{3,-1})=12.1015$$

$$f'_{3,-2}=\max(K-S_{-2}, f_{3,-2})=25.7467$$

$$f'_{3,-3}=\max(K-S_{-3}, f_{3,-3})=37.3684$$

$$f'_{3,-4}=\max(K-S_{-4}, f_{3,-4})=47.0399$$

期別 $i=2$、$i=1$ 及 $i=0$ 的算法，如同 $i=3$ 中的 7 個步驟，最終節點（0,0）的價值為 4.5875（與表單的差異在於計算過程中四捨五入的關係，數值以表單為主）即為所求。

5-3 有限差分法表單建置

圖 5-5 有限差分法表單流程圖

5-3-1 表單功能

A. 利用下拉式選單選取欲計算歐式或美式選擇權價格及其 Greeks。

B. 彈性調整期數 n，並將所求之結果與三元樹、Black-Scholes 公式解比較。

C. 依使用者需求列示出顯式或隱式有限差分法各節點之現金流量。

有限差分法

選擇權基本設定

歐式賣式	E
Option type	p
標的資產 S	100
履約價 K	95
到期期(TLen)	0.5
無風 利率 r	5.00%
標的資產波動率 σ	30.00%

有限差分法基本設定

N	12
ΔT	0.041667
dx	0.1061
有限差分法	Explicit
	-10.76%
	66.46%
	16.57%

Output — 歐式賣權

Output	顯式有限差	隱式有限差	三元樹	Black-Scholes
option price	5.0671	4.9049	5.0563	4.9824
Delta	-0.3222	-0.3186	-0.3219	-0.3207
Gamma	0.0168	0.0176	0.0172	0.0169
Vega	25.5384	24.8681	25.7923	25.3103
Theta	-5.8065	-5.6044	-5.8763	-5.7404
Rho	-18.5504	-18.5600	-18.6137	-18.5266

有限差分法 — 顯式有限差分法 — 歐式賣權各節點價值

期數 i / 狀態 j / The S	0 (0.0000)	1 (0.0417)	2 (0.0833)	3 (0.1250)	4 (0.1667)	5 (0.2083)	6 (0.2500)	7 (0.2917)	8 (0.3333)	9 (0.3750)	10 (0.4167)	11 (0.4583)	12 (0.5000)
12 / 357.0809	0.0000	0.0000	0.0000	0.0000	0.0000	0.0000	0.0000	0.0000	0.0000	0.0000	0.0000	0.0000	0.0000
11 / 321.1462	0.0000	0.0000	0.0000	0.0000	0.0000	0.0000	0.0000	0.0000	0.0000	0.0000	0.0000	0.0000	0.0000
10 / 288.8277	0.0000	0.0000	0.0000	0.0000	0.0000	0.0000	0.0000	0.0000	0.0000	0.0000	0.0000	0.0000	0.0000
9 / 259.7616	0.0000	0.0000	0.0000	0.0000	0.0000	0.0000	0.0000	0.0000	0.0000	0.0000	0.0000	0.0000	0.0000
8 / 233.6206	0.0000	0.0000	0.0000	0.0000	0.0000	0.0000	0.0000	0.0000	0.0000	0.0000	0.0000	0.0000	0.0000
7 / 210.1102	0.0004	0.0001	0.0000	0.0000	0.0000	0.0000	0.0000	0.0000	0.0000	0.0000	0.0000	0.0000	0.0000
6 / 188.9658	0.0001	0.0017	0.0001	0.0003	0.0001	0.0000	0.0000	0.0000	0.0000	0.0000	0.0000	0.0000	0.0000
5 / 169.9498	0.0150	0.0115	0.0082	0.0036	0.0016	0.0005	0.0001	0.0000	0.0000	0.0000	0.0000	0.0000	0.0000
4 / 152.8465	0.0833	0.0615	0.0415	0.0264	0.0151	0.0074	0.0028	0.0008	0.0000	0.0000	0.0000	0.0000	0.0000
3 / 137.4648	0.3106	0.2496	0.1918	0.1410	0.0972	0.0611	0.0334	0.0144	0.0058	0.0000	0.0000	0.0000	0.0000
2 / 123.6311	0.9452	0.8109	0.6890	0.5651	0.4461	0.3341	0.2319	0.1480	0.0719	0.0290	0.0000	0.0000	0.0000
1 / 111.1895	2.3849	2.1800	1.9681	1.7491	1.5281	1.2905	1.0524	0.8112	0.5712	0.3413	0.1390	0.0000	0.0000
0 / 100.0000	5.0671	4.8241	4.5661	4.2910	3.9962	3.3327	2.9535	2.5320	2.0052	1.5025	0.8389	0.0000	0.0000
-1 / 89.9365	9.2014	9.0269	8.8095	8.5774	8.3285	8.0594	7.7673	7.4469	7.0919	6.6950	6.2369	5.7056	5.0635
-2 / 80.8858	14.7251	14.6269	14.5262	14.4236	14.3200	14.2165	14.1155	14.0076	13.9777	13.8590	13.8590	13.9161	14.1142
-3 / 72.7459	21.0459	21.0032	21.1009	21.1397	21.1885	21.2496	21.3261	21.4215	21.5397	21.6847	21.8594	22.0661	22.2541
-4 / 65.4251	27.5904	27.7081	27.8833	27.9671	28.1104	28.2542	28.4287	28.6040	28.8600	29.1792	29.3768	29.5749	295749
-5 / 58.8411	33.8862	34.0622	34.2899	34.4196	34.6025	34.7859	34.9798	35.1755	35.3882	35.5660	35.7833	35.9609	36.1589
-6 / 52.9196	39.6172	39.8564	40.0824	40.2969	40.5025	40.7020	40.8956	41.0943	41.2907	41.4805	41.6847	41.8824	42.0804
-7 / 47.5941	44.8882	44.7766	45.1342	45.4555	45.7411	45.9904	46.2156	46.4200	46.6168	46.8131	47.0103	47.2079	47.4059
-8 / 42.8044	47.2004	47.9556	48.6551	49.3004	49.5950	50.4067	50.8297	51.1593	51.4300	51.6028	51.7999	51.9975	52.1956
-9 / 38.4968	46.0969	47.3380	48.6072	49.8921	51.1727	52.4187	52.5850	54.6086	55.4098	55.9104	56.1076	56.3052	56.5032
-10 / 34.6227	39.2645	39.6178	41.5095	43.3573	45.3798	47.5936	50.0075	52.6070	55.3223	57.9509	59.9617	60.1798	60.3773
-11 / 31.1385	22.1828	21.3540	24.0894	26.1377	27.8818	29.9478	32.2476	35.5512	39.5413	44.8792	52.3487	63.8635	63.8615
-12 / 28.0049	0.0000	0.0000	0.0000	0.0000	0.0000	0.0000	0.0000	0.0000	0.0000	0.0000	0.0000	0.0000	66.9951

圖 5-6　N＝12 下的顯式有限差分法（Explicit Finite Differences）

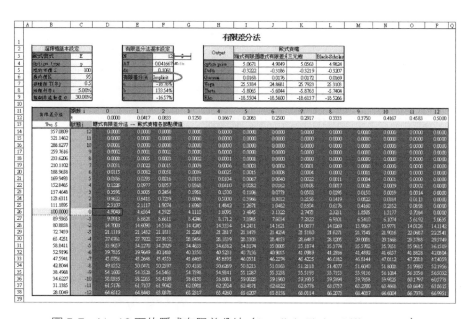

圖 5-7　N＝12 下的隱式有限差分法（Implicit Finite Differences）

5-3-2 表單使用方式

A. 於儲存格 C3：C9 中輸入模型參數，並於儲存格 F3 中調整期數 n（可於儲存格 G3 中微調）。

B. 儲存格 F6 為下拉式選單，可選擇 Explicit（顯式有限差分法）或 Implicit（隱式有限差分法）方法計算選擇權價格。

C. 基本參數輸入完成後，儲存格 F4：F5 及儲存格 F7：F9 會將模型計算的中介參數呈現出，其公式已設定於儲存格中。

D. 儲存格 I4：J9 為兩種有限差分法模型計算出的選擇權價格及其 Greeks。儲存格 K4：L9 為利用三元樹及 Black-Scholes 封閉解所求出的數值供參考（Black-Scholes 公式僅於計算歐式選擇權時呈現）。

E. 表單下方呈現各節點的選擇權現金流量，儲存格 B14：B38 為各種狀態 j 下的標的價格，而儲存格範圍 D14：P38 為各節點選擇權的現金流量，節點（0,0）即為利用有限差分法計算之選擇權價格。

5-3-3 表單製作

有限差分法表單將基本的兩個方法放置於同一個表單中，使用者透過下拉清單決定表單呈現之結果。在其它條件不變下，當儲存格 F6 清單為「Explicit」時，表單會依顯式有限差分法計算出選擇權價格如圖 5-6；當儲存格 F6 清單為「Implicit」時，表單會依隱式有限差分法計算選擇權的價格如圖 5-7。整個表單和二元樹一樣分四個部分，分別為 a. 選擇權基本設定、b. 有限差分法基本設定、c. Output 及 d. 節點現金流量四個部分。表單的格式設定亦雷同，讀者請自行參考設定。

b. 有限差分法基本設定區中儲存格設定說明如下：

儲存格	設定公式	說明
F3	使用微調工具，並將「儲存格連結」設定為 $F$3	
F4	=C7/F3	切割時間點間距 T
F5	=C9*SQRT(3*F4)	$\Delta x = \sigma_S\sqrt{3\Delta t}$
F6	下拉式清單，清單內容為「Explicit」及「Implicit」	
F7	=IF(F6="Implicit",-F4/2*((C9/F5)^2+(C8-C9^2/2)/F5),F4/2*((C9/F5)^2+(C8-C9^2/2)/F5))	式 5-7 及式 5-11
F8	=IF(F6="Implicit",1+F4*C9^2/F5^2+C8*F4,1-F4*C9^2/F5^2-C8*F4)	式 5-8 及式 5-12
F9	=IF(F6="Implicit",-F4/2*((C9/F5)^2-(C8-C9^2/2)/F5),F4/2*((C9/F5)^2-(C8-C9^2/2)/F5))	式 5-9 及式 5-13

c. Output 區塊中儲存格設定說明如下：

儲存格	設定公式	説明
I2	=IF(C3="E"," 歐式 "," 美式 ") & IF(C4="c"," 買權 "," 賣權 ")	選擇權種類
I4	=Explicit_FD($C$3,$C$4,$C$5,$C$6,$C$7,$C$8,$C$9,F3)	顯式有限差分計算選擇權價格
I5	=Explicit_FD_Delta($C$3,$C$4,$C$5,$C$6,$C$7,$C$8,$C$9,F3)	顯式有限差分法計算選擇權 Greeks
I6	=Explicit_FD_Gamma($C$3,$C$4,$C$5,$C$6,$C$7,$C$8,$C$9,F3)	
I7	=Explicit_FD_Vega($C$3,$C$4,$C$5,$C$6,$C$7,$C$8,$C$9,F3)	
I8	=Explicit_FD_Theta($C$3,$C$4,$C$5,$C$6,$C$7,$C$8,$C$9,F3)	
I9	=Explicit_FD_Rho($C$3,$C$4,$C$5,$C$6,$C$7,$C$8,$C$9,F3)	
J4	=Implicit_FD($C$3,$C$4,$C$5,$C$6,$C$7,$C$8,$C$9,F3)	隱式有限差分法計算選擇權價格
J5	=Implicit_FD_Delta($C$3,$C$4,$C$5,$C$6,$C$7,$C$8,$C$9,F3)	隱式有限差分法計算選擇權 Greeks
J6	=Implicit_FD_Gamma($C$3,$C$4,$C$5,$C$6,$C$7,$C$8,$C$9,F3)	
J7	=Implicit_FD_Vega($C$3,$C$4,$C$5,$C$6,$C$7,$C$8,$C$9,F3)	
J8	=Implicit_FD_Theta($C$3,$C$4,$C$5,$C$6,$C$7,$C$8,$C$9,F3)	
J9	=Implicit_FD_Rho($C$3,$C$4,$C$5,$C$6,$C$7,$C$8,$C$9,F3)	
K4	=Trinomial_Tree_Boyle(C3,C4,C5,C6,C7,C8,C9,F3)	利用三元樹計算選擇權價格
K5	=Trinomial_Tree_Boyle_Delta(C3,C4,C5,C6,C7,C8,C9,F3)	利用三元樹計算選擇權 Greeks
K6	=Trinomial_Tree_Boyle_Gamma(C3,C4,C5,C6,C7,C8,C9,F3)	
K7	=Trinomial_Tree_Boyle_Vega(C3,C4,C5,C6,C7,C8,C9,F3)	
K8	=Trinomial_Tree_Boyle_Theta(C3,C4,C5,C6,C7,C8,C9,F3)	
K9	=Trinomial_Tree_Boyle_Rho(C3,C4,C5,C6,C7,C8,C9,F3)	
L4	=IF(C3="E",BS(C4,C5,C6,C7,C8,C9),"")	利用 Black-Scholes 計算選擇權價格
L5	=IF(C3="E",BS_Delta(C4,C5,C6,C7,C8,C9),"")	利用 Black-Scholes 計算選擇權 Greeks
L6	=IF(C3="E",BS_Gamma(C5,C6,C7,C8,C9),"")	
L7	=IF(C3="E",BS_Vega(C5,C6,C7,C8,C9),"")	
L8	=IF(C3="E",BS_Theta(C4,C5,C6,C7,C8,C9),"")	
L9	=IF(C3="E",BS_Rho(C4,C5,C6,C7,C8,C9),"")	

d. 節點現金流量區設定中儲存格設定說明如下：

儲存格	設定公式	說明
B14 ： B38	=$C$5*EXP(C14*$F$5) ： =$C$5*EXP(C38*$F$5)	在各狀態 j 的股價
E12 ： P12	=D12+$F$4 ： =O12+$F$4	各切割時間點
D14： P38	{=IF(F6="Implicit",TRANSPOSE(Full_Implicit_FD($C$3,$C$4,$C$5,$C$6,$C$7,$C$8,$C$9,$F$3)),TRANSPOSE(Full_Explicit_FD($C$3,$C$4,$C$5,$C$6,$C$7,$C$8,$C$9,$F$3)))}	矩陣公式，並判斷執行顯式或隱式有限差分法計算各節點現金流量。

5-4　自訂函數

- **Explicit_FD** 函數：以顯式有限差分法計算選擇權價格。

使用語法：

> Explicit_FD(AE,CallPut,S,k,T,r,sigma_s,N)

引數說明：

　　AE：A 為美式、E 為歐式

　　CallPut：p 為賣權、c 為買權

　　S：標的股價

　　k：履約價

　　T：到期期間（年）

　　r：年化無風險利率

　　sigma_s：標的報酬年化標準差

　　N：切割期數

　　返回值：選擇權價格

行	程式內容
001	Function Explicit_FD(ByVal AE As String, ByVal CallPut As String, ByVal S As Double, ByVal k As Double, ByVal T As Double, ByVal r As Double, ByVal sigma_s As Double, ByVal N As Integer) As Double
002	Dim z As Integer
003	Dim i As Integer
004	Dim j As Integer
005	Dim dt As Double
006	Dim M As Double
007	dt = T / N
008	M = N
009	
010	If CallPut = "c" Then
011	z = 1
012	Else
013	z = -1
014	End If
015	
016	Dim a As Double
017	Dim b As Double
018	Dim c As Double
019	Dim dx As Double
020	dx = sigma_s * (3 * dt) ^ 0.5
021	ReDim st(-M To M) As Double
022	For j = -M To M
023	st(j) = S * Exp(j * dx)
024	Next
025	a = 0.5 * dt * ((sigma_s / dx) ^ 2 + ((r - 0.5 * sigma_s ^ 2) / dx))
026	b = 1 - dt * (sigma_s / dx) * (sigma_s / dx) - r * dt
027	c = 0.5 * dt * ((sigma_s / dx) ^ 2 - ((r - 0.5 * sigma_s ^ 2) / dx))
028	
029	ReDim cash_flow(0 To 1, -M To M) As Double
030	For j = -M To M
031	cash_flow(1, j) = Max(z * (st(j) - k), 0)
032	Next
033	For i = N - 1 To 0 Step -1
034	If AE = "A" Then
035	For j = -M + 1 To M - 1
036	cash_flow(0, j) = Max(a * cash_flow(1, j + 1) + b * cash_flow(1, j) + c * cash_flow(1, j - 1), z * (st(j) - k))
037	Next
038	Else
039	For j = -M + 1 To M - 1
040	cash_flow(0, j) = a * cash_flow(1, j + 1) + b * cash_flow(1, j) + c * cash_flow(1, j - 1)
041	Next
042	End If
043	For j = -M To M
044	cash_flow(1, j) = cash_flow(0, j)
045	Next
046	Next
047	
048	Explicit_FD = cash_flow(0, 0)
049	
050	End Function

程式說明：

行數 010-014：

　　以參數 z 來表示選擇權種類，1 為買權，-1 為賣權。

行數 020：

　　計算 x 的變動值，其公式為 $\Delta x = \sigma_S \sqrt{3\Delta t}$。

行數 021-024：

　　儲存及計算各種狀態 j 的股價。

行數 025-027：

　　利用公式 5-7、5-8 及 5-9 計算參數 a、b 及 c。

行數 029：

　　因選擇權現金流量的計算會用到前後兩期資料，所以定義一個能儲存兩期選擇權現金流量的陣列。

行數 030-032：

　　先求算最後一期的現金流量。

行數 033：

　　利用 for 迴圈由第 N-1 期往前推算選擇權的現金流量一直到第 0 期。

行數 035-037：

　　當為美式選擇權時，利用式 5-6 計算繼續持有價值，並與立即履約價值作比較，用以求算該期別所有狀態之現金流量。

行數 039-041：

　　當為歐式選擇權時，利用式 5-6 計算該期別所有狀態之現金流量。

行數 043-045：

　　為兩期現金流量互調，往前一期時原先當期的資料要變為後一期的資訊，用以繼續往前推算。

- **Explicit_FD_Delta 函數**：以顯式有限差分法計算選擇權 **Delta**。

使用語法：

> Explicit_FD_Delta(AE,CallPut,S,k,T,r,sigma_s,N)

引數說明：

　　AE：A 為美式、E 為歐式

　　CallPut：p 為賣權、c 為買權

S：標的股價

k：履約價

T：到期期間（年）

r：年化無風險利率

sigma_s：標的報酬年化標準差

N：切割期數

返回值：選擇權 Delta

行	程式內容
001	Function Explicit_FD_Delta(ByVal AE As String, ByVal CallPut As String, ByVal S As Double, ByVal k As Double, ByVal T As Double, ByVal r As Double, ByVal sigma_s As Double, ByVal N As Integer) As Double
002	Dim z As Integer
003	Dim i As Integer
004	Dim j As Integer
005	Dim dt As Double
006	Dim M As Double
007	dt = T / N
008	M = N
009	
010	If CallPut = "c" Then
011	z = 1
012	Else
013	z = -1
014	End If
015	' 給定初始設定
016	Dim a As Double
017	Dim b As Double
018	Dim c As Double
019	Dim dx As Double
020	dx = sigma_s * (3 * dt) ^ 0.5
021	ReDim st(-M To M) As Double
022	For j = -M To M
023	st(j) = S * Exp(j * dx)
024	Next
025	a = 0.5 * dt * ((sigma_s / dx) ^ 2 + ((r - 0.5 * sigma_s ^ 2) / dx))
026	b = 1 - dt * (sigma_s / dx) * (sigma_s / dx) - r * dt
027	c = 0.5 * dt * ((sigma_s / dx) ^ 2 - ((r - 0.5 * sigma_s ^ 2) / dx))
028	
029	ReDim cash_flow(0 To 1, -M To M) As Double
030	For j = -M To M
031	cash_flow(1, j) = Max(z * (st(j) - k), 0)
032	Next
033	For i = N - 1 To 1 Step -1
034	If AE = "A" Then
035	For j = -M + 1 To M - 1

036	cash_flow(0, j) = Max(a * cash_flow(1, j + 1) + b * cash_flow(1, j) + c * cash_flow(1, j - 1), z * (st(j) - k))
037	Next
038	Else
039	For j = -M + 1 To M - 1
040	cash_flow(0, j) = a * cash_flow(1, j + 1) + b * cash_flow(1, j) + c * cash_flow(1, j - 1)
041	Next
042	End If
043	For j = -M To M
044	cash_flow(1, j) = cash_flow(0, j)
045	Next
046	Next
047	
048	Explicit_FD_Delta = (cash_flow(0, 1) - cash_flow(0, -1)) / (st(1) - st(-1))
049	
050	End Function

程式說明：

行數 033：

現金流量由最後一期往前推至第 1 期。

行數 048：

利用二元樹中式 4-10 計算二元樹 Delta 的方法，求算以顯式有限差分法計算之選擇權 Delta。

- **Explicit_FD_Gamma 函數：以顯式有限差分法計算選擇權 Gamma。**

使用語法：

Explicit_FD_Gamma(AE,CallPut,S,k,T,r,sigma_s,N)

引數說明：

AE：A 為美式、E 為歐式

CallPut：p 為賣權、c 為買權

S：標的股價

k：履約價

T：到期期間（年）

r：年化無風險利率

sigma_s：標的報酬年化標準差

N：切割期數

返回值：選擇權 Gamma

行	程式內容
001	Function Explicit_FD_Gamma(ByVal AE As String, ByVal CallPut As String, ByVal S As Double, ByVal k As Double, ByVal T As Double, ByVal r As Double, ByVal sigma_s As Double, ByVal N As Integer) As Double
002	Dim z As Integer
003	Dim i As Integer
004	Dim j As Integer
005	Dim dt As Double
006	Dim M As Double
007	dt = T / N
008	' 設定欲計算之選擇權種類所適用之參數
009	M = N
010	If CallPut = "c" Then
011	z = 1
012	Else
013	z = -1
014	End If
015	' 給定初始設定
016	Dim a As Double
017	Dim b As Double
018	Dim c As Double
019	Dim dx As Double
020	dx = sigma_s * (3 * dt) ^ 0.5 'x 的切割距離設定
021	ReDim st(-M To M) As Double ' 不同狀態 j 下股價
022	For j = -M To M
023	st(j) = S * Exp(j * dx)
024	Next
025	a = 0.5 * dt * ((sigma_s / dx) ^ 2 + ((r - 0.5 * sigma_s ^ 2) / dx))
026	b = 1 - dt * (sigma_s / dx) * (sigma_s / dx) - r * dt
027	c = 0.5 * dt * ((sigma_s / dx) ^ 2 - ((r - 0.5 * sigma_s ^ 2) / dx))
028	
029	ReDim cash_flow(0 To 1, -M To M) As Double ' 儲存各期衍生性商品現金流量
030	For j = -M To M
031	cash_flow(1, j) = Max(z * (st(j) - k), 0)
032	Next
033	For i = N - 1 To 2 Step -1
034	If AE = "A" Then
035	For j = -M + 1 To M - 1
036	cash_flow(0, j) = Max(a * cash_flow(1, j + 1) + b * cash_flow(1, j) + c * cash_flow(1, j - 1), z * (st(j) - k))
037	Next
038	Else
039	For j = -M + 1 To M - 1
040	cash_flow(0, j) = a * cash_flow(1, j + 1) + b * cash_flow(1, j) + c * cash_flow(1, j - 1)
041	Next
042	End If
043	For j = -M To M
044	cash_flow(1, j) = cash_flow(0, j)
045	Next
046	Next
047	
048	Explicit_FD_Gamma = ((cash_flow(0, 2) - cash_flow(0, 0)) / (st(2) - st(0)) - (cash_flow(0, 0) - cash_flow(0, -2)) / (st(0) - st(-2))) / (st(1) - st(-1))
049	
050	End Function

程式說明：

行數 033：

現金流量由最後一期往前推至第 2 期。

行數 048：

利用二元樹中式 4-11 計算二元樹 Gamma 的方法，求算以顯式有限差分法計算之選擇權 Gamma。

- **Explicit_FD_Vega 函數：以顯式有限差分法計算選擇權 Vega。**

使用語法：

Explicit_FD_Vega(AE,CallPut,S,k,T,r,sigma_s,N)

引數說明：

AE：A 為美式、E 為歐式

CallPut：p 為賣權、c 為買權

S：標的股價

k：履約價

T：到期期間（年）

r：年化無風險利率

sigma_s：標的報酬年化標準差

N：切割期數

返回值：選擇權 Vega

行	程式內容
001	Function Explicit_FD_Vega(ByVal AE As String, ByVal CallPut As String, ByVal S As Double, ByVal k As Double, ByVal T As Double, ByVal r As Double, ByVal sigma_s As Double, ByVal N As Integer) As Double
002	Dim C0 As Double
003	Dim C1 As Double
004	C0 = Explicit_FD(AE, CallPut, S, k, T, r, sigma_s - sigma_s / 100000, N)
005	C1 = Explicit_FD(AE, CallPut, S, k, T, r, sigma_s + sigma_s / 100000, N)
006	Explicit_FD_Vega = (C1 - C0) / (sigma_s / 100000) / 2
007	End Function

程式說明：

行數 004：

計算當波動率以 $\sigma_S - \Delta\sigma_S$ 代入顯式有限差分法求算之選擇權價值。

行數 005：

計算當波動率以 $\sigma_s + \Delta\sigma_s$ 代入顯式有限差分法求算之選擇權價值。

行數 006：

利用二元樹中式 4-12 計算二元樹 Vega 的方法，求算以顯式有限差分法計算之選擇權 Vega。

- **Explicit_FD_Theta 函數：以顯式有限差分法計算選擇權 Theta。**
使用語法：

> Explicit_FD_Theta(AE,CallPut,S,k,T,r,sigma_s,N)

引數說明：

AE：A 為美式、E 為歐式

CallPut：p 為賣權、c 為買權

S：標的股價

k：履約價

T：到期期間（年）

r：年化無風險利率

sigma_s：標的報酬年化標準差

N：切割期數

返回值：選擇權 Vega

行	程式內容
001	Function Explicit_FD_Theta(ByVal AE As String, ByVal CallPut As String, ByVal S As Double, ByVal k As Double, ByVal T As Double, ByVal r As Double, ByVal sigma_s As Double, ByVal N As Integer) As Double
002	Dim C0 As Double
003	Dim C1 As Double
004	C0 = Explicit_FD(AE, CallPut, S, k, T - T / 100000, r, sigma_s, N)
005	C1 = Explicit_FD(AE, CallPut, S, k, T + T / 100000, r, sigma_s, N)
006	Explicit_FD_Theta = -(C1 - C0) / (T / 100000) / 2
007	End Function

程式說明：

行數 004：

計算當存續期間以 $T - \Delta T$ 代入顯式有限差分法求算之選擇權價值。

行數 005：

計算當存續期間以 $T + \Delta T$ 代入顯式有限差分法求算之選擇權價值。

行數 006：

利用二元樹中式 4-13 計算二元樹 Theta 的方法，求算以顯式有限差分法計算之選擇權 Theta。

- **Explicit_FD_Rho 函數：以顯式有限差分法計算選擇權 Rho。**

使用語法：

> Explicit_FD_Rho(AE,CallPut,S,k,T,r,sigma_s,N)

引數說明：

AE：A 為美式、E 為歐式

CallPut：p 為賣權、c 為買權

S：標的股價

k：履約價

T：到期期間（年）

r：年化無風險利率

sigma_s：標的報酬年化標準差

N：切割期數

返回值：選擇權 Vega

行	程式內容
001	Function Explicit_FD_Rho(ByVal AE As String, ByVal CallPut As String, ByVal S As Double, ByVal k As Double, ByVal T As Double, ByVal r As Double, ByVal sigma_s As Double, ByVal N As Integer) As Double
002	Dim C0 As Double
003	Dim C1 As Double
004	C0 = Explicit_FD(AE, CallPut, S, k, T, r - r / 100000, sigma_s, N)
005	C1 = Explicit_FD(AE, CallPut, S, k, T, r + r / 100000, sigma_s, N)
006	Explicit_FD_Rho = (C1 - C0) / (r / 100000) / 2
007	End Function

程式說明：

行數 004：

計算當短期利率以 $r - \Delta r$ 代入顯式有限差分法求算之選擇權價值。

行數 005：

計算當短期利率以 $r + \Delta r$ 代入顯式有限差分法求算之選擇權價值。

行數 006：

利用二元樹中式 4-14 計算二元樹 Rho 的方法，求算以顯式有限差分法計算之選擇權 Rho。

- **Full_Explicit_FD 函數**：以顯式有限差分法計算選擇權價格，並返回各節點之現金流量。

使用語法：

Full_Explicit_FD (AE,CallPut,S,k,T,r,sigma_s,N)

引數說明：

AE：A 為美式、E 為歐式

CallPut：p 為賣權、c 為買權

S：標的股價

k：履約價

T：到期期間（年）

r：年化無風險利率

sigma_s：標的報酬年化標準差

N：切割期數

返回值：選擇權所有節點之現金流量

行	程式內容
001	Function Full_Explicit_FD(ByVal AE As String, ByVal CallPut As String, ByVal S As Double, ByVal k As Double, ByVal T As Double, ByVal r As Double, ByVal sigma_s As Double, ByVal N As Integer) As Variant
002	Dim z As Integer
003	Dim i As Integer
004	Dim j As Integer
005	Dim dt As Double
006	Dim M As Double
007	dt = T / N
008	' 設定欲計算之選擇權種類所適用之參數
009	M = N
010	If CallPut = "c" Then
011	z = 1
012	Else
013	z = -1
014	End If
015	' 給定初始設定
016	Dim a As Double
017	Dim b As Double
018	Dim c As Double
019	Dim dx As Double
020	dx = sigma_s * (3 * dt) ^ 0.5　　　　　　'x 的切割距離設定
021	ReDim st(-M To M) As Double　　　　　' 不同狀態 j 下股價
022	For j = -M To M
023	st(j) = S * Exp(j * dx)
024	Next
025	a = 0.5 * dt * ((sigma_s / dx) ^ 2 + ((r - 0.5 * sigma_s ^ 2) / dx))

```
026   b = 1 - dt * (sigma_s / dx) * (sigma_s / dx) - r * dt
027   c = 0.5 * dt * ((sigma_s / dx) ^ 2 - ((r - 0.5 * sigma_s ^ 2) / dx))
028   ReDim cash_flow(0 To N, -M To M) As Double ' 儲存各期衍生性商品現金流量
029   ' 先行給定最後一期現金流量
030   For j = -M To M
031     cash_flow(N, j) = Max(z * (st(j) - k), 0)
032   Next
033
034   For i = N - 1 To 0 Step -1
035     If AE = "A" Then
036       For j = -M + 1 To M - 1
037         cash_flow(i, j) = Max(a * cash_flow(i + 1, j + 1) + b * cash_flow(i + 1, j)+ c *
      cash_flow(i + 1, j - 1), z * (st(j) - k))
038       Next
039     Else
040       For j = -M + 1 To M - 1
041         cash_flow(i, j) = a * cash_flow(i + 1, j + 1) + b * cash_flow(i + 1, j) + c *
      cash_flow(i + 1, j - 1)
042       Next
043     End If
044   Next
045
046   ReDim option_cash_flow(0 To N, -M To M) As Double ' 儲存各期可能之現金流量
047   For i = 0 To N
048     For j = -M To M
049       option_cash_flow(i, -j) = cash_flow(i, j)
050     Next
051   Next
052
053   Full_Explicit_FD = option_cash_flow
054
055   End Function
```

程式說明：（同 **Explicit_FD** 函數僅少許差異）

行數 028：

　　定義二維陣列儲存各期別 i 中所有狀態 j 的現金流量。

行數 046-051：

　　將各期現金流量轉置以便於 sheet 中呈現，無任何模型上的意義。

- **Implicit_FD** 函數：以隱式有限差分法計算選擇權價格。

使用語法：

> Implicit_FD(AE,CallPut,S,k,T,r,sigma_s,N)

引數說明：

　　AE：A 為美式、E 為歐式

　　CallPut：p 為賣權、c 為買權

S：標的股價

k：履約價

T：到期期間（年）

r：年化無風險利率

sigma_s：標的報酬年化標準差

N：切割期數

返回值：選擇權價格

行	程式內容
001	Function Implicit_FD(ByVal AE As String, ByVal CallPut As String, ByVal S As Double, ByVal k As Double, ByVal T As Double, ByVal r As Double, ByVal sigma_s As Double, ByVal N As Integer) As Double
002	Dim z As Integer
003	Dim i As Integer
004	Dim j As Integer
005	Dim dt As Double
006	Dim M As Double
007	dt = T / N
008	
009	M = N
010	If CallPut = "c" Then
011	z = 1
012	Else
013	z = -1
014	End If
015	
016	Dim a As Double
017	Dim b As Double
018	Dim c As Double
019	Dim dx As Double
020	dx = sigma_s * (3 * dt) ^ 0.5
021	ReDim st(-M To M) As Double
022	For j = -M To M
023	st(j) = S * Exp(j * dx)
024	Next
025	a = -0.5 * dt * ((sigma_s / dx) ^ 2 + ((r - 0.5 * sigma_s ^ 2) / dx))
026	b = 1 + dt * (sigma_s / dx) * (sigma_s / dx) + r * dt
027	c = -0.5 * dt * ((sigma_s / dx) ^ 2 - ((r - 0.5 * sigma_s ^ 2) / dx))
028	ReDim cash_flow(0 To 1, -M To M) As Double
029	For j = -M To M
030	cash_flow(1, j) = Max(z * (st(j) - k), 0)
031	Next
032	
033	Dim lambda_L As Double
034	Dim lambda_U As Double
035	

```
036   If CallPut = "c" Then
037     lambda_U = st(M) - st(M - 1)
038     lambda_L = 0
039   Else
040     lambda_U = 0
041     lambda_L = st(-M) - st(-M + 1)
042   End If
043
044   ReDim QQ(-M To M) As Double 'Q'
045   ReDim QP(-M To M) As Double 'Q'
046   For i = N - 1 To 0 Step -1
047   ' 先求暫存參數 Q 及 Q'
048     QQ(-M + 1) = cash_flow(1, -M + 1) + c * lambda_L
049     QP(-M + 1) = c + b
050     For j = -M + 2 To M - 1
051       QQ(j) = cash_flow(1, j) - QQ(j - 1) / QP(j - 1) * c
052       QP(j) = b - a / QP(j - 1) * c
053     Next
054     cash_flow(0, M) = (QP(M - 1) * lambda_U + QQ(M - 1)) / (QP(M - 1) + a)
055     For j = M - 1 To -M + 1 Step -1
056       cash_flow(0, j) = (QQ(j) - a * cash_flow(0, j + 1)) / QP(j)
057     Next
058     cash_flow(0, -M) = cash_flow(0, -M + 1) - lambda_L
059     If AE = "A" Then
060       For j = -M To M
061         cash_flow(0, j) = Max(cash_flow(0, j), z * (st(j) - k))
062       Next
063     End If
064     For j = -M To M
065       cash_flow(1, j) = cash_flow(0, j)
066     Next
067   Next
068
069   Implicit_FD = cash_flow(0, 0)
070
071   End Function
```

程式說明：

行數 025-027：

　　利用公式 5-11、5-12 及 5-13 計算參數 a、b 及 c。

行數 036-042：

　　利用式 5-16 及 5-17 計算任一切割時點 i 的上下界 λ_U 及 λ_L。

行數 048-049：

　　求算步驟 3 中各狀態 j 下的 Q_j 及 Q'_j。

行數 050-053：

　　求算步驟 4 及步驟 5 中各狀態 j 下的 Q_j 及 Q'_j。

行數 054：

　　由步驟 5 中的式 5-22 求算第 i 期中狀態 $j = M'$ 下的現金流量 $f_{i,M'}$。

行數 055-057：

由步驟 5、步驟 4 及步驟 3 反向推算當 $j = M-1$ 到 $-M+1$ 時的現金流量。

行數 058：

最後由步驟 2 中的式 5-18 來求算第 i 期中狀態 $j = -M'$ 下的現金流量 $f_{i,-M'}$。

行數 059-063：

判別是否提前履約，並計算其節點之現金流量。

行數 064-066：

為兩期現金流量互調，往前一期時原先當期的資料要變為後一期的資料使用，用以繼續往前推算。

- **Implicit_FD_Delta 函數：以隱式有限差分法計算選擇權 Delta。**

使用語法：

  Implicit_FD_Delta(AE,CallPut,S,k,T,r,sigma_s,N)

引數說明：

AE：A 為美式、E 為歐式

CallPut：p 為賣權、c 為買權

S：標的股價

k：履約價

T：到期期間（年）

r：年化無風險利率

sigma_s：標的報酬年化標準差

N：切割期數

返回值：選擇權 Delta

行	程式內容
001	Function Implicit_FD_Delta(ByVal AE As String, ByVal CallPut As String, ByVal S As Double, ByVal k As Double, ByVal T As Double, ByVal r As Double, ByVal sigma_s As Double, ByVal N As Integer) As Double
002	Dim z As Integer
003	Dim i As Integer
004	Dim j As Integer
005	Dim dt As Double
006	Dim M As Double
007	dt = T / N
008	
009	M = N
010	If CallPut = "c" Then

```vba
011     z = 1
012   Else
013     z = -1
014   End If
015
016   Dim a As Double
017   Dim b As Double
018   Dim c As Double
019   Dim dx As Double
020   dx = sigma_s * (3 * dt) ^ 0.5        'x 的切割距離設定
021   ReDim st(-M To M) As Double     ' 不同狀態 j 下股價
022   For j = -M To M
023     st(j) = S * Exp(j * dx)
024   Next
025   a = -0.5 * dt * ((sigma_s / dx) ^ 2 + ((r - 0.5 * sigma_s ^ 2) / dx))
026   b = 1 + dt * (sigma_s / dx) * (sigma_s / dx) + r * dt
027   c = -0.5 * dt * ((sigma_s / dx) ^ 2 - ((r - 0.5 * sigma_s ^ 2) / dx))
028   ReDim cash_flow(0 To 1, -M To M) As Double
029   For j = -M To M
030     cash_flow(1, j) = Max(z * (st(j) - k), 0)
031   Next
032
033   Dim lambda_L As Double
034   Dim lambda_U As Double
035
036   If CallPut = "c" Then
037     lambda_U = st(M) - st(M - 1)
038     lambda_L = 0
039   Else
040     lambda_U = 0
041     lambda_L = st(-M) - st(-M + 1)
042   End If
043
044   ReDim QQ(-M To M) As Double 'Q
045   ReDim QP(-M To M) As Double 'Q'
046   For i = N - 1 To 1 Step -1
047   ' 先求暫存參數 Q 及 Q'
048     QQ(-M + 1) = cash_flow(1, -M + 1) + c * lambda_L
049     QP(-M + 1) = c + b
050     For j = -M + 2 To M - 1
051       QQ(j) = cash_flow(1, j) - QQ(j - 1) / QP(j - 1) * c
052       QP(j) = b - a / QP(j - 1) * c
053     Next
054     cash_flow(0, M) = (QP(M - 1) * lambda_U + QQ(M - 1)) / (QP(M - 1) + a)
055     For j = M - 1 To -M + 1 Step -1
056       cash_flow(0, j) = (QQ(j) - a * cash_flow(0, j + 1)) / QP(j)
057     Next
058     cash_flow(0, -M) = cash_flow(0, -M + 1) - lambda_L
059     If AE = "A" Then
060       For j = -M To M
061         cash_flow(0, j) = Max(cash_flow(0, j), z * (st(j) - k))
062       Next
063     End If
064     For j = -M To M
065       cash_flow(1, j) = cash_flow(0, j)
```

066	Next
067	Next
068	
069	Implicit_FD_Delta = (cash_flow(0, 1) - cash_flow(0, -1)) / (st(1) - st(-1))
070	
071	End Function

程式說明：（同 Implicit_FD 函數）

行數 046：

現金流量由最後一期往前推至第 1 期。

行數 069：

利用二元樹中式 4-10 計算二元樹 Delta 的方法，求算以隱式有限差分法計算之選擇權 Delta。

- **Implicit_FD_Gamma 函數：以隱式有限差分法計算選擇權 Gamma。**

使用語法：

Implicit_FD_Gamma(AE,CallPut,S,k,T,r,sigma_s,N)

引數說明：

AE：A 為美式、E 為歐式

CallPut：p 為賣權、c 為買權

S：標的股價

k：履約價

T：到期期間（年）

r：年化無風險利率

sigma_s：標的報酬年化標準差

N：切割期數

返回值：選擇權 Gamma

行	程式內容
001	Function Implicit_FD_Gamma(ByVal AE As String, ByVal CallPut As String, ByVal S As Double, ByVal k As Double, ByVal T As Double, ByVal r As Double, ByVal sigma_s As Double, ByVal N As Integer) As Double
002	Dim z As Integer
003	Dim i As Integer
004	Dim j As Integer
005	Dim dt As Double

```
006   Dim M As Double
007   dt = T / N
008
009   M = N
010   If CallPut = "c" Then
011      z = 1
012   Else
013      z = -1
014   End If
015
016   Dim a As Double
017   Dim b As Double
018   Dim c As Double
019   Dim dx As Double
020   dx = sigma_s * (3 * dt) ^ 0.5
021   ReDim st(-M To M) As Double
022   For j = -M To M
023      st(j) = S * Exp(j * dx)
024   Next
025   a = -0.5 * dt * ((sigma_s / dx) ^ 2 + ((r - 0.5 * sigma_s ^ 2) / dx))
026   b = 1 + dt * (sigma_s / dx) * (sigma_s / dx) + r * dt
027   c = -0.5 * dt * ((sigma_s / dx) ^ 2 - ((r - 0.5 * sigma_s ^ 2) / dx))
028   ReDim cash_flow(0 To 1, -M To M) As Double
029   For j = -M To M
030      cash_flow(1, j) = Max(z * (st(j) - k), 0)
031   Next
032
033   Dim lambda_L As Double
034   Dim lambda_U As Double
035
036   If CallPut = "c" Then
037      lambda_U = st(M) - st(M - 1)
038      lambda_L = 0
039   Else
040      lambda_U = 0
041      lambda_L = st(-M) - st(-M + 1)
042   End If
043
044   ReDim QQ(-M To M) As Double 'Q
045   ReDim QP(-M To M) As Double 'Q'
046   For i = N - 1 To 2 Step -1
047   ' 先求暫存參數 Q 及 Q'
048      QQ(-M + 1) = cash_flow(1, -M + 1) + c * lambda_L
049      QP(-M + 1) = c + b
050      For j = -M + 2 To M - 1
051         QQ(j) = cash_flow(1, j) - QQ(j - 1) / QP(j - 1) * c
052         QP(j) = b - a / QP(j - 1) * c
053      Next
054      cash_flow(0, M) = (QP(M - 1) * lambda_U + QQ(M - 1)) / (QP(M - 1) + a)
055      For j = M - 1 To -M + 1 Step -1
056         cash_flow(0, j) = (QQ(j) - a * cash_flow(0, j + 1)) / QP(j)
057      Next
058      cash_flow(0, -M) = cash_flow(0, -M + 1) - lambda_L
059      If AE = "A" Then
060         For j = -M To M
```

```
061        cash_flow(0, j) = Max(cash_flow(0, j), z * (st(j) - k))
062      Next
063    End If
064    For j = -M To M
065      cash_flow(1, j) = cash_flow(0, j)
066    Next
067  Next
068
069  Implicit_FD_Gamma = ((cash_flow(0, 2) - cash_flow(0, 0)) / (st(2) - st(0)) - (cash_
     flow(0, 0) - cash_flow(0, -2)) / (st(0) - st(-2))) / (st(1) - st(-1))
070
071  End Function
```

程式說明：（同 Implicit_FD 函數）

行數 046：

現金流量由最後一期往前推至第 2 期。

行數 069：

利用二元樹中式 4-11 計算二元樹 Gamma 的方法，求算以隱式有限差分法計算之選擇權 Gamma。

- **Implicit_FD_Vega 函數：以隱式有限差分法計算選擇權 Vega。**

使用語法：

Implicit_FD_Vega(AE,CallPut,S,k,T,r,sigma_s,N)

引數說明：

AE：A 為美式、E 為歐式

CallPut：p 為賣權、c 為買權

S：標的股價

k：履約價

T：到期期間（年）

r：年化無風險利率

sigma_s：標的報酬年化標準差

N：切割期數

返回值：選擇權 Vega

行	程式內容
001	Function Implicit_FD_Vega(ByVal AE As String, ByVal CallPut As String, ByVal S As Double, ByVal k As Double, ByVal T As Double, ByVal r As Double, ByVal sigma_s As Double, ByVal N As Integer) As Double
002	Dim C0 As Double
003	Dim C1 As Double
004	C0 = Implicit_FD(AE, CallPut, S, k, T, r, sigma_s - sigma_s / 100000, N)
005	C1 = Implicit_FD(AE, CallPut, S, k, T, r, sigma_s + sigma_s / 100000, N)
006	Implicit_FD_Vega = (C1 - C0) / (sigma_s / 100000) / 2
007	End Function

程式說明：

行數 004：

計算當波動率以 $\sigma_S - \Delta\sigma_S$ 代入隱式有限差分法求算之選擇權價值。

行數 005：

計算當波動率以 $\sigma_S + \Delta\sigma_S$ 代入隱式有限差分法求算之選擇權價值。

行數 006：

利用二元樹中式 4-12 計算二元樹 Vega 的方法，求算以隱式有限差分法計算之選擇權 Vega。

- **Implicit_FD_Theta 函數：以隱式有限差分法計算選擇權 Theta。**

使用語法：

Implicit_FD_Theta(AE,CallPut,S,k,T,r,sigma_s,N)

引數說明：

AE：A 為美式、E 為歐式

CallPut：p 為賣權、c 為買權

S：標的股價

k：履約價

T：到期期間（年）

r：年化無風險利率

sigma_s：標的報酬年化標準差

N：切割期數

返回值：選擇權 Theta

行	程式內容
001	Function Implicit_FD_Theta(ByVal AE As String, ByVal CallPut As String, ByVal S As Double, ByVal k As Double, ByVal T As Double, ByVal r As Double, ByVal sigma_s As Double, ByVal N As Integer) As Double
002	Dim C0 As Double
003	Dim C1 As Double
004	C0 = Implicit_FD(AE, CallPut, S, k, T - T / 100000, r, sigma_s, N)
005	C1 = Implicit_FD(AE, CallPut, S, k, T + T / 100000, r, sigma_s, N)
006	Implicit_FD_Theta = -(C1 - C0) / (T / 100000) / 2
007	End Function

程式說明：

行數 004：

計算當存續期間以 $T-\Delta T$ 代入隱式有限差分法求算之選擇權價值。

行數 005：

計算當存續期間以 $T+\Delta T$ 代入隱式有限差分法求算之選擇權價值。

行數 006：

利用二元樹中式 4-13 計算二元樹 Theta 的方法，求算以隱式有限差分法計算之選擇權 Theta。

- **Implicit_FD_Rho 函數：以隱式有限差分法計算選擇權 Rho。**

使用語法：

Implicit_FD_Rho(AE,CallPut,S,k,T,r,sigma_s,N)

引數說明：

AE：A 為美式、E 為歐式

CallPut：p 為賣權、c 為買權

S：標的股價

k：履約價

T：到期期間（年）

r：年化無風險利率

sigma_s：標的報酬年化標準差

N：切割期數

返回值：選擇權 Rho

行	程式內容
001	Function Implicit_FD_Rho(ByVal AE As String, ByVal CallPut As String, ByVal S As Double, ByVal k As Double, ByVal T As Double, ByVal r As Double, ByVal sigma_s As Double, ByVal N As Integer) As Double
002	Dim C0 As Double
003	Dim C1 As Double
004	C0 = Implicit_FD(AE, CallPut, S, k, T, r - r / 100000, sigma_s, N)
005	C1 = Implicit_FD(AE, CallPut, S, k, T, r + r / 100000, sigma_s, N)
006	Implicit_FD_Rho = (C1 - C0) / (r / 100000) / 2
007	End Function

程式說明：

行數 004：

　　計算當短期利率以 $r-\Delta r$ 代入隱式有限差分法求算之選擇權價值。

行數 005：

　　計算當短期利率以 $r+\Delta r$ 代入隱式有限差分法求算之選擇權價值。

行數 006：

　　利用二元樹中式 4-14 計算二元樹 Rho 的方法，求算以隱式有限差分法計算之選擇權 Rho。

• **Full_Implicit_FD 函數**：以隱式有限差分法計算選擇權價格，並回傳各節點現金流量。

使用語法：

　　Full_Implicit_FD(AE,CallPut,S,k,T,r,sigma_s,N)

引數說明：

　　AE：A 為美式、E 為歐式

　　CallPut：p 為賣權、c 為買權

　　S：標的股價

　　k：履約價

　　T：到期期間（年）

　　r：年化無風險利率

　　sigma_s：標的報酬年化標準差

　　N：切割期數

　　返回值：各節點的現金流量

行	程式內容
001	Function Full_Implicit_FD(ByVal AE As String, ByVal CallPut As String, ByVal S As Double, ByVal k As Double, ByVal T As Double, ByVal r As Double, ByVal sigma_s As Double, ByVal N As Integer) As Variant
002	Dim z As Integer
003	Dim i As Integer
004	Dim j As Integer
005	Dim dt As Double
006	Dim M As Double
007	dt = T / N
008	
009	M = N
010	If CallPut = "c" Then
011	z = 1
012	Else
013	z = -1
014	End If
015	
016	Dim a As Double
017	Dim b As Double
018	Dim c As Double
019	Dim dx As Double
020	dx = sigma_s * (3 * dt) ^ 0.5
021	ReDim st(-M To M) As Double
022	For j = -M To M
023	st(j) = S * Exp(j * dx)
024	Next
025	a = -0.5 * dt * ((sigma_s / dx) ^ 2 + ((r - 0.5 * sigma_s ^ 2) / dx))
026	b = 1 + dt * (sigma_s / dx) * (sigma_s / dx) + r * dt
027	c = -0.5 * dt * ((sigma_s / dx) ^ 2 - ((r - 0.5 * sigma_s ^ 2) / dx))
028	ReDim cash_flow(0 To N, -M To M) As Double
029	For j = -M To M
030	cash_flow(N, j) = Max(z * (st(j) - k), 0)
031	Next
032	
033	Dim lambda_L As Double
034	Dim lambda_U As Double
035	
036	If CallPut = "c" Then
037	lambda_U = st(M) - st(M - 1)
038	lambda_L = 0
039	Else
040	lambda_U = 0
041	lambda_L = st(-M) - st(-M + 1)
042	End If
043	
044	ReDim QQ(-M To M) As Double 'Q
045	ReDim QP(-M To M) As Double 'Q'
046	For i = N - 1 To 0 Step -1
047	' 先求暫存參數 Q 及 Q'
048	QQ(-M + 1) = cash_flow(i + 1, -M + 1) + c * lambda_L
049	QP(-M + 1) = c + b
050	For j = -M + 2 To M - 1

```
051        QQ(j) = cash_flow(i + 1, j) - QQ(j - 1) / QP(j - 1) * c
052        QP(j) = b - a / QP(j - 1) * c
053      Next
054      cash_flow(i, M) = (QP(M - 1) * lambda_U + QQ(M - 1)) / (QP(M - 1) + a)
055      For j = M - 1 To -M + 1 Step -1
056        cash_flow(i, j) = (QQ(j) - a * cash_flow(i, j + 1)) / QP(j)
057      Next
058      cash_flow(i, -M) = cash_flow(i, -M + 1) - lambda_L
059      If AE = "A" Then
060        For j = -M To M
061          cash_flow(i, j) = Max(cash_flow(i, j), z * (st(j) - k))
062        Next
063      End If
064    Next
065
066    ReDim option_cash_flow(0 To N, -M To M) As Double
067    For i = 0 To N
068      For j = -M To M
069        option_cash_flow(i, -j) = cash_flow(i, j)
070      Next
071    Next
072
073    Full_Implicit_FD = option_cash_flow
074
075    End Function
```

程式說明：（同 **Implicit_FD** 函數僅少許差異）

行數 028：

定義二維陣列儲存各期別 i 中所有狀態 j 的現金流量。

行數 066-071：

將各期現金流量轉置以便於 sheet 中呈現，無任何模型上的意義。

Chapter 6：蒙地卡羅模擬法（Monte Carlo Simulation）

　　樹狀模型雖然可以處理具提前履約條件的選擇權，也可以對平均價格、障礙式或數據式選擇權作評價，但當遇到多資產或多變量之複雜衍生性商品時，用樹狀模型來求解其價值，顯然有點使不上力，更別說是想要找到封閉解。基於選擇權市場的發展，當標準化或是單一變數之選擇權，對投資者已不再具備吸引力時，愈來愈複雜的選擇權型態慢慢的發展開來。對於這些複雜且多標的之衍生性商品，Boyle（1977）首先提出一種簡單且富彈性的數值方法——蒙地卡羅模擬法對其評價。蒙地卡羅模擬法它是利用亂數方式產生一組符合特定分配的數值，用來作為未來標的可能走勢。若模擬的次數愈多，它的平均值也就會愈趨近於理論值。雖然蒙地卡羅模擬法在數值分析中受到廣泛地運用，但相對地所使用到的電腦資源也是最為嚴苛的。

6-1　隨機亂數（Random Number）

　　在介紹蒙地卡羅模擬法前，我們要先了解一個在模擬過程中很重要的因子「隨機亂數」，隨機亂數是所有離散型模擬的基本成份。模擬法最主要是利用隨機亂數產生一組符合預期分配的隨機變數，然後再根據這組隨機變數，依條件模擬各種可能情境，最後取得一數值解。

　　隨機亂數在性質上必須滿足兩個條件：均勻性（uniformity）及獨立性（independence），在 VBA 中提供的「隨機亂數產生器（Random Number Generator）」其所產生的隨機亂數滿足從 0 與 1 之間的連續均勻分配（uniform distribution）中抽取出的獨立樣本，其語法如下：

> Rnd(Number)

引數說明：
　　Number：Single 或任何有效的數值運算式
返回值：傳回包含隨機亂數的 Single
　　Number 小於零：每次的亂數皆產自相同的位置，以 number 作為種子
　　Number 大於零：序列中的下一個隨機亂數（預設）
　　Number 等於零：最近產生的數字
　　不帶引數：序列中的下一個隨機亂數

因為 Rnd 函數在每次連續呼叫時，都會使用前一個數字作為序列中下一個數值的種子，所以如果有指定初始值種子（Number 小於零），便會產生重覆性的亂數。另如果連續呼叫 Rnd 函數，但不以前一個數字為亂數種子時則可於呼叫 Rnd 函數前，使用不具有引數的 Randomize 陳述式，Rnd 函數會根據系統計時器來初始化亂數種子。

Rnd 函數是產生一符合 0 與 1 之間的連續均勻分配（Uniform distribution；$U(0, 1)$）中抽取出的獨立樣本，但實務上我們所要模擬的變數大都不符合均勻分配，以最常使用到的常態分配而言，就必須將其作轉換，隨機變數轉換方式最常被使用的為反轉換法（Inverse Transform）或是直接轉換法（Direct Transformation）：

反轉換法（Inverse Transform）：

假設 X 為一連續型隨機變數（Random Variate）其累積分配函數（c.d.f）為 F，$F(x)$ 為嚴格遞增函數且 $0<F(x)<1$。如果 R 為符合 $U(0, 1)$ 分配的隨機亂數，那麼定義 $x=F^{-1}(R)$，則 X 隨機變數會有相同的累積分配函數 $F(x)$。所以要產生隨機變數 X 的演算法如下：

(1) 找出某分配的累積分配函數（c.d.f），即 $F(x)$；
(2) 設定 R 為符合 $U(0, 1)$ 分配的隨機亂數；
(3) 推導出 $F(x)$ 的反函數，使得 $x=F^{-1}(R)$；
(4) 所得到的 x 即為符合該分配之亂數。

範例 6-1：產生具常態分配之亂數

在 Excel VBA 中產生五筆符合標準常態分配之亂數樣本。

Ans：

(1) 先利用 Rnd 函數產生五筆資料 (0.2158 , 0.1874 , 0.4470 , 0.8278 , 0.1534)
(2) 利用 Excel 內建 NORM.INV 函數，將之轉換為符合常態分配之亂數

NORM.INV (0.2158,0,1) = -0.7865

NORM.INV (0.1874,0,1) = -0.8875

NORM.INV (0.4470,0,1) = -0.1332

NORM.INV (0.8278,0,1) = 0.9455

NORM.INV (0.1534,0,1) = -1.0220

(3) 所得之亂數樣本 (-0.7865 , -0.8875 , -0.1332 , 0.9455 , -1.0220) 即為所求。

NORM.INV 函數語法：

NORM.INV 函數會依據指定的平均數及標準差，傳回其累積常態分配函數之反函數，使用語法如下：

NORM.INV(probability,mean,standard_dev)

引數說明：

Probability：對映於常態分配的機率

Mean：分配的算術平均數

Standard_dev：分配的標準差

返回值：累積常態分配函數之反函數，若要返回累積標準常態分配函數之反函數則可將上述中引數設定 mean＝0、standard_dve＝1，其功能如同函數 NORMINV。

因此，產生標準常態分配之亂數值可用下列語法完成：

NORM.INV (Rnd(),0,1)　　或　　NORMSINV(Rnd())

直接轉換法（Direct Transformation）：

直接轉換法即利用數學公式將符合均勻分配之亂數轉，直接轉換為符合特定分配之亂數，它雖然說直接轉換公式不好求得，且使用效率不彰但好處在於能輕易的於電腦程式中使用。

以常用的標準常態分配為例，使用 Box 和 Muller 於 1958 所提出的 Box-Muller 轉換法，其公式如下：

$$x_1 = \sqrt{-2\ln R_1}\cos(2\pi R_2) \tag{6-1}$$

$$x_2 = \sqrt{-2\ln R_1}\sin(2\pi R_2) \tag{6-2}$$

其中 R_1、R_2 為符合 $U(0, 1)$ 分配的兩個獨立隨機變數，x_1、x_2 為符合標準常態分配 $N(0, 1)$ 的兩個獨立隨機變數。假設 $R_1＝0.2158$、$R_2＝0.1874$ 將之代入式 6-1 及 6-2 可得 $x_1＝0.6712$、$x_2＝1.6175$。

上述介紹的是產生獨立的特定分配亂數樣本作法（相同而獨立的分配 independent and identically distributed；iid），但如果要模擬具相關性多變量時，上述作法就必須進行相關性的轉換調整，而最常使用的轉換方式為利用 Cholesky 分解，將相關性矩陣 $\underset{N \times N}{A}$ 分解為 $\underset{N \times N}{L} \underset{N \times N}{L^T}$，其中 $\underset{N \times N}{L}$ 為下三角矩陣，且其主對角線上的值皆為正數，然後利用分解出來的下三角矩陣 $\underset{N \times N}{L}$，與模擬出一組不具相關性之亂數矩陣 $\underset{N \times 1}{Z}$ 作乘積，即可得出一組具原相關性之亂數矩陣 $\underset{N \times 1}{X}(\underset{N \times 1}{X} = \underset{N \times N}{L} \underset{N \times 1}{Z})$。

Cholesky 分解定義請讀者參考線性代數書籍，其分解公式以 $N=3$ 為例說明如下：

$$A = \begin{bmatrix} a_{11} & a_{12} & a_{13} \\ a_{21} & a_{22} & a_{23} \\ a_{31} & a_{32} & a_{33} \end{bmatrix} = \begin{bmatrix} l_{11} & 0 & 0 \\ l_{21} & l_{22} & 0 \\ l_{31} & l_{32} & l_{33} \end{bmatrix} \begin{bmatrix} l_{11} & l_{21} & l_{31} \\ 0 & l_{22} & l_{32} \\ 0 & 0 & l_{33} \end{bmatrix}$$

$$= \begin{bmatrix} l_{11}l_{11} & l_{11}l_{21} & l_{11}l_{31} \\ l_{11}l_{21} & l_{21}l_{21}+l_{22}l_{22} & l_{21}l_{31}+l_{22}l_{32} \\ l_{11}l_{31} & l_{21}l_{31}+l_{22}l_{32} & l_{31}l_{31}+l_{32}l_{32}+l_{33}l_{33} \end{bmatrix}$$

$$\Rightarrow l_{11} = \sqrt{a_{11}} \text{、} l_{21} = \frac{a_{21}}{l_{11}} \text{、} l_{22} = \sqrt{a_{22}-l_{21}^2} \text{、} l_{31} = \frac{a_{31}}{l_{11}} \text{、} l_{32} = \frac{a_{32}-l_{31}l_{21}}{l_{22}} \text{、}$$

$$l_{33} = \sqrt{a_{33}-l_{31}^2-l_{32}^2}$$

則 Cholesky 分解中矩陣元素可表示為：

$$l_{jj} = \sqrt{a_{jj} - \sum_{k=1}^{j-1} l_{jk}^2} \quad j=1, 2, \cdots, N$$

$$l_{ij} = \frac{a_{ij} - \sum_{k=1}^{j-1} l_{ik}l_{jk}}{l_{jj}} \quad i=j+1, j+2, ..., N$$

以 VBA 表示 Cholesky 分解演算法，並傳回分解後的下三角矩陣：

行	程式內容
001	Function cholesky_L(Cor_Data As Variant) As Variant
002	Dim i As Integer
003	Dim j As Integer
004	Dim k As Integer
005	Dim N As Integer
006	Dim L_sum As Double
007	Dim A As Variant
008	N = UBound(Cor_Data.Value)
009	
010	ReDim A(1 To N, 1 To N) As Double ' 相關係數矩陣
011	ReDim L(1 To N, 1 To N) As Double ' 分解下三角矩陣
012	
013	For i = 1 To N
014	For j = 1 To N
015	A(i, j) = Cor_Data(i, j).Value
016	L(i, j) = 0
017	Next
018	Next
019	
020	For j = 1 To N
021	For i = j To N
022	L_sum = A(i, j)
023	For k = 1 To j - 1
024	L_sum = L_sum - L(i, k) * L(j, k)
025	Next
026	If i = j Then
027	L(i, j) = Sqr(L_sum)
028	Else
029	L(i, j) = L_sum / L(j, j)
030	End If
031	Next
032	Next
033	cholesky_L = L
034	End Function

範例 6-2：產生多重常態分配之亂數

假設一投資組合之相關性矩陣如下：

	資產 1	資產 2	資產 3	資產 4	資產 5
資產 1	1	0.427	0.277	0.326	0.544
資產 2	0.427	1	0.502	0.457	0.647
資產 3	0.277	0.502	1	0.469	0.361
資產 4	0.326	0.457	0.469	1	0.156
資產 5	0.544	0.647	0.361	0.156	1

利用 Cholesky 分解法，得到下三角矩陣 L：

$$L = \begin{bmatrix} 1 & 0 & 0 & 0 & 0 \\ 0.427 & 0.904 & 0 & 0 & 0 \\ 0.277 & 0.424 & 0.862 & 0 & 0 \\ 0.326 & 0.351 & 0.266 & 0.836 & 0 \\ 0.544 & 0.459 & 0.018 & -0.224 & 0.666 \end{bmatrix}$$

從標準常態分配中抽取出一組獨立的隨機亂數 Z

$$Z = \begin{bmatrix} -1.273 \\ 0.739 \\ -1.359 \\ 0.335 \\ 1.103 \end{bmatrix}$$

計算 LZ 矩陣乘積 X，則 X 即為經 Cholesky 分解轉換後，具有與原相關性的一組標準常態分配隨機亂數。

$$X = \begin{bmatrix} 1 & 0 & 0 & 0 & 0 \\ 0.427 & 0.904 & 0 & 0 & 0 \\ 0.277 & 0.424 & 0.862 & 0 & 0 \\ 0.326 & 0.351 & 0.266 & 0.836 & 0 \\ 0.544 & 0.459 & 0.018 & -0.224 & 0.666 \end{bmatrix} \begin{bmatrix} -1.273 \\ 0.739 \\ -1.359 \\ 0.335 \\ 1.103 \end{bmatrix} = \begin{bmatrix} -1.273 \\ 0.125 \\ -1.211 \\ -0.237 \\ 0.281 \end{bmatrix}$$

6-2 蒙地卡羅模擬法（Monte Carlo Simulation）

蒙地卡羅模擬法是利用亂數配合機率密度函數（p.d.f）來進行行為的模擬，它只要知道分配函數及其參數再決定模擬數量即可，在財務工程上運用最多的當屬股票價格的模擬。以模擬歐式股票選擇權為例，假設股價 S 呈對數常態分配，S 的隨機過程可寫為：

$$S_{t+dt} = S_t e^{\left[\left(r - \frac{\sigma_S^2}{2}\right)dt + \sigma_S dw_t\right]} \tag{6-3}$$

其中 $dw_t \sim N(0, dt)$，為了使用模擬法，我們把存續期切割為 M 個不重疊的時間間隔 Δt，並將式 6-3 改寫為離散型：

$$S_{t+\Delta t} = S_t e^{\left[\left(r-\frac{\sigma_S^2}{2}\right)\Delta t + \sigma_S \sqrt{\Delta t}\varepsilon_t\right]}$$

(6-4)

其中 $0 \le t \le T-\Delta t$，ε_t 為標準常態分配中隨機抽取的亂數。

6-2-1 歐式選擇權

利用蒙地卡羅模擬法求解歐式選擇權的方式比較單純，只要將資產價格模擬至到期，並於到期日時比較利益，再將所得之利益折算現值即可。以股價為例，歐式選擇權的價格即可利用式 6-4 模擬至到期日，再利用到期日的股價 S_T 來計算：

歐式買權價格：$C = e^{-rT} \max(S_T - K, 0)$ (6-5)

歐式賣權價格：$P = e^{-rT} \max(K - S_T, 0)$ (6-6)

範例 6-3：歐式選擇權計算（蒙地卡羅模擬法）

假設一起始股價 $S_0 = 50$、股價報酬波動率 $\sigma_S = 50\%$、無風險利率 $r = 0\%$，欲模擬未來一年每個月 $(\Delta t = 1/12)$ 的可能走勢，並計算在該路徑下當履約價格 $K = 50$ 時的歐式選擇權價格為何？

Ans:

首先從標準常態分配中，隨機抽取出 12 個亂數（-0.4984，-0.1847，0.5351，0.7010，-0.1340，0.9047，-0.2913，-0.3712，-2.0006，-1.2825，0.0035，-0.1748），接著依序帶入 6-4 中，模擬出一條每個月的可能走勢：

$$S_{1/12} = 50 \times e^{\left[\left(-\frac{0.5^2}{2}\right)\times\left(\frac{1}{12}\right)+0.5\times\sqrt{1/12}\times(-0.4984)\right]} = 46.0473$$

$$S_{2/12} = 46.0473 \times e^{\left[\left(-\frac{0.5^2}{2}\right)\times\left(\frac{1}{12}\right)+0.5\times\sqrt{1/12}\times(-0.1847)\right]} = 44.3713$$

$$S_{3/12} = 44.3713 \times e^{\left[\left(-\frac{0.5^2}{2}\right)\times\left(\frac{1}{12}\right)+0.5\times\sqrt{1/12}\times(0.5351)\right]} = 47.4374$$

$$S_{4/12} = 47.4374 \times e^{\left[\left(-\frac{0.5^2}{2}\right)\times\left(\frac{1}{12}\right)+0.5\times\sqrt{1/12}\times(0.7010)\right]} = 51.9445$$

$$S_{5/12} = 51.9445 \times e^{\left[\left(-\frac{0.5^2}{2}\right)\times\left(\frac{1}{12}\right)+0.5\times\sqrt{1/12}\times(-0.1340)\right]} = 50.4215$$

$$S_{6/12} = 50.4215 \times e^{\left[\left(-\frac{0.5^2}{2}\right)\times\left(\frac{1}{12}\right)+0.5\times\sqrt{1/12}\times(0.9047)\right]} = 56.8595$$

$$S_{7/12} = 56.8595 \times e^{\left[\left(-\frac{0.5^2}{2}\right)\times\left(\frac{1}{12}\right)+0.5\times\sqrt{1/12}\times(-0.2913)\right]} = 53.9534$$

$$S_{8/12} = 53.9534 \times e^{\left[\left(-\frac{0.5^2}{2}\right)\times\left(\frac{1}{12}\right)+0.5\times\sqrt{1/12}\times(-0.3712)\right]} = 50.6088$$

$$S_{9/12} = 50.6088 \times e^{\left[\left(-\frac{0.5^2}{2}\right)\times\left(\frac{1}{12}\right)+0.5\times\sqrt{1/12}\times(-2.0006)\right]} = 37.5227$$

$$S_{10/12} = 37.5227 \times e^{\left[\left(-\frac{0.5^2}{2}\right)\times\left(\frac{1}{12}\right)+0.5\times\sqrt{1/12}\times(-1.2825)\right]} = 30.8587$$

$$S_{11/12} = 30.8587 \times e^{\left[\left(-\frac{0.5^2}{2}\right)\times\left(\frac{1}{12}\right)+0.5\times\sqrt{1/12}\times(0.0035)\right]} = 30.5543$$

$$S_1 = 30.5543 \times e^{\left[\left(-\frac{0.5^2}{2}\right)\times\left(\frac{1}{12}\right)+0.5\times\sqrt{1/12}\times(-0.1748)\right]} = 29.4843$$

歐式買權價格：$C = e^{-rT} \max(S_T - K, 0) = e^{-0\times1} \max(29.4843 - 50, 0) = 0$

歐式賣權價格：$P = e^{-rT} \max(K - S_T, 0) = e^{-0\times1} \max(50 - 29.4843, 0) = 20.5157$

6-2-2 美式選擇權

　　蒙地卡羅模擬法僅在於對路徑的模擬，而每條路徑係屬獨立產生，並非路徑相依，因此，運用在美式選擇權定價上的最大因難在於：如何決定各決策點的持有價值（holding value），以求得一個最佳的決策時機（繼續持有或提前履約）。Tilley（1993）首先提出利用蒙地卡羅模擬來解決美式選擇權的決策時機，Tilley 的作法是於各時點中尋找提前履約的界限（文稱 sharp boundary），當股票觸擊到界限則提前履約（可看作是觸擊生效型選擇權）不然就持續持有。不同於 Tilley 尋找履約界限的方式 Longstaff and Schwartz（2001）提出利用最小平方法（Least Squares Monte Carlo Approach；LSM），來決定選擇權的條件期望持續持有價值（conditional expected holding value），該文獻中例舉的範例說明如下：

假設一個三年期的美式賣權，每滿一年則可提前履約，起始股價 $S=1.0$、履約價格 $K=1.1$、無風險利率 6%。其作法可分為 5 個步驟：

步驟 1：

假設模擬 8 條股價路徑，其模擬出的股票價格如下：

Path	$t=0$	$t=1$	$t=2$	$t=3$
1	1.00	1.09	1.08	1.34
2	1.00	1.16	1.26	1.54
3	1.00	1.22	1.07	1.03
4	1.00	0.93	0.97	0.92
5	1.00	1.11	1.56	1.52
6	1.00	0.76	0.77	0.90
7	1.00	0.92	0.84	1.01
8	1.00	0.88	1.22	1.34

步驟 2：

計算所有路徑各期別的內涵價值（內涵價值 $=\max(K-S, 0)$）即立即履約價值：

Path	$t=0$	$t=1$	$t=2$	$t=3$
1		0.01	0.02	0
2		0	0	0
3		0	0.03	0.07
4		0.17	0.13	0.18
5		0	0	0
6		0.34	0.33	0.20
7		0.18	0.26	0.09
8		0.22	0	0

步驟 3：

以後推方式計算各期現金流量。當 $t=2$ 時，利用價內（In the Money）資料以簡單歸法來計算繼續持有價值，並決定立即履約還是繼續持有至下一期。而價外（Out of the Money）部分不會立即履約，會繼續持有至下一期。

a. 假設 Y 為持有至下一期的價值折現（$t=3$ 時的現金流量的折現，單期折現因子為 0.94176）、X 為本期股價（$t=2$），則條件期望持續持有價值設定為 $E[Y|X]=a+bX+cX^2$。

The Regression at Time 2($t=2$)

Path	X	$E[Y|X]$
1	1.08	0.00*0.94176
2		
3	1.07	0.07*0.94176
4	0.97	0.18*0.94176
5		
6	0.77	0.20*0.94176
7	0.84	0.09*0.94176
8		

利用上述資訊，以最小平方法求出 a、b、c 的參數為 -1.070、2.983 及 -1.813。

b. 利用上述所求之迴歸式來決定繼續持有價值 $E[Y|X]$，並與立即履約價值作比對，來決定立即履約還是繼續持有至下一期。

Optimal Early Exercise Decision at Time 2

Path	Exercise value		Continuation (Holding value) $E[Y|X]=-1.070+2.983X-1.813X^2$	
1	0.02	<	0.0369	$\Rightarrow$ 繼續持有
2				
3	0.03	<	0.0461	$\Rightarrow$ 繼續持有
4	0.13	>	0.1176	$\Rightarrow$ 立即履約
5				
6	0.33	>	0.1520	$\Rightarrow$ 立即履約
7	0.26	>	0.1565	$\Rightarrow$ 立即履約
8				

c. 在 $t=2$ 時各點的現金流量可表示為：

Cash flow matrix at Time 2

Path	$t=0$	$t=1$	$t=2$	$t=3$
1		---	0	0
2		---	0	0
3		---	0	0.07
4		---	0.13	0
5		---	0	0
6		---	0.33	0
7		---	0.26	0
8		---	0	0

步驟 4：

同步驟 3 的作法

a. 在 $t=1$ 時的繼續持有價值：

The Regression at Time 1($t=1$)

Path	X	$E[Y|X]$
1	1.09	0.00*0.94176
2		
3		
4	0.93	0.13*0.94176
5		
6	0.76	0.33*0.94176
7	0.92	0.26*0.94176
8	0.88	0.00*0.94176

$E[Y|X]=2.038-3.335X+1.356\,X{}^\wedge2$

b. 決定立即履約還是繼續持有至下一期：

The Optimal Early Exercise Decision at Time 1

Path	Exercise value		Continuation (Holding value) $E[Y\|X]=2.038-3.335X+1.356X^2$	
1	0.01	<	0.0139	⇒ 繼續持有
2				
3				
4	0.17	>	0.1092	⇒ 立即履約
5				
6	0.34	>	0.2866	⇒ 立即履約
7	0.18	>	0.1175	⇒ 立即履約
8	0.22	>	0.1533	⇒ 立即履約

c. 各期別的現金流量：

Option Cash Flow Matrix

Path	$t=0$	$t=1$	$t=2$	$t=3$
1		0	0	0
2		0	0	0
3		0	0	0.07
4		0.17	0	0
5		0	0	0
6		0.34	0	0
7		0.18	0	0
8		0.22	0	0

步驟 5：

賣權價值為所有現金流量的折現：

$$0.07e^{-0.06\times3}+0.17e^{-0.06\times1}+0.34e^{-0.06\times1}+0.18e^{-0.06\times1}+0.22e^{-0.06\times1}=0.1144$$

6-3 蒙地卡羅模擬法──歐式選擇權表單建置

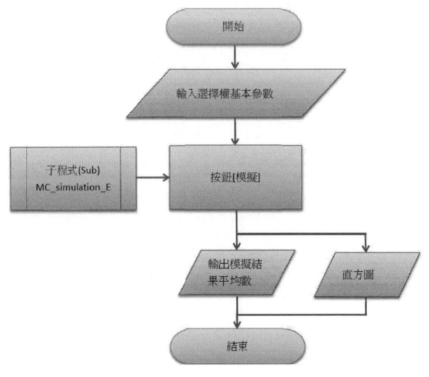

圖 6-1 表單流程圖

6-3-1 表單功能

A. 以蒙地卡羅模擬法計算歐式選擇權價格，並計算系統執行時間。

B. 將模擬出的數據以直方圖方式表示出。

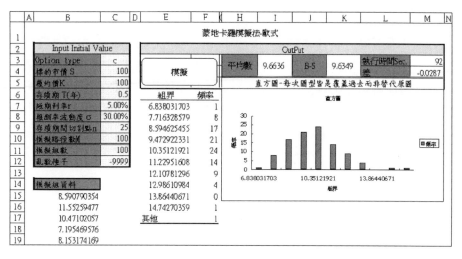

圖 6-2　歐式選擇權

6-3-2 表單使用方式

A. 儲存格 C3：C12 中輸入模擬法使用參數，並按下「模擬」按鈕進行選擇權模擬程序。

B. 表單會將模擬結果依序於儲存格 B15 往下輸出，EXCEL 將利用這些資料，繪製出直方圖（直方圖每次繪出會將舊有的圖示覆蓋上去，而不是刪除舊圖，舊圖依然存在表單中）。

C. 儲存格 I3 為最終模擬結果，儲存格 K3 為 Black-Scholes 模型計算參考價格，儲存格 M3 為模擬時間，儲存格 M4 為利用模擬法產生的結果與利用 Black-Scholes 模型計算結果的差額。

6-3-3 表單製作

模擬法是一種很耗電腦資源的數值方法，在 EXCEL 中我們利用巨集的方式來執行程式，避免使用函數方式時表單自動計算，導致檔案無法順利正常開啟或結束，另注意一點，當模擬次數過多時，不建議於程式執行中呼叫過多工作表物件（例如給定儲存格值），直接將最後結果輸出即可。表單中除了計算歐式選擇權預期價格外，並透過資料分析增益集中的直方圖分析模擬結果的分布情況。

步驟 1：建立表單格式

　　表單分四個部位：a. 基本資料、b. 模擬組資料、c.Output 及 d. 直方圖。基本資料區中，儲存格 C11 指模擬組數，每一組包含 M 條模擬路徑，一組資料求得一個期望價值，例如模擬 100 組資料，所得到的 100 個期望價值依序存放在儲存格 B15 至儲存格 B114 中，此時相當於模擬 100*100 條路徑數。儲存格 C12 的亂數種子設定，當數值為負時會固定亂數種子，則在其它條件不變下，每次模擬出的數值皆會一致，但當儲存格數值為正時，則亂數種子會依 EXCEL 內建的函數亂數取得，則在其它條件不變下每次模擬出的數值不會一致。表單格式設定如圖 6-3 所示。

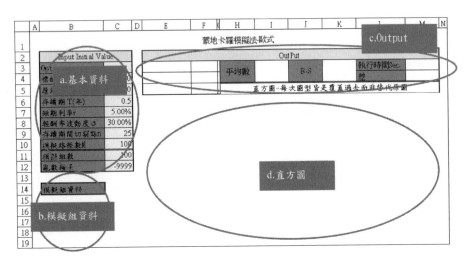

圖 6-3　表單格式設定

步驟 2：子程式設定

　　不同於前幾個章節使用自訂函數來回傳計算結果，模擬法表單使用了子程式（巨集）的方式，將計算結果指定給儲存格，子程式名稱 MC_simulation_E 其設定如下：

MC_simulation_E 子程式

行	程式內容
001	Sub MC_simulation_E()
002	Dim i As Integer
003	Dim CallPut As String
004	Dim S As Double
005	Dim k As Double
006	Dim T As Double
007	Dim r As Double
008	Dim sigma_s As Double
009	Dim N As Integer
010	Dim M_Path As Integer

```
011  Dim s_times As Integer     '模擬組數
012  Dim rndseed As Integer     '亂數種子,0 或正數表隨機亂數種子,固定之亂數種子必
     使用負數
013  '選擇權基本資料設定
014  CallPut = cells(3, 3).Value     '儲存格 C3
015  S = cells(4, 3).Value          '儲存格 C4
016  k = cells(5, 3).Value          '儲存格 C5
017  T = cells(6, 3).Value          '儲存格 C6
018  r = cells(7, 3).Value          '儲存格 C7
019  sigma_s = cells(8, 3).Value    '儲存格 C8
020  N = cells(9, 3).Value          '儲存格 C9
021  M_Path = cells(10, 3).Value    '儲存格 C10
022  s_times = cells(11, 3).Value   '儲存格 C11, 模擬組數
023  rndseed = cells(12, 3).Value   '儲存格 C12
024  '存放每組模擬出的期望價值
025  ReDim cash_flow(1 To s_times) As Double
026  '計算執行時間使用之參數
027  Dim start_second As Integer
028  Dim end_second As Integer
029  Dim start_minute As Integer
030  Dim end_minute As Integer
031  start_second = Second(Now)
032  start_minute = Minute(Now)
033  Rnd (rndseed)              '亂數種子設定
034  For i = 1 To s_times
035    '呼叫自訂函數執行模擬法,用以計算選擇權價值
036    cash_flow(i) = Simulation_E_Option(CallPut, S, k, T, r, sigma_s, N, M_Path)
037    '將計算結果指定給儲存格 ( 於表單 b、模擬組資料區 )
038    cells(i + 14, 2).Value = cash_flow(i)
039  Next
040  end_second = Second(Now)
041  end_minute = Minute(Now)
042  '計算執行時間秒
043  cells(3, 13).Value = (end_minute - start_minute - 1) * 60 + (60 - start_second +
     end_second)
044
045  '傳回模擬結果的平均值
046  cells(3, 9).Value = Application.WorksheetFunction.Average(cash_flow)
047
048  '使用 EXCEL 內建函數分析資料分布情形並繪製直方圖
049  Call Application.Run("Histogram", ActiveSheet.Range("$B$15:$B$" & 14 + s_
050  times), ActiveSheet.Range("$E$6"), , False, False, True, False)
051
052  End Sub
```

接著於儲存格範圍 E3：F5 上建立一個按鈕，並指定巨集 MC_simulation_E。另外儲存格 K3 設定為「=BS(C3,C4,C5,C6,C7,C8)」係以 Black-Scholes 公式計算出之封閉解，用於對照模擬法模擬之數值。

6-4 蒙地卡羅模擬法──最小平方法（LSM）表單

蒙地卡羅模擬法──最小平方法（LSM）表單設定如圖 6-4 所示，與圖 6-2 的差別僅在於：與模擬法模擬之數值比對，以二元樹計算之數值為之，儲存格 K3 設定為「=Binomial_Tree_CRR("A",C3,C4,C5,C6,C7,C8,1000)」。另按鈕所指定的巨集定義為 MC_simulation_LSM，其內容與 MC_simulation_E 的差別亦僅只有在執行模擬法所呼叫的自訂函數，MC_simulation_E 呼叫 Simulation_E_Option 函數而 MC_simulation_LSM 呼叫 Simulation_A_LSM 函數。

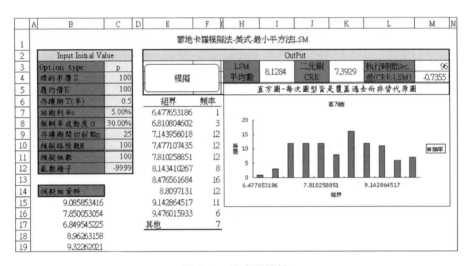

圖 6-4 美式選擇權

MC_simulation_LSM 子程式

行	程式內容
001	Sub MC_simulation_LSM()
002	Dim i As Integer
003	Dim CallPut As String
004	Dim S As Double
005	Dim k As Double
006	Dim T As Double
007	Dim r As Double
008	Dim sigma_s As Double
009	Dim N As Integer
010	Dim M_Path As Integer

011	Dim s_times As Integer　　' 模擬組數
012	Dim rndseed As Integer　　' 亂數種子 ,0 或正數表隨機亂數種子 , 固定之亂數種子必使用負數
013	' 選擇權基本資料設定
014	CallPut = cells(3, 3).Value　　' 儲存格 C3
015	S = cells(4, 3).Value　　' 儲存格 C4
016	k = cells(5, 3).Value　　' 儲存格 C5
017	T = cells(6, 3).Value　　' 儲存格 C6
018	r = cells(7, 3).Value　　' 儲存格 C7
019	sigma_s = cells(8, 3).Value　　' 儲存格 C8
020	N = cells(9, 3).Value　　' 儲存格 C9
021	M_Path = cells(10, 3).Value　　' 儲存格 C10
022	s_times = cells(11, 3).Value　　' 儲存格 C11, 模擬組數
023	rndseed = cells(12, 3).Value　　' 儲存格 C12
024	' 存放每組模擬出的期望價值
025	ReDim cash_flow(1 To s_times) As Double
026	' 計算執行時間使用之參數
027	Dim start_second As Integer
028	Dim end_second As Integer
029	Dim start_minute As Integer
030	Dim end_minute As Integer
031	start_second = Second(Now)
032	start_minute = Minute(Now)
033	Rnd (rndseed)　　　　' 亂數種子設定
034	For i = 1 To s_times
035	' 呼叫自訂函數執行模擬法 用以計算選擇權價值
036	cash_flow(i) = Simulation_A_LSM(CallPut, S, k, T, r, sigma_s, N, M_Path)
037	' 將計算結果指定給儲存格 (於表單 b、模擬組資料區)
038	cells(i + 14, 2).Value = cash_flow(i)
039	Next
040	end_second = Second(Now)
041	end_minute = Minute(Now)
042	' 計算執行時間秒
043	cells(3, 13).Value = (end_minute - start_minute - 1) * 60 + (60 - start_second + end_second)
044	
045	' 傳回模擬結果的平均值
046	cells(3, 9).Value = Application.WorksheetFunction.Average(cash_flow)
047	' 使用 EXCEL 內建函數分析資料分布情形並繪製直方圖
048	Call Application.Run("Histogram", ActiveSheet.Range("$B$15:B" & 14 + s_times), ActiveSheet.Range("$E$6"), , False, False, True, False)
049	End Sub

6-5　自訂函數

- **Simulation_E_Option** 函數：以蒙地卡羅模擬法求算歐式選擇權期望價格。

使用語法：

> Simulation_E_Option (CallPut,S,k,T,r,sigma_s,N,M_Path)

引數說明：

CallPutFlag：p 為賣權、c 為買權

S：標的股價

k：履約價

T：到期期間（年）

r：年化無風險利率

sigma_s：標的報酬年化標準差

N：存續期間切割點

M_Path：模擬路徑數

返回值：歐式選擇權期望價格

行	程式內容
001	Function Simulation_E_Option(ByVal CallPut As String, ByVal S As Double, ByVal k As Double, ByVal T As Double, ByVal r As Double, ByVal sigma_s As Double, ByVal N As Integer, ByVal M_Path As Integer) As Double
002	Dim i As Integer
003	Dim j As Integer
004	Dim dt As Double
005	Dim z As Integer
006	dt = T / N
007	If CallPut = "c" Then
008	z = 1
009	Else
010	z = -1
011	End If
012	ReDim s_stock(1 To M_Path) As Double
013	For i = 1 To M_Path
014	s_stock(i) = S
015	Next
016	
017	For i = 1 To N
018	For j = 1 To M_Path
019	s_stock(j) = s_stock(j) * Exp((r - 0.5 * sigma_s ^ 2) * dt + sigma_s * dt ^ 0.5 * Application.WorksheetFunction.NormInv(Rnd(), 0, 1))
020	Next
021	Next
022	
023	ReDim cash_flow(1 To M_Path) As Double
024	Dim mean As Double
025	
026	For j = 1 To M_Path
027	cash_flow(j) = Max(z * (s_stock(j) - k), 0)
028	mean = mean + cash_flow(j) * Exp(-r * T) / M_Path
029	Next
030	
031	Simulation_E_Option = mean
032	End Function

程式說明：

行數 006：

計算模擬法每期間隔時間。

行數 007-011：

判別模擬法的種類，買權 $z=1$、賣權 $z=-1$。

行數 013-015：

給定各路徑的起始股價。

行數 017-021：

依式 6-4 模擬各期別中不同路徑的股價。第一個迴圈 i 表模擬第 i 期，第二個迴圈表模擬第 i 期中第 j 條路徑的股價。Application.WorksheetFunction.NormInv(Rnd(), 0, 1)) 為符合常態分配之亂數因子。

行數 027：

依式 6-5 或 6-6 求算第 j 路徑最後一期之現金流量。

行數 028：

將第 j 路徑最後一期之現金流量折回現值並取平均值。

- **Simulation_A_LSM 函數**：以最小平方蒙地卡羅模擬法，求算美式選擇權期望價格。

使用語法：

Simulation_A_LSM(CallPut,S,k,T,r,sigma_s,N,M_Path)

引數說明：

CallPutFlag：p 為賣權、c 為買權

S：標的股價

k：履約價

T：到期期間（年）

r：年化無風險利率

sigma_s：標的報酬年化標準差

N：存續期間切割點

M_Path：模擬路徑數

返回值：美式選擇權期望價格

行	程式內容
001	Function Simulation_A_LSM(ByVal CallPut As String, ByVal S As Double, ByVal k As Double, ByVal T As Double, ByVal r As Double, ByVal sigma_s As Double, ByVal N As Integer, ByVal M_Path As Integer) As Double
002	Dim i As Integer
003	Dim j As Integer
004	Dim dt As Double
005	Dim dr As Double
006	Dim z As Integer
007	dt = T / N
008	dr = Exp(-r * dt) ' 單期折現因子
009	
010	ReDim s_stock(0 To N, 1 To M_Path) As Double
011	
012	For j = 1 To M_Path
013	s_stock(0, j) = S
014	For i = 1 To N
015	s_stock(i, j) = s_stock(i - 1, j) * Exp((r - 0.5 * sigma_s ^ 2) * dt + sigma_s * dt ^ 0.5 * Application.WorksheetFunction.NormInv(Rnd(), 0, 1))
016	Next
017	Next
018	
019	If CallPut = "c" Then
020	z = 1
021	Else
022	z = -1
023	End If
024	
025	ReDim cash_flow(1 To N, 1 To M_Path) As Double
026	
027	ReDim R_num(1 To N) As Integer
028	For i = 1 To N
029	For j = 1 To M_Path
030	cash_flow(i, j) = Max(z * (s_stock(i, j) - k), 0)
031	If cash_flow(i, j) > 0 Then
032	R_num(i) = R_num(i) + 1
033	End If
034	Next
035	Next
036	
037	Dim y As Double ' 持有價值估計值
038	Dim coefficient As Variant ' 估計之參數
039	Dim temp_count As Integer
040	
041	For i = N - 1 To 1 Step -1
042	' 將各期價內價值取出，用以執行簡單迴歸
043	ReDim yfactor(1 To R_num(i)) As Double
044	ReDim xfactor(1 To 2, 1 To R_num(i)) As Double
045	temp_count = 1
046	For j = 1 To M_Path
047	If cash_flow(i, j) > 0 Then
048	yfactor(temp_count) = cash_flow(i + 1, j) * dr
049	xfactor(1, temp_count) = s_stock(i, j)
050	xfactor(2, temp_count) = s_stock(i, j) ^ 2

```
051        temp_count = temp_count + 1
052      End If
053    Next
054
055    coefficient = Application.WorksheetFunction.LinEst(yfactor, xfactor, True, False)
056
057    For j = 1 To M_Path
058     ' 判別是否提前履約
059     If cash_flow(i, j) > 0 Then
060      ' 計算持續持有價值
061        y = coefficient(1) * s_stock(i, j) ^ 2 + coefficient(2) * s_stock(i, j) + coefficient(3)
062        ' 判別是否是前履約，如果持續持有價直大於提前履約則持續持有
063      If y > cash_flow(i, j) Then
064        cash_flow(i, j) = cash_flow(i + 1, j) * dr
065      Else
066        cash_flow(i, j) = cash_flow(i, j)
067      End If
068     Else
069      ' 不提前履約
070      cash_flow(i, j) = cash_flow(i + 1, j) * dr
071     End If
072    Next
073  Next
074
075  Dim mean As Double
076
077  For j = 1 To M_Path
078    mean = mean + cash_flow(1, j) * dr / M_Path
079  Next
080  Simulation_A_LSM = mean
081  End Function
```

程式說明：

行數 012-017：

　　LSM 範例說明的步驟 1：模擬各路徑各期別的股價可能走勢。

行數 025：

　　cash_flow 陣列存放步驟 2 所計算之內含價值。

行數 027-035：

　　計算各期中內涵價值大於零的個數或稱價內個數。

行數 041：

　　由第 N-1 期往前推算美式選擇權價格。

行數 043-053：

　　步驟 3 的 a 部分，利用價內資料在條件期望持續持有價值設定為 $E[Y|X]=a+bX+cX^2$ 下 X 與 Y 的數據。

行數 055：

將行數 043-053 所計算出來的數據代入 EXCEL 函數 LINEST 中去估計參數 a、b 及 c；並將估計出的參數返回給變數 coefficient，其中 coefficient(1)=c、coefficient(2)=b、coefficient(3)=a。

行數 057-072：

在第 i 期中，利用求算出來條件期望持續持有價值與立即履約價值比，如果持續持有價值大於提前履約則持續持有，不然就立即履約，其對應步驟 3 的 b 及 c 兩部分說明。

行數 078：

利用行數 041 的迴圈，由第 N-1 期一直往前回推到第 1 期，最後如步驟 5 所示求算模擬價格。

Chapter 7：債券

　　本章主要以臺灣公債為例子，說明如何計算債券價格，而這些公債資訊讀者若有興趣，可自行至臺灣櫃檯買賣中心查詢。本章第一部分，除了介紹以殖利率計算交易或交割之百元價外，亦介紹如何使用二等份法，將市場百元價反算其所對映之殖利率。第二部分針對債券價格敏感度分析，說明 DV01、存續期間及凸性之計算，最後將這些價格及敏感度資訊以 Excel 表單呈現出來。

7-1　債券價格

　　決定債券價格的第一個步驟為現金流量的配置，我們以一固定票息債券為例，其現金流量為存續期間定期每年（或半年或季）依票息給付的債息及到期時依約返還本金（面額）加上最後一期的債息；而第二個步驟為折現率的決定，折現率理論上應由目前該債券的利率期間結構決定，但市場上對該債券的折現率，會以假設債券投資至到期日的投資報酬率來決定，而此一報酬率我們又稱之為殖利率或「到期殖利率（Yield To Maturity；YTM）」，債券價格與 YTM 之間的關係可由下圖表示，其中 C 為票面利率：

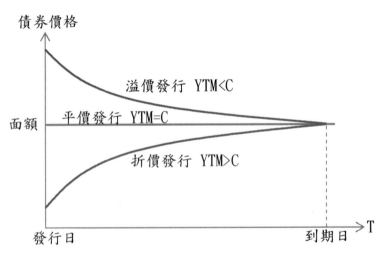

圖 7-1　債券價格與 YTM 之間的關係

　　債券價格即為將所有的現金流量，以 YTN 折現求得，其公式如下：

$$P(y) = \sum_{i=1}^{n} \frac{CF_i}{(1+\dfrac{Y}{f})^i} \tag{7-1}$$

其中：

n：為剩餘付息次數

CF_i：付息日現金流量，年付息 $=FV*C$；半年付息 $=FV*C/2$；

季付息 $=FV*C/4$。

到期日現金流量：$FV*(1+C)$，其中 FV 為債券面額，C 為票面利率。

f：年付息次數

Y：到期殖利率 YTM

式 7-1 的評價基準日為發行日或付息日，但若評價基準日介於兩付息日（指前次付息日與下次付息日）之間時，上式公式就必須作調整：

$$P(y) = \sum_{i=1}^{n} \frac{CF_i}{(1+\dfrac{Y}{f})^{i-1+\frac{D'}{D}}} \tag{7-2}$$

D：前次付息日與下次付息日的實際天數（或稱票息計息天數）

D'：交割日到下次付息日的實際天數

式 7-2 所求算出的價格稱之為毛價格（Gross price 或 Dirty Price），它包含了買方將收取賣方應有的票息（稱前手息或應計利息 Accrued Interest）。市場對債券價格報價，係以毛價格減去應計利息的淨債券價格（Clean price）為之，即 Clean price = Gross price - Accrued Interest。

應計利息（Accrued Interest）：指前次付息日至交割日之利息，該筆利息所得應為交易對手投資所得，但因發行公司利息支付是在下次付息日給付，故在交易債券時應先將該筆利息先行扣除。

$$\text{Accrued Interest} = FV * \frac{C}{f} * (1 - \frac{D'}{D}) \tag{7-3}$$

其中 D 的部分國內公債以實際天數計算之，但也有其它的實務慣例用 365 天或 360 天等。

7-2 隱含殖利率

隱含殖利率係指利用債券市場百元價，反算出相對映的殖利率 y（如同求算內部報酬率 IRR 一般）。隱含殖利率 y 的求算方法，我們以第 3 章介紹求算隱含波動率中的二等份法來求算。同樣的在給定兩個起始解 y_L 及 y_H 下，其所對映之債券價格分別為 $P(y_L)$ 及 $P(y_H)$，而債券市場價格介於 $P(y_L)$ 及 $P(y_H)$ 間，利用線性插補法先行求出 y：

$$y = y_L + (P(y^*) - P(y_L))\frac{y_H - y_L}{P(y_H) - P(y_L)} \tag{7-4}$$

其中 $P(y^*)$ 為債券市場價格，當 $P(y) < P(y^*)$ 時，將 y 取代 y_H 並重複上式，而當 $P(y) > P(y^*)$ 時，將 y 取代 y_L 並重複上式，直到 $|P(y^*) - P(y)| \leq \varepsilon$ 時，所求出的 y 即為 y^* 的近似值。

範例 7-1：債券百元價及隱含殖利率

假設一債券到期日為 2011/12/31、交割日為 2010/6/30、票面利率為 5%，且每年付息一次，市場上對這支債券的殖利率報價（y）為 5.2%，試求債券百元價？若市場上該債券的百元價為 102 元，則其隱含殖利率為何？

Ans：

(1) 首先該債券剩餘付息次數為二次，分別於 2010/12/31 及 2011/12/31，其現金流量及距付息年限計算如下：

- 付息日 2010/12/31，付息金額為 5 元 $CF_1 = 5$，距下次付息年限：

$$\frac{D'}{D} = \frac{2010/12/31 - 2010/06/30}{2010/12/31 - 2009/12/31} = \frac{184}{365} = 0.5041$$

- 付息日 2011/12/31，付息金額為 5 元，及到期本金償還 100 元 $CF_2 = 105$，距到期付息年限為 1.5041。

依式 7-2 債券的毛價格為：

$$P(5.2\%) = \frac{5}{(1+5.2\%)^{0.5041}} + \frac{105}{(1+5.2\%)^{1.5041}} = 102.1655$$

依式 7-3 債券的應計息為：

$$\text{Accrued Interest} = 100 * \frac{5\%}{1} * (1 - 0.5041) = 2.4795$$

債券除息價 $= 102.1655 - 2.4795 = 99.6860$

(2) 利用二等份法可求算出，當債券百元價為 102 元時，其對應之殖利率為 3.5949%。

(3) 本題所求算的百元價及隱含殖利率，我們也可以利用本章所設計的表單求算出來：

於儲存格 C4 中輸入面額 100、儲存格 C5 中輸入票面利率 5%、儲存格 C6 中輸入付息頻率 1（次／年）、儲存格 C7 中輸入到期日 2011/12/31、儲存格 C8 中輸入交割日 2010/06/30、儲存格 C9 中輸入到期殖利率 5.2%，並於儲存格 C12 中輸入市場百元價 102。表單會依輸入資料將債券價格資訊於儲存格範圍 G3：G7 中呈現出來，而隱含殖利率於儲存格 C13 中呈現出。

圖 7-2　債券價格

7-3　債券敏感性分析

債券敏感性分析提供給債券投資者、避險者或是發行者，衡量債券價格風險的工具，而這些常用的敏感性分析工具有 DV01（Dollar value of a basis point）、Duration 或 Modified Duration 及 Convexity。

7-3-1 DV01（或稱 PVBP）

係指當殖利率變動一個基本點（1b.p；0.01%）時，債券價格的變動量（dp），DV01 亦為評估其持有債券資產之重要指標。因價券價格與殖利率必然呈反向關係，所以我們不考慮殖利率上升或下降一個基本點的變動情形，我們以殖利率平均變動一個基本點來計算之，該數字以絕對值表示。

$$DV01 = P(y - 0.5b.p) - P(y + 0.5b.p) \tag{7-5}$$

殖利率與債券價格的關係走勢並非為一線性關係（可參考圖 7-3），DV01 是殖利率變動一個基本點對債券價格變動數。但當殖利率變動的基本點擴大時，以 DV01 來衡量其債券價格影響程度時，會產生較大的偏差。

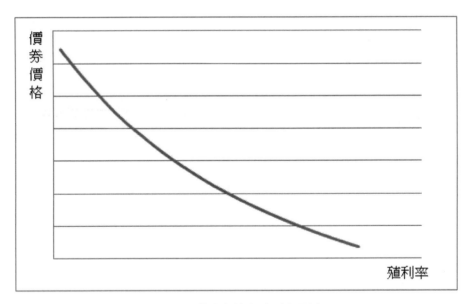

圖 7-3　債券價格與殖利率關係

範例 7-2：債券 DV01

計算範例 7-1 中該債券 DV01，及計算當殖利率上下變動 1b.p、10b.p 及 50b.p 時的債券價格，並以利用 DV01 估算出的數值作比較。

Ans：

(1) 利用式 7-5，可計算出該債券的 $DV01 = P(y - 0.5b.p) - P(y + 0.5b.p) = 0.0141$

$$P(y - 0.5b.p) = P(5.195\%) = \frac{5}{(1+5.195\%)^{0.5041}} + \frac{105}{(1+5.195\%)^{1.5041}} = 102.1725$$

$$P(y + 0.5b.p) = P(5.205\%) = \frac{5}{(1+5.205\%)^{0.5041}} + \frac{105}{(1+5.205\%)^{1.5041}} = 102.1584$$

(2) 當殖利率變動時債券價格的變動如下表：

殖利率變動 (A)	殖利率	債券價格	價格變動 (B)	DV01 預估 (C=A*DV01)	差異 (IB−CI)
50 b.p	5.70%	98.9829	−0.7030	−0.7050	0.0020
10 b.p	5.30%	99.5447	−0.1413	−0.1410	0.0003
1 b.p	5.21%	99.6718	−0.0141	−0.0141	0.0000
0 b.p	5.20%	99.6860	0.0000	0.0000	0.0000
−1 b.p	5.19%	99.7001	0.0141	0.0141	0.0000
−10 b.p	5.10%	99.8276	0.1416	0.1410	0.0006
−50 b.p	4.70%	100.3974	0.7114	0.7050	0.0064

由上表得知當殖利率變動越大時，其實際價格變動與以 DV01 預估的價格差異也跟著擴大，由原先的 0.0000 擴大至 0.0020（或 0.0064）。這也表明了 DV01 不適用於殖利率變動幅度過大時，因此當殖利率變動幅度擴大時，除了考慮線性關係外，對於非線性的影響也要考慮進來。

另由上表可知當殖利率上升 50b.p 時，以 DV01 預估的價格變動差異為 0.0020 元，但當殖利率同幅度下降 50b.p 時，價格的差異擴大到 0.0064，這也說明債券在低殖利率下，對利率變動的敏感度大於在高殖利率下的情況。

7-3-2 存續期間（Duration）

存續期間是用來衡量債券平均到期時間，也就是指平均收回本金年限，因此對於付息債券而言，其存續期間會小於它的到期期間，零息債券的存續期間等於它的到期期間。一般而言，票息越低表示收回本金的期間拉長，會有較長的存續期間。另殖利率越小，存續期間愈長，及到期期間越長存續期間愈長等。存續期間公式如下：

$$B_D = \frac{\sum_{i=1}^{n} \dfrac{t_i * CF_i}{(1+\frac{Y}{f})^{i-1+\frac{D'}{D}}}}{P(y)} \tag{7-6}$$

其中 t_i 為距第 i 次付息時間點（年）。

　　存續期間係表示投資人可以在投資多久後收回本金，以這數據來當作衡量債券價格風險有失妥當，因此會使用 F. Macaulay（1938）所提的修正存續期間，作為債券價格利率敏感性的一階估計，用來衡量利率變動 1% 時，債券價格變動的百分比

$\left(\left[\dfrac{dp}{p}\right] \middle/ dy \right)$，公式如下：

$$B_{DM} = \frac{B_D}{(1+\frac{Y}{f})} \tag{7-7}$$

上式可改寫為殖利率變動對債券價格變動百分比的影響式：

$$\left[\frac{dp}{p}\right] \middle/ dy = -B_{DM} => \frac{dp}{p} = -B_{DM}\,dy \tag{7-8}$$

範例 7-3：債券 Duration

　　計算範例 7-1 中，該債券 Duration 及修正後 Duration 為何？利用修正後 Duration，估算當殖利率變動 1% 時債券價格的變動量？同樣的當殖利率變動 1b.p 時，債券價格變動為何？

Ans：

(1) 利用式 7-6 計算債券存續期間為 1.4564 年，式 7-7 計算修正後存續期間為 1.3844。

$$B_D = \frac{\displaystyle\sum_{i=1}^{n} \frac{t_i * CF_i}{(1+\frac{Y}{f})^{i-1+\frac{D'}{D}}}}{P(y)} = \frac{\dfrac{0.5041\times5}{(1+5.2\%)^{0.5041}} + \dfrac{1.5041\times105}{(1+5.2\%)^{1.5041}}}{102.1655} = \frac{148.7932}{102.1655} = 1.4564$$

$$B_{DM} = \frac{B_D}{(1+\frac{Y}{f})} = \frac{1.4564}{(1+5.2\%)} = 1.3844$$

(2) 當殖利率上升 1% 時，利用修正 Duration 估算出價格變動 -1.4144 元，意即當殖利率由原來的 5.2% 上升到 6.2% 時，債券價格會由原來的 102.1655 下跌到 100.7511 (102.1655－1.4144)；

$$\frac{dp}{p} = -B_{DM}dy => dp = (-B_{DM}dy)p = -1.3844 \times 0.01 \times 102.1655 = -1.4144$$

(3) 同樣利用式 7-8 計算當殖利率變動 1b.p 時，債券價格變動 0.0141 元。本題精神上等同於求算債券 DV01，只不過求算公式不同讀者可自行比較。

$$|dp| = |(-B_{DM}dy)p| = |-1.3844 \times 0.0001 \times 102.1655| = 0.0141$$

7-3-3 債券凸性（Convexity）

凸性是對債券價格利率敏感性的二階估計，是用來測量修正存續期間的敏感性。意即當價格利率出現大幅度變動時，凸性係用來補捉利率與價格變動間的非線性關係。

$$C = \frac{\sum_{i=1}^{n} \frac{(t_i^2 + t_i) * CF_i}{(1 + \frac{Y}{f})^{i-1+\frac{D'}{D}}}}{(1 + \frac{Y}{f})^2} \tag{7-9}$$

同樣的，殖利率變動對因凸性所造成的債券價格變動百分比的影響式為：

$$\frac{1}{2}Cdy^2 \tag{7-10}$$

為了更精確計算及捕捉到殖利率變動時，對債券價格的影響程度，我們將凸性二階風險考慮到式 7-8 中（泰勒展開式展開到二階）：

$$\frac{dp}{p} = -B_{DM}dy + \frac{1}{2}Cdy^2 \Rightarrow dp = \left(-B_{DM}dy + \frac{1}{2}Cdy^2\right)P \tag{7-11}$$

範例 7-4：債券 Convexity

計算範例 7-1 中，該債券 Convexity 為何？利用修正後 Duration 及 Convexity 計算，當殖利率變動 1% 時債券價格的變動為何？

Ans：

(1)

$$C = \frac{\sum_{i=1}^{n} \frac{(t_i^2 + t_i) * CF_i}{(1 + \frac{Y}{f})^{i-1+\frac{D'}{D}}}}{P(y)(1 + \frac{Y}{f})^2} = \frac{\frac{(0.5041^2 + 0.5041) \times 5}{(1 + 5.2\%)^{0.5041}} + \frac{(1.5041^2 + 1.5041) \times 105}{(1 + 5.2\%)^{1.5041}}}{102.1655 \times (1.052)^2}$$

$$= \frac{370.1362}{113.0670} = 3.2736$$

(2) 直接利式式 7-11 計算，當殖利率上升 1% 時，債券價格的變動為 -1.3977，即債券價格會由原 102.1655 元下跌至 100.7678：

$$dp = \left(-B_{DM}dy + \frac{1}{2}Cdy^2\right)P = \left(-1.3844 \times 0.01 + \frac{1}{2} \times 3.2736 \times 0.01^2\right) \times 102.1655$$

$$= -1.3977$$

當殖利率下降 1% 時，債券價格的變動為 1.4311，即債券價格會由原 102.1655 元下跌至 103.5966：

$$dp = \left(-B_{DM}dy + \frac{1}{2}Cdy^2\right)P = \left(-1.3844 \times (-0.01) + \frac{1}{2} \times 3.2736 \times (-0.01)^2\right) \times 102.1655$$

$$= 1.4311$$

我們將範例 7-3 及範例 7-4，所求算之價格變動估計值與實際債券價格變動值作一比較（如下表）後，我們可以發現當增加凸性考量後（二階估計變動），可以使得估計價格變動與實際價格變動差異降低。且當殖利率上漲或下跌幅度相同時（皆為 1%），債券價格因殖利率上漲而下跌的幅度，小於因殖利率下跌而上漲的幅度。

殖利率	債券價格	實際價格變動	一階估計變動	一階、二階估計變動
6.2%	100.7676	−1.3978	−1.4144	−1.3977
5.2%	102.1654	-	-	-
4.2%	103.5967	1.43130	1.4144	1.4311

7-4　債券價格表單建置

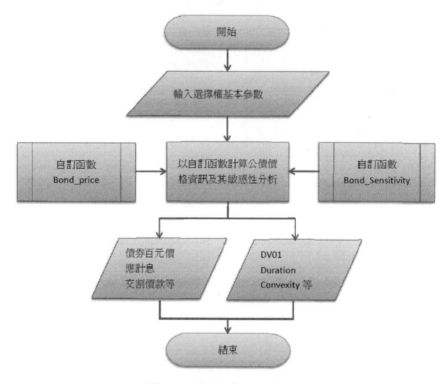

圖 7-4　債券價格表單流程圖

7-4-1 表單功能

A.　計算債券價格資訊：除息價、含息價、應計息及交割價款。

B.　計算債券敏感性分析：DV01、Duration、Modified Duration、Convexity 及利率變動對債券價格的影響。

C.　利用二等份法計算出債券隱含殖利率。

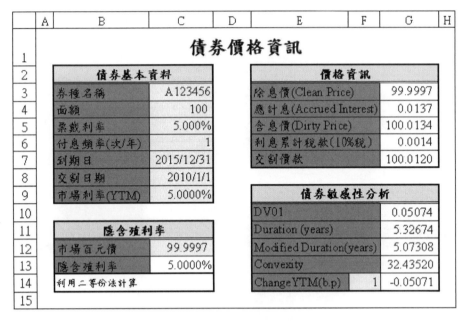

圖 7-5　債券價格表單

7-4-2 表單使用方式

A. 儲存格 C3：C9 中輸入債券基本資訊，如欲利用債券市場百元價計算隱含殖利率時，請於儲存格 C12 中輸入相關資訊，儲存格 C13 會依據上述資訊計算隱含殖利率。

B. 表單依據債券資訊，於價格資訊及債券敏感性分析儲存中，輸出相關數值。

C. 儲存格 F14 為利率變動幾個基本點，儲存格 G14 對映債券價格變動的估計值（考慮到二階）。

7-4-3 表單製作

圖 7-5 中，儲存格的設定說明如下：

儲存格	設定公式	說明
C3：C9	-	基本資料輸入區
C12	-	市場百元價輸入區，用以計算對映之殖利率
C13	=Bond_Yield(C12,C8,C7,C5,C6)	利用二等份法計算殖利率
G3	=Bond_price(C4,C8,C7,C9,C5,C6,0) 注：亦可使用 EXCEL 內建函數計算 「=PRICE(C8,C7,C5,C9,C4,C6,1)」，PRICE 函數使用方法請參考：http://office.microsoft.com/zh-tw/excel-help/HP005209219.aspx	式 7-3 減式 7-2
G4	=Bond_price(C4,C8,C7,C9,C5,C6,2)	式 7-3
G5	=Bond_price(C4,C8,C7,C9,C5,C6,1)	式 7-2
G6	=G4*0.1	利息的稅賦
G7	=G5-G6	交割價款
G10	=Bond_Sensitivity(C4,C8,C7,C9,C5,C6,0)	式 7-5
G11	=Bond_Sensitivity(C4,C8,C7,C9,C5,C6,1) 注：亦可使用 EXCEL 內建函數計算 「=DURATION(C8,C7,C5,C9,C6,1)」，DURATION 函數使用方法請參考：http://office.microsoft.com/zh-tw/excel-help/HP005209070.aspx	式 7-6
G12	=Bond_Sensitivity(C4,C8,C7,C9,C5,C6,2) 注：亦可使用 EXCEL 內建函數計算 「=MDURATION(C8,C7,C5,C9,C6,1)」，MDURATION 函數使用方法請參考：http://office.microsoft.com/zh-tw/excel-help/HP005209173.aspx	式 7-7
G13	=Bond_Sensitivity(C4,C8,C7,C9,C5,C6,3)	式 7-9
G14	=(-G12*F14/10000+1/2*G13*(F14/10000)^2)*G3	式 7-11
F14	-	設定利率變動幾 b.p，債券價格變動 G14

7-5 自訂函數

- **Bond_price** 函數：計算債券百元價格，計息天數以實際天數計。

使用語法：

> Bond_price(face_value,Settle_date,Maturity_date,yield,coupon_rate,np,flag)

引數說明：

face_value：面額

Settle_date：評價日（交割日）

Maturity_date：到期日

yield：到期殖利率 YTM

coupon_rate：票面利率

np：年付息頻率（次數）

flag：傳回值的種類

0：clean price

1：gross price

2：accrued interest

返回值：依 flag 傳回 gross price、clean price 及 accrued interest

行	程式內容
001	Function Bond_Price(ByVal face_value As Double, ByVal Settle_date As Date, ByVal Maturity_date As Date, ByVal yield As Double, ByVal coupon_rate As Double, ByVal np As Integer, ByVal flag As Integer) As Double
002	Dim nn As Integer
003	Dim dd As Double
004	Dim i As Integer
005	Dim j As Integer
006	Dim pre_date As Date
007	Dim next_date As Date
008	Dim temp_date As Date
009	Dim temp2_date As Date
010	Dim Cash_flow_pv As Double
011	Dim accrued_interest As Double
012	nn = 0
013	temp_date = Maturity_date
014	While temp_date > Settle_date
015	nn = nn + 1
016	temp_date = DateAdd("m", -12 / np * (nn), Maturity_date)
017	Wend
018	pre_date = DateAdd("m", -12 / np * (nn), Maturity_date)
019	next_date = DateAdd("m", -12 / np * (nn - 1), Maturity_date)
020	dd = ((next_date - Settle_date) / (next_date - pre_date))
021	accrued_interest = face_value * (1 - dd) * coupon_rate / np
022	Cash_flow_pv = 0
023	For j = 0 To nn - 1
024	Cash_flow_pv = Cash_flow_pv + face_value * (coupon_rate / np) * (1 + yield / np) ^ -(j + dd)
025	Next
026	Cash_flow_pv = Cash_flow_pv + face_value * (1 + yield / np) ^ -(nn - 1 + dd)
027	' 回傳值設定
028	Select Case flag
029	Case 0 'Clean Price
030	Bond_Price = Cash_flow_pv - accrued_interest
031	Case 1 'Gross Price or dirty price
032	Bond_Price = Cash_flow_pv
033	Case 2 'Accrued Interest
034	Bond_Price = accrued_interest
035	End Select
036	
037	End Function

程式說明：

行數 002：

　　儲存剩餘付息次數（現金流量期數）的參數。

行數 003：

　　儲存距下一付息日天數比率參數，用以計算應計息付息基礎。

行數 006：

　　儲存前一付息日參數。

行數 007：

　　儲存下一付息日參數。

行數 012-017：

　　計算債券剩餘付息次數，並以實際天數為計算基礎。

行數 014：

　　當付息日等於評價日時，假設該期債息已付給投資者，若要假設計算日未付息則程式改寫為「While temp_date >= Settle_date」即可。

行數 018：

　　計算前一付息日日期。

行數 019：

　　計算下一付息日日期。

行數 021：

　　計算應計息，公式如式 7-3。

行數 022-026：

　　計算各期別的現金流量和。

行數 028-035：

　　函數回傳值設定。

行數 030：

　　flag 引數為 0，則回傳淨債券價格（Clean price）為式 7-2 計算出的數值減去式 7-3 所計算出的數值。

行數 032：

　　flag 引數為 1，則回傳毛債券價格（Gross Price），其計算式如式 7-2。

行數 034：

　　flag 引數為 2，則回傳應計息，其計算式如式 7-3。

- **Bond_Sensitivity** 函數：計算債券百元價格，計息天數以實際天數計。

使用語法：

> Bond_Sensitivity(face_value,Settle_date,Maturity_date,yield,coupon_rate,np,flag)

引數說明：

　　face_value：面額

　　Settle_date：評價日（交割日）

　　Maturity_date：到期日

　　yield：到期殖利率 YTM

　　coupon_rate：票面利率

　　np：年付息頻率（次數）

　　flag：傳回值的種類

　　0：DVO1

　　1：Duration (years)

　　2：Modified Duration (years)

　　3：Convexity

　　返回值：依 flag 傳回 DVO1、Duration(years)、Modified Duration(years)、Convexity。

行	程式內容
001	Function Bond_Sensitivity(ByVal face_value As Double, ByVal Settle_date As Date, ByVal Maturity_date As Date, ByVal yield As Double, ByVal coupon_rate As Double, ByVal np As Integer, ByVal flag As Integer) As Double
002	Dim nn As Integer
003	Dim dd As Double
004	Dim i As Integer
005	Dim j As Integer
006	Dim pre_date As Date
007	Dim next_date As Date
008	Dim temp_date As Date
009	Dim temp2_date As Date
010	Dim Cash_flow_pv As Double
011	Dim Weight_Cash_flow As Double
012	Dim Convexity_Cash_flow As Double
013	nn = 0
014	temp_date = Maturity_date
015	While temp_date > Settle_date
016	nn = nn + 1
017	temp_date = DateAdd("m", -12 / np * (nn), Maturity_date)
018	Wend
019	pre_date = DateAdd("m", -12 / np * (nn), Maturity_date)
020	next_date = DateAdd("m", -12 / np * (nn - 1), Maturity_date)

```
021   dd = ((next_date - Settle_date) / (next_date - pre_date))
022
023   Weight_Cash_flow = 0
024   Cash_flow_pv = 0
025   Convexity_Cash_flow = 0
026   For j = 0 To nn - 1
027      Weight_Cash_flow = Weight_Cash_flow + (j + dd) / np * face_value * (coupon_
      rate / np) * (1 + yield / np) ^ -(j + dd)              ' (j + dd) / np 對應年數 t
028      Cash_flow_pv = Cash_flow_pv + face_value * (coupon_rate / np) * (1 + yield /
      np) ^ -(j + dd)
029      Convexity_Cash_flow = Convexity_Cash_flow + (((j + dd) / np) ^ 2 + ((j + dd) /
      np)) * face_value * (coupon_rate / np) * (1 + yield / np) ^ -(j + dd)
030   Next
031   Weight_Cash_flow = Weight_Cash_flow + ((nn - 1 + dd) / np) * face_value * (1
      + yield / np) ^ -(nn - 1 + dd)
032   Cash_flow_pv = Cash_flow_pv + face_value * (1 + yield / np) ^ -(nn - 1 + dd)
033   Convexity_Cash_flow = Convexity_Cash_flow + (((nn - 1 + dd) / np) ^ 2 + ((nn -
      1 + dd) / np))* face_value * (1 + yield / np) ^ -(nn - 1 + dd)
034   ' 回傳值設定
035   Select Case flag
036      Case 0
037        Bond_Sensitivity = Bond_Price(face_value, Settle_date, Maturity_date, yield
      - 0.00005, coupon_rate, np, 1) - Bond_Price(face_value, Settle_date, Maturity_
      date, yield + 0.00005, coupon_rate, np, 1)
038      Case 1
039        Bond_Sensitivity = Weight_Cash_flow / Cash_flow_pv
040      Case 2
041        Bond_Sensitivity = Weight_Cash_flow / Cash_flow_pv / (1 + yield / np)
042      Case 3
043        Bond_Sensitivity = Convexity_Cash_flow / Cash_flow_pv / (1 + yield / np) ^ 2
044   End Select
045
046   End Function
```

程式說明：

行數 011：

　　儲存時間加權現金流量和。

行數 012：

　　儲存凸性計算值和。

行數 23-033：

　　計算債券各期現金流量總合，及時間加權現金流量總合。

行數 035-044：

　　函數回傳值設定。

行數 037：

　　flag 引數為 0，則回傳債券 DV01，其計算式如式 7-5。

行數 039：

flag 引數為 1，則回傳債券存續期間，其計算式如式 7-6。

行數 041：

flag 引數為 2，則回傳債券調整後存續期間，其計算式如式 7-7。

行數 043：

flag 引數為 3，則回傳債券凸性，其計算式如式 7-9。

- **Bond_Yield 函數**：使用二等份法計算隱含殖利率。

使用語法：

> Bond_Yield(Market_value,Settle_date,Maturity_date,coupon_rate,np)

引數說明：

Market_value：市場百元價

Settle_date：評價日（交割日）

Maturity_date：到期日

coupon_rate：票面利率

np：年付息頻率（次數）

返回值：隱含殖利率

行	程式內容
001	Function Bond_Yield(ByVal Market_value As Double, ByVal Settle_date As Date, ByVal Maturity_date As Date, ByVal coupon_rate As Double, ByVal np As Integer) As Double
002	Dim yield_temp As Double
003	Dim i As Integer
004	Dim P As Double
005	Dim face_value As Integer
006	Dim error As Double　　　' 誤差值
007	Dim error_count As Integer　　' 最大逼近次數
008	face_value = 100
009	error = 0.00001
010	error_count = 0
011	Dim y_H As Double　　　'yield 上限
012	Dim y_L As Double　　　'yield 下限
013	Dim PL As Double　　　' 下限利率百元價
014	Dim PH As Double　　　' 上限利率百元價
015	
016	y_H = 1
017	y_L = 0.00001
018	
019	PL = Bond_Price(face_value, Settle_date, Maturity_date, y_L, coupon_rate, np, 0)

020	PH = Bond_Price(face_value, Settle_date, Maturity_date, y_H, coupon_rate, np, 0)
021	yield_temp = y_L + (Market_value - PL) * (y_H - y_L) / (PH - PL)
022	P = Bond_Price(face_value, Settle_date, Maturity_date, yield_temp, coupon_rate, np, 0)
023	
024	Do While Abs(P - Market_value) > error And error_count < 100
025	If P > Market_value Then
026	y_L = yield_temp
027	ElseIf P < Market_value Then
028	y_H = yield_temp
029	End If
030	PL = Bond_Price(face_value, Settle_date, Maturity_date, y_L, coupon_rate, np, 0)
031	PH = Bond_Price(face_value, Settle_date, Maturity_date, y_H, coupon_rate, np, 0)
032	yield_temp = y_L + (Market_value - PL) * (y_H - y_L) / (PH - PL)
033	P = Bond_Price(face_value, Settle_date, Maturity_date, yield_temp, coupon_rate, np, 0)
034	error_count = error_count + 1
035	Loop
036	
037	Bond_Yield = yield_temp
038	
039	End Function

程式說明：

程式邏輯如 3-5 隱含波動度（Implied volatility）中介紹的二等份法（Bisection Method），讀都可自行參考該章節介紹。

Chapter 8：利率期間結構

　　付息債券可看作是一系列零息債券的組成，例如一張十年期年付息之債券，可看作由十筆利息組成之零息債券及一筆本金之零息債券，而其債券價格應該由這十一筆零息債券決定。這十一筆零息債券，除了最後一筆利息零息債券及本金零息債券之到期期限相同外，其餘九筆有各自之到期期限。每筆零息債券之價格應該根據其到期日不同，而使用不同折現率折算現值，總合即為該付息債券之價格。但這樣的計算方式，和第 7 章利用 YTM 求算價格的計算方式又有所不同，第 7 章所用的公式係假設債券投資報酬率及債息再投資報酬率皆相同，這樣的假設顯然沒有考慮到利率期間結構的影響。

　　利率期間結構（Term Structure of Interest Rate），為在**相同的違約風險**下各期別零息債券之利率曲線（Yield Curve），該曲線說明了不同到期期限與利率（R(t)）之間的關係線形。利率期間結構主要運用在評估不同期別之債權商品，而從利率期間結構推估出的遠期利率期間結構，更是用以評價遠期利率協議（Forward Rate Agreement；FRA）、浮動利率債券及利率交換（IRS）的基礎。

8-1　利率期間結構

　　利率期間結構可能為一水平線、向上和向下傾斜的曲線，或者是更複雜的曲線。解釋不同利率期間結構線形的理論，稱為利率期間結構假說。常見的利率期間結構假說（理論）有：

(a) 預期假說（Expectation Hypothesis）：
　　預期假說最早由 Fisher（1896）提出，其後由 Lutz（1940）加以發展，認為不同到期期限利率間關係，主要取決於市場參與者對未來利率的預期，所以預期假說主要觀點為：長期利率應為短期利率及預期未來短期利率（未來利率又稱為遠期利率）的平均。

(b) 市場區隔假說（Market Segmentation Hypothesis）：
　　市場區隔假說由 Culbertson（1957）提出，認為投資者有偏好習性，惟長短期利率是取決於長、短期資本市場個別的供需狀況，其間並無絕對關聯。不同的資本市場各有其資金供需情況，而利率水準則取決於個別市場的資金供需情況；就某一時點而言，預期未來利率變動，對當前利率結構影響甚小，從而長期利率與短期利率間的相互影響也很小。

(c) 流動性偏好假說（Liquidity Preference Hypothesis）：

依據預期理論的說法，人們預期報酬率的漲跌是基於風險中立的假設，但事實上市場具有不確定性，因此 Hicks（1946）根據凱因斯提出的概念修正預期理論，認為長期債券價格波動的風險較大，而風險趨避的市場參與者，往往偏好投資短期債券，對於長期債券會因為流動性較差，而要求較高的報酬以補償所承受的風險，此一額外的報酬即為流動性貼水。

然而這些假說，或許可以用來解釋或對預測未來利率結構有所幫助，但對於計算利率敏感性或定價利率衍生性商品時略顯不足。因此，後續學者便發展了一些合理且簡便的方法，來估計利率期間結構；與利率期間結構有關的研究主要分為曲線配適（Curve Fitting）及利率模型，而利率模型又分一般均衡模型（General Equilibrium Model）及無套利模型（No-Arbitrage Model）。

(a) 曲線配適方法（Curve Fitting）：

一條利率期間結構的建構並不容易，最主要是市場上無法觀察到所有到期日的資料，且市場上可觀察到的債券資料多為付息債券，因此，要運用這些資料繪出利率期間結構，就必須先進行「票息效果（coupon effect）」調整。應用曲線配適方法來建構殖利率曲線者：調整期限法、拔靴法、計量估計法（Nelson and Siegel Model 及 Svensson Model）等。

(b) 一般均衡模型（General Equilibrium Model）：

在風險中立的情況下，假設利率變數服從某一隨機過程（stochastic process），利用這種隨機過程描述利率的走勢，進而推導出利率期間結構的動態演變過程。如 Vasicek 模型（1977）、Cox, Ingersoll and Ross（C.I.R., 1985）模型。

(c) 無套利模型（No-Arbitrage Model）：

先行假設利率的隨機過程，再根據已知的利率期間結構，代入利率模型中，用以進行利率期間結構的動態演變過程。如：Black, Derman and Toy（1990）模型、Hull and White（1990）模型。

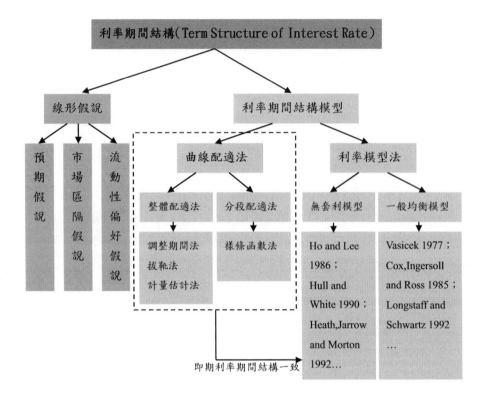

圖 8-1　利率期間結構模型

8-2　即期利率與遠期利率

即期利率（Spot Rate；$R(t)$）係指目前投資至到期日（t）的投資報酬率，以零息債券而言，該報酬率指的就是其殖利率（付息債券之殖利率，因涉及債息再投資之報酬率問題所以不一定會等於即期利率）。因此，零息債券之利率曲線，亦可視為即期利率曲線或稱利率期間結構。另在利率模型中，常會假設瞬間利率或短期利率走勢服從某一走勢，而瞬間利率或短期利率，指的是瞬間或短天期的即期利率以 $r(t)$ 表示。

遠期利率係以未來某一時點（t）起算一段時間（s）的利率水準，以 $R(t, t+s)$ 表示。由於遠期利率沒有辦法從市場中直接觀察到，一般會以不同天期的即期利率 ($R(t)$ 及 $R(t+s)$) 用預期假說來推估，在複利基礎下的遠期利率，可用下式來推估（與單利或連續複利型的遠期利率推估方式相同）：

$$(1+R(t+s))^{t+s} = (1+R(t))^t (1+R(t,t+s))^s \tag{8-1}$$

上式經整理後可得：

$$R(t, t+s) = \left(\frac{(1 + R(t+s))^{t+s}}{(1 + R(t))^t} \right)^{\frac{1}{s}} - 1 \tag{8-2}$$

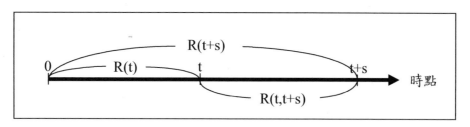

圖 8-2　即期利率與遠期利率關係

範例 8-1：遠期利率求算

假設目前市場上一年期即期利率為 2%，二年期即期利率為 2.5%，依預期理論一年後的一年期遠期利率為多少？

Ans：

將參數 $t=1$、$s=1$、$R(1)=0.02$、$R(2)=0.025$ 代入式 8-2 求算 $R(1, 2)=3\%$，即投資者預期未來一年後的一年期利率為 3%，高於目前一年期利率 2% 的水準。

$$R(1, 2) = \left(\frac{(1 + R(1+1))^{1+1}}{(1 + R(1))^1} \right)^{\frac{1}{1}} - 1 = \left(\frac{(1 + 0.025)^2}{(1 + 0.02)^1} \right) - 1 = 0.0300 = 3\%$$

範例 8-2：遠期利率協議（Forward Rate Agreement；FRA）

遠期利率協議（Forward Rate Agreement；FRA），為買賣雙方約定未來某時點（交割日）之特定期間利率（契約利率 Contract Rate；或履約利率）作成協議，並在該時點依市場指標利率與契約利率，進行利差現金貼現值結算。FRA 的買方主要是為了規避利率風險，維持未來資金成本，假定 A 公司在未來有融資需求，但又擔心利率上漲增加融資成本，這時可預先買進 FRA 來鎖定借款利率。

FRA 的買方為契約利率的支付者（固定利率），賣方為市場指標利率的支付者（浮動利率），一般市場會以「$t_1 \times t_2$ 的 FRA」來表示 FRA 的合約，指自交易日起 t_1 個月後為 FRA 交割日，t_2 個月後為 FRA 到期日，交割指標利率期間為 $(t_2 - t_1)$ 個月。FRA 因屬短天期之契約，其價值以單利方式表示為：

$$V_{FRA} = \frac{A(R(t_1,t_2)-R)(t_2-t_1)}{1+R(t_2)t_2} \qquad (8\text{-}3)$$

其中：

$R(t_1, t_2)$ 表示契約交割日 t_1，在融資期間 (t_2-t_1) 的遠期利率，可參考式 8-2 以單利方式改寫為：

$$R(t_1,t_2) = \left[\frac{1+R(t_1)t_1}{1+R(t_2)t_2}-1\right]\frac{1}{t_2-t_1} \qquad (8\text{-}4)$$

A：FRA 契約名目本金

R：契約利率（年化）

$R(t_2)$：距到期日 t_2 的即期利率

t_1、t_2：年化期間

FRA 契約生效日時，理論上並無現金流量的產生，所以 FRA 在契約生效日時的價值為零，即目前的遠期利率 $R(t_1, t_2)$ 要等於契約利率 R。當在 FRA 契約期間時，其價值可改寫式 8-3 為：

$$V_{FRA} = \frac{A(R(t,t+s)-R)s}{1+R(t+s)(t+s)} \qquad (8\text{-}5)$$

其中 t 為評價日距交割日期間（年），$t+s$ 為評價日距到期日期間（年），$s=(t_2-t_1)$ 為融資期間。

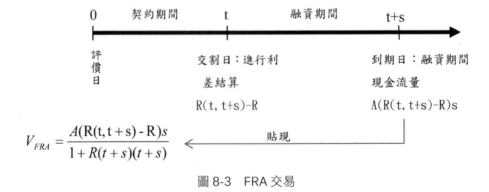

圖 8-3　FRA 交易

假設 A 公司向 B 銀行買進 3×9 的 FRA 名目本金為 100 萬，契約利率 R 為 3%，當一個月後，市場二個月的即期利率為 2.8%、八個月的即期利率為 3.5%，這時 FRA 買方的市場價值為何？若三個月後，市場六個月的即期利率為 2.5% 時，A 公司的結算損益為何？若三個月後，市場六個月的即期利率為 3.5% 時，A 公司的結算損益為何？

Ans：

(1) 3×9 的 FRA 指三個月後，以六個月的市場指標利率為結算基礎，當一個月後，該協議的交割時間剩餘二個月 $t=1/6$ 年、$R(t)=2.8\%$，融資期間為六個月 $s=1/2$，協議到期時間剩餘八個月 $t+S=2/3$ 年、$R(t+s)=3.5\%$。首先計算市場上二個月後六個月期的遠期利率 $R(t, t+s)$ 為 3.716%：

$$R(t,t+s)=\left[\frac{1+R(t+s)(t+s)}{1+R(t)t}-1\right]\frac{1}{s}=\left[\frac{1+0035\times2/3}{1+0.028\times1/6}-1\right]\frac{1}{1/2}=3.716\%$$

再將參數代入式 8-5 中，計算 FRA 買方的市場價值為 3,498：

$$V_{FRA}=\frac{A(R(t,t+s)-R)s}{1+R(t+s)(t+s)}=\frac{1,000,000\times(0.03716-0.03)\times(1/2)}{1+0.035\times(2/3)}=3,498$$

(2) 六個月的即期利率 $R(0, 1/2)=R(1/2)=2.5\%$ 代入式 8-5 中計算結算損益：

$$V_{FRA}=\frac{A(R(1/2)-R)(1/2)}{1+R(1/2)(1/2)}=\frac{1,000,000\times(0.025-0.03)\times(1/2)}{1+0.025\times(1/2)}$$

$$=\frac{-2,500}{1.0125}=-2,469$$

(3) 六個月的即期利率 $R(0, 1/2)=R(1/2)=3.5\%$ 代入式 8-5 中計算結算損益：

$$V_{FRA}=\frac{A(R(1/2)-R)(1/2)}{1+R(1/2)(1/2)}=\frac{1,000,000\times(0.035-0.03)\times(1/2)}{1+0.035\times(1/2)}$$

$$=\frac{2,500}{1.0175}=2,457$$

8-3　調整期間法

調整期間法是利用存續期間來避免票息效果，在繪製殖利率曲線時，以存續期間來替代真實到期期間。以 2011 年 4 月 14 日，證券櫃檯買賣中心公告的含息殖利率曲線資料，來說明調整期間作法，圖 8-4 表調整前後的殖利率曲線差異，經存續期間調整後，整條曲線斜率增加，也就是說經調整後，利率的敏感性增加。

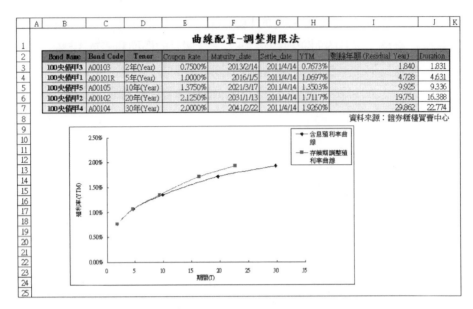

圖 8-4　曲線配置 - 調整期限法

調整期間法除了可用上述圖示外，亦可運用最小平方法來估計殖利率曲線模型，殖利率曲線模型的假設方法有很多種，常用的有二次多項式及 Adams and Deventer（1994）所推導出的四次多項式函數，以下我們簡要說明如何利用 EXCEL 的規劃求解來估計模型參數：

• 二次多項式模型：

二次多項式模型設定為：

$$Y = a_1 + a_2 B_D + a_3 B_D{}^2 \tag{8-6}$$

其中 Y 表殖利率、B_D 表存續期間。以圖 8-2 中的公債資料為例，利用 Excel 內建規劃求解函數來推估式 8-6 中的參數 a_1、a_2 及 a_3，估計表單如下圖 8-5 所示：

圖 8-5　二次多項式模型 1

表單設計步驟如下說明：

步驟 1　建立預估殖利率 $\hat{Y}_i$ 及殘差平方 $(\hat{Y}_i - Y_i)^2$

於表單範圍儲存格 A9：D13 中，輸入市場資料供模型估計參數用，對於儲存格 B4、儲存格 B5 及儲存格 B6，設定為參數初始值 $a_1=0$、$a_2=0$、$a_3=0$，另估算的殖利率 $\hat{Y}_i$ 及殘差平方 $(\hat{Y}_i - Y_i)^2$ 設定於儲存格 E9：F13 中，其公式設定如下：

儲存格	設定公式	說明
E9	=$B$4+$B$5*D9+$B$6*D9^2	
E10	=$B$4+$B$5*D10+$B$6*D10^2	
E11	=$B$4+$B$5*D11+$B$6*D11^2	估算的殖利率 $\hat{Y}_i$
E12	=$B$4+$B$5*D12+$B$6*D12^2	
E13	=$B$4+$B$5*D13+$B$6*D13^2	
F9	=(E9-B9)^2	
F10	=(E10-B10)^2	
F11	=(E11-B11)^2	估算的殘差平方 $(\hat{Y}_i - Y_i)^2$
F12	=(E12-B12)^2	
F13	=(E13-B13)^2	

步驟 2　設定規劃求解函數

設定目標式儲存格 B7「=SUM(F9:F13)」，且儲存格 B7 必為參數 a_1、a_2 及 a_3 的函數，並設定求解最小值。除了設定目標式外，並加入限制所有預估殖利率 $\hat{Y}_i$（儲存格 E9：E13）皆須大或等於零。將所有規劃求解的設定於模組中子程式 Term_Structure_Adj_Duration1 完成：

行	程式內容
001	'利用規劃求解求算二次多項式殖利率曲線模型
002	Sub Term_Structure_Adj_Duration1()
003	Call SolverReset　　　　　'重設規劃求解內所有引數
004	Call SolverOk("$B$7", 2, , "$B$4:$B$6")　'設定求解目標式最小值，目標式 B7 必須為 B4:B6 的函數
005	Call SolverAdd("$E$9:$E$13", 3, "0")　'增加限制式：所有預估殖利率大或等於零
006	SolverOptions AssumeNonNeg:=False　'設定參數可為負數，預設不為負數
007	Call SolverSolve(True)　　　　'執行規劃求解，並且不顯示規劃求解結果對話方塊
008	Call solverfinish(1)　　　　　'將執行結果保留下來，替換初如值
009	End Sub

步驟 3　新增「按鈕」執行子程式（巨集）

於表單中新增一名為「最小平方法估參數」的 [按鈕]，並將 [按鈕] 的 [指定巨集] 設定為 Term_Structure_Adj_Duration1 子程式（巨集）。設定完成後，按下該鈕執行巨集，執行結果如圖 8-6 所示。表單會依規劃求解求得滿足設定式的參數 $a_1 = 0.006111$、$a_2 = 0.00109$、$a_3 = -2.38402E-05$，殘差平方和為 $1.30759E-06$。

圖 8-6　二次多項式模型 2

- **四次多項式模型：**

四次多項式模型設定為：

$$Y = b_1 + b_2 B_D + b_3 B_D^{\ 4} \tag{8-7}$$

	A	B	C	D	E	F	G
15							
16			四次多項式模型-樣版				
17	殖利率曲線模型	$Y = b_1 + b_2 B_D + b_3 B_D^4$					
18							
19		$b_1 =$	1				
20	參數	$b_2 =$	1	最小平方法估參數			
21		$b_3 =$	1				
22	殘差平方和	77643300507	<==SUM(F24:F28)				
23	Bond_Name	殖利率YTM (Y)	剩餘年期 (Residual Year)	Duration (B_D)	預估殖利率$(\hat{Y}_i)$	殘差平方$(\hat{Y}-Y)^2$	
24	100央債甲3	0.7673%	1.840	1.831	14.06838412	197.7035972	
25	100央債甲1	1.0697%	4.728	4.631	465.3838652	216572.1857	
26	100央債甲5	1.3503%	9.925	9.336	7605.838808	57848578.57	
27	100央債甲2	1.7117%	19.751	16.388	72153.08771	5206065596	
28	100央債甲4	1.9260%	29.862	22.774	269033.7896	72379169563	
29							

圖 8-7　四次多項式模型 1

基本設定如同二次多項式模型設定，表單如圖 8-7 所示，其設定步驟如下：

步驟 1　建立預估殖利率 $\hat{Y}_i$ 及殘差平方 $(\hat{Y}_i - Y_i)^2$

於表單範圍儲存格 A24：D28 中，輸入市場資料供模型估計參數 b_1、b_2 及 b_3 用，參數初始值設定為 $b_1=1$、$b_2=1$、$b_3=1$，並設定於儲存格 B19、儲存格 B20 及儲存格 B21 中，另欲估算的殖利率 $\hat{Y}_i$ 及殘差平方 $(\hat{Y}_i - Y_i)^2$ 設定於儲存格 E24：F28 中，其公式設定如下：

儲存格	設定公式	說明
E24	=$B$19+$B$20*D24+$B$21*D24^4	
E25	=$B$19+$B$20*D25+$B$21*D25^4	
E26	=$B$19+$B$20*D26+$B$21*D26^4	估算的殖利率 $\hat{Y}_i$
E27	=$B$19+$B$20*D27+$B$21*D27^4	
E28	=$B$19+$B$20*D28+$B$21*D28^4	
F24	=(E24-B24)^2	
F25	=(E25-B25)^2	
F26	=(E26-B26)^2	估算的殘差平方 $(\hat{Y}_i - Y_i)^2$
F27	=(E27-B27)^2	
F28	=(E28-B28)^2	

步驟 2　設定規劃求解函數

設定目標式儲存格 B22「=SUM(F24:F28)」，同樣的儲存格 B22 必為參數 b_1、b_2 及 b_3 的函數，並設定限制所有預估殖利率 $\hat{Y}_i$（儲存格 E24：E28）皆需大或等於零。將所有規劃求解的設定於模組中子程式 Term_Structure_Adj_Duration2 完成：

行	程式內容
001	' 利用規劃求解求算二次多項式殖利率曲線模型 '
002	Sub Term_Structure_Adj_Duration2()
003	Call SolverReset　　　　　　' 重設規劃求解內所有引數
004	Call SolverOk("$B$22", 2, "$B$19:$B$21")　　' 設定目標式 , 目標式必須為權重的函數
005	Call SolverAdd("$E$24:$E$28", 3, "0")　　' 增加限制式 : 投資權重的下限
006	SolverOptions AssumeNonNeg:=False　　　' 設定參數可為負數 , 預設不為負數
007	Call SolverSolve(True)　　　' 執行規劃求解 , 並且不顯示規劃求解結果對話方塊
008	Call solverfinish(1)　　　　' 將執行結果保留下來 , 替換初如值
009	End Sub

步驟 3　新增「按鈕」執行子程式（巨集）

於表單中，新增一名為「最小平方法估參數」的 [按鈕]，並將 [按鈕] 的 [指定巨集] 設定為 Term_Structure_Adj_Duration2 子程式（巨集）。設定完成後，按下該鈕執行巨集，執行結果如圖 8-8 所示。表單會依規劃求解，求得滿足設定式的參數 $b_1 = -0.003730$、$b_2 = 0.002038$、$b_3 = -1.58686E - 07$，殘差平方和為 0.000457。

	A	B	C	D	E	F	G
15							
16			四次多項式模型-樣版				
17	殖利率曲線模型		$Y = b_1 + b_2 B_D + b_3 B_D^{\,4}$				
18							
19		$b_1 =$ -0.003730022					
20	參數	$b_2 =$ 0.002038224	最小平方法估參數				
21		$b_3 =$ -1.58689E-07					
22	殘差平方和	0.000457026	<==SUM(F24:F28)				
23	Bond Name	殖利率YTM (Y_i)	剩餘年期 (Residual Year)	Duration (B_D)	預估殖利率 (Y_i)	殘差平方 ($Y_i - Y_i$)²	
24	100央債甲3	0.7673%	1.840	1.831	9.0173E-11	5.88749E-05	
25	100央債甲1	1.0697%	4.728	4.631	0.005635088	2.5623E-05	
26	100央債甲5	1.3503%	9.925	9.336	0.014092564	3.47585E-07	
27	100央債甲2	1.7117%	19.751	16.388	0.018226163	1.23024E-06	
28	100央債甲4	1.9260%	29.862	22.774	-6.03218E-08	0.00037095	
29							

圖 8-8　四次多項式模型 2

8-4　拔靴法（Bootstrap Method）

利用不同到期期限之付息債券交易資料，將每一期別的即期利率推導出來，最後求得一條即期利率曲線。以臺灣市場為例，拔靴法最常用在建構債信與銀行承兌匯票（Bank's Acceptance Bill；BA）相同的殖利率曲線（也有人用來作為無風險利率期間結構的替代曲線），所使用的資料一年期以內的，以 BA 市場報價計算，而一年期以上者以利率交換市場利率計算之。

利率交換一般型為固定利率與浮動利率間的交換，市場報價使用固定端利率報價。利率交換初期，固定端的收付現值會等於浮動端的收付現值，在假設名目本金為 1 下，利率交換現值可列示為：

固定端現值：$\displaystyle\sum_{i=1}^{n}\dfrac{R}{\left(1+\dfrac{R(t_i)}{f}\right)^i}$ (8-8)

浮動端現值：$\displaystyle\sum_{i=1}^{n}\dfrac{f(t_i)}{\left(1+\dfrac{R(t_i)}{f}\right)^i}$ (8-9)

其中：

n：交換次數

f：年交換次數

R：利率交換中之固定利率（報價利率）

$R(t_i)$：期限 t_i 的即期利率

$f(t_i)$：利率交換中重設點之浮動利率

利率交換初期整個契約價值為零，即固定端現值會等於浮動端現值。但一般在對利率交換作訂價時，最常使用的方式為：將這兩筆現金流量，視一筆為固定利率債券及另一筆為浮動利率債券，如此一來，利率交換的定價便可使用債券的定價來決定。且發行時浮動端現值視為浮動利率債券（Floating Rate Note；FRN），其現值等於面額。因此，可視利率交換的報價為一平價發行相同到期年限、相同信用等級、相同付息次數且其報價為票面利率的債券。

利用債券價格與即期利率之關係式，由已知的 $n-1$ 期即期利率，推導出第 n 期的即期利率（$R(t_n)$），最後利用不同期限利率交換報價，求得一條即期利率期間結構。

$$\text{Bond price} = \sum_{i=1}^{n-1}\dfrac{\dfrac{R}{f}}{\left(1+\dfrac{R(t_i)}{f}\right)^i} + \dfrac{1+\dfrac{R}{f}}{\left(1+\dfrac{R(t_n)}{f}\right)^n} = 1$$

$$\sum_{i=1}^{n-1}\frac{\dfrac{R}{f}}{\left(1+\dfrac{R(t_i)}{f}\right)^i}+\frac{1+\dfrac{R}{f}}{\left(1+\dfrac{R(t_n)}{f}\right)^n}=1\Rightarrow R(t_n)=\left[\left(\frac{1+\dfrac{R}{f}}{1-\dfrac{R}{f}\times\displaystyle\sum_{i=1}^{n-1}\dfrac{1}{\left(1+\dfrac{R(t_i)}{f}\right)^i}}\right)^{\frac{1}{n}}-1\right]\times f\quad(8\text{-}10)$$

假設一季重設之利率交換，名目本金為 1，利率交換市場報價如圖 8-9 所示，並假設 90D 期別的 BA 存續期為 0.25 年、180D 期別的 BA 存續期為 0.5 年及 270D 期別的 BA 存續期為 0.75 年。

	B	C	D	E	F
2			Input Data		
3		報價類別	期別	報價(%)	
4			90D	0.6840%	
5		BA	180D	0.8220%	
6			270D	0.8870%	
7			1Y	0.9120%	
8			2Y	0.9920%	
9			3Y	1.1650%	
10		IRS	4Y	1.3230%	
11			5Y	1.4610%	
12			7Y	1.6390%	
13			10Y	1.7840%	
14					

圖 8-9　IRS 市場報價

以拔靴法建構一利率期間結構的方式如下：

步驟 1　補齊所需的市場報價：

　　由圖 8-9 可知，市場報價並非所有的期別皆能觀察到，對於缺少的資料可以使用插補法方式補齊。以線性插補法為例，已知兩資料點（T_1, $R(T_1)$）及（T_2, $R(T_2)$），欲求在 T_i 的情況下 $R(T_i)$ 的數值：

$$R(T_i)=R(T_1)+\frac{T_i-T_1}{T_2-T_1}(R(T_2)-R(T_1))\qquad(8\text{-}11)$$

以 IRS1.25 年的資料為例，已知 1 年期 IRS 報價為 0.9120%，及 2 年期 IRS 報價為 0.9920%，則 1.25 年期的 IRS 價格利用線性插補法可得：$R(1.25)=0.9120\%+\dfrac{1.25-1}{2-1}$ $(0.9920\%-0.9120\%)=0.9320\%$。利用此方法依序補齊 1.5、1.75、2.25……等不同期限之 IRS 資料。除線性插補外，為了得到較為平滑的利率期間結構，也有人使用立方條樣插補法來補齊。L 欄的插補設定如下所示，結果如圖 8-10「報價(%)」L 欄所示（以線性插補法）。

儲存格	設定公式	說明
L4 L5 ⋮ L44	=interpl($D$4:$D$13,$E$4:$E$13,K4,"linear") = interpl($D$4:$D$13,$E$4:$E$13,K5,"linear") ⋮ = interpl($D$4:$D$13,$E$4:$E$13,K44,"linear")	用插補法補齊資料,interpl() 函數最後一個引數為插補方式，線性插補用字串 "linear"，立方條樣插補以 "Cubic Spline" 表示。

報價類別	i	期別	存續期(年)t_i	報價(%)	零息利率R(t_i)	折現因子
				Output Data		
BA	0	0D	0	0.5460%	0.5460%	-
	1	90D	0.25	0.6840%	0.6840%	0.9983
	2	180D	0.5	0.8220%	0.8220%	0.9959
	3	270D	0.75	0.8870%	0.8870%	0.9934
IRS	4	1Y	1	0.9120%	0.9123%	0.9910
	5	1.25Y	1.25	0.9320%	0.9323%	0.9885
	6	1.5Y	1.5	0.9520%	0.9524%	0.9859
	7	1.75Y	1.75	0.9720%	0.9725%	0.9832
	8	2Y	2	0.9920%	0.9926%	0.9804
	9	2.25Y	2.25	1.0353%	1.0363%	0.9771
	10	2.5Y	2.5	1.0785%	1.0800%	0.9735
	11	2.75Y	2.75	1.1218%	1.1238%	0.9697
	12	3Y	3	1.1650%	1.1676%	0.9658
	13	3.25Y	3.25	1.2045%	1.2077%	0.9617
	14	3.5Y	3.5	1.2440%	1.2479%	0.9575
	15	3.75Y	3.75	1.2835%	1.2882%	0.9531
	16	4Y	4	1.3230%	1.3285%	0.9486
	17	4.25Y	4.25	1.3575%	1.3638%	0.9441
	18	4.5Y	4.5	1.3920%	1.3991%	0.9394
	19	4.75Y	4.75	1.4265%	1.4346%	0.9346
	20	5Y	5	1.4610%	1.4701%	0.9296
	21	5.25Y	5.25	1.4833%	1.4929%	0.9252
	22	5.5Y	5.5	1.5055%	1.5158%	0.9206
	23	5.75Y	5.75	1.5278%	1.5387%	0.9159
	24	6Y	6	1.5500%	1.5617%	0.9112
	25	6.25Y	6.25	1.5723%	1.5847%	0.9064
	26	6.5Y	6.5	1.5945%	1.6078%	0.9015
	27	6.75Y	6.75	1.6168%	1.6310%	0.8965
	28	7Y	7	1.6390%	1.6542%	0.8915
	29	7.25Y	7.25	1.6511%	1.6666%	0.8871
	30	7.5Y	7.5	1.6632%	1.6791%	0.8826
	31	7.75Y	7.75	1.6753%	1.6916%	0.8781
	32	8Y	8	1.6873%	1.7041%	0.8736
	33	8.25Y	8.25	1.6994%	1.7167%	0.8690
	34	8.5Y	8.5	1.7115%	1.7293%	0.8644
	35	8.75Y	8.75	1.7236%	1.7419%	0.8598
	36	9Y	9	1.7357%	1.7546%	0.8551
	37	9.25Y	9.25	1.7478%	1.7673%	0.8504
	38	9.5Y	9.5	1.7598%	1.7801%	0.8457
	39	9.75Y	9.75	1.7719%	1.7929%	0.8409
	40	10Y	10	1.7840%	1.8057%	0.8361

圖 8-10　拔靴法表單

步驟 2　依序求算各期別零息利率：

　　IRS 報價可視為一付息債券之報價，利用式 8-10，在已知 0.25、0.5、0.75 年期的零息利率下，利用 1 年期的 IRS 報價，可求得 1 年期的零息利率 $R(t_4) = 0.9123\%$，算法公式如下：

$$R(t_4) = \left[\left(\cfrac{1 + \cfrac{0.9120\%}{4}}{1 - \cfrac{0.9120\%}{4} \times \left(\cfrac{1}{\left(1 + \cfrac{0.6840\%}{4}\right)^1} + \cfrac{1}{\left(1 + \cfrac{0.8220\%}{4}\right)^2} + \cfrac{1}{\left(1 + \cfrac{0.8870\%}{4}\right)^3} \right)} \right)^{\frac{1}{4}} - 1 \right] \times 4$$

同理，依上述所得結果，再代入式 8-11 中，依序可求得 1.25、1.5、1.75……年期的零息利率，結果如上圖 8-10 中儲存格 M 欄所示，表單中 O 欄為計算 M 欄時之補助計算儲存格，N 欄為對映之折現因子，其設定如下：

儲存格	設定公式	說明
M4	=L4	
M5	=L5	
M6	=L6	
M7	=L7	
M8	=(((L8/4+1)/(1-(L8*O7/4)))^(1/(K8*4))-1)*4	M 欄零息利率
M9	=(((L9/4+1)/(1-(L9*O8/4)))^(1/(K9*4))-1)*4	
⋮	⋮	
M44	=(((L44/4+1)/(1-(L44*O43/4)))^(1/(K44*4))-1)*4	
N5	=1/(1+M5)^K5	
N6	=1/(1+M6)^K6	N 欄零息利率對映之折現因子
⋮	⋮	
N44	=1/(1+M44)^K44	
O5	=(1+M5/4)^(-K5*4)	
O6	=O5+(1+M6/4)^(-K6*4)	計算 M 欄零息利率的輔助計算儲存格
⋮	⋮	
O44	=O43+(1+M44/4)^(-K44*4)	

步驟 3　繪製殖利率曲線與查詢線：

　　依步驟 2 的步驟求得零息利率，以 K 欄及 M 欄資料，繪製出如圖 8-11 的利率期間結構。並加上一條查詢線，使用者只要於儲存格 D31 中輸入欲查詢期間（年），圖中便會顯示對映之零息利率。查詢線儲存格的設定如下：

儲存格	設定公式	説明
D32	=D31	
E31	=interpl(K4:K44,M4:M44,D31,"linear")	
E32	=0	
F31	=EXP(-E31*D31)	

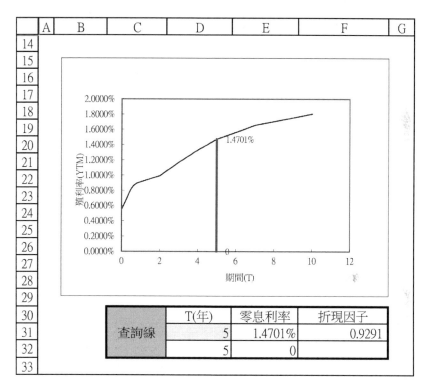

	T(年)	零息利率	折現因子
查詢線	5	1.4701%	0.9291
	5	0	

圖 8-11　IRS 殖利率曲線

8-5　計量估計法

計量估計法是用一函數表示整條利率期間結構，再利用市場上的債券報價去配適模型。計量估計配適模型以 Nelson and Siegel（1987）及 Svensson（1994）所假設的模型最常被提及。Nelson and Siegel Model 及 Svensson Model 能以較少的參數，而有效的捕捉到利率期間結構的變化，且模型中的參數各具其經濟意義。

Nelson and Siegel Model（1987）模型假設瞬間遠期利率函數 $f(t)$ 為：

$$f(t) = \beta_0 + \beta_1 \exp(-\frac{t}{\tau_1}) + \beta_2 \frac{t}{\tau_1} \exp(-\frac{t}{\tau_1}) \tag{8-12}$$

8-17

經其推導可得即期利率函數 $R(t)$ 為：

$$R(t) = \beta_0 + \beta_1 \left(\frac{1 - e^{-(\frac{t}{\tau_1})}}{\frac{t}{\tau_1}} \right) + \beta_2 \left(\frac{1 - e^{-(\frac{t}{\tau_1})}}{\frac{t}{\tau_1}} - e^{-(\frac{t}{\tau_1})} \right) \tag{8-13}$$

其中：

β_0：即期利率的長期因子，$R(t)$ 的漸近值，當 t 趨近無窮大時，$R(t)$ 會收斂到 β_0，且此數必為正數。

β_1：即期利率的短期因子，描述殖利率曲線斜率，若為正值則為負斜率，反之則為正斜率。

β_2：即期利率的中期因子，描述殖利率曲線峰態大小及方向，若為正數則為駝峰，反之則為 U 字型。

τ_1：衰退因子必為正數，表示第一個駝峰或 U 字型的出現位置，同時也決定 β_1、β_2 的收斂速度，當 τ_1 愈小則收斂速度愈快，短中期影響力開始衰退的時點較快，反之則反。

Svensson（1994）模型可以參照櫃檯買賣中心所提供之「零息殖利率曲線技術手冊」，Svensson 於 Nelson and Siegel 模型中，多增加一個描述殖利率曲線峰態大小及方向的參數，讓模型能更有彈性的配適與描述，其即期利率 $R(t)$ 模型為：

$$R(t) = \beta_0 + \beta_1 \left(\frac{1 - e^{-(\frac{t}{\tau_1})}}{\frac{t}{\tau_1}} \right) + \beta_2 \left(\frac{1 - e^{-(\frac{t}{\tau_1})}}{\frac{t}{\tau_1}} - e^{-(\frac{t}{\tau_1})} \right) + \beta_3 \left(\frac{1 - e^{-(\frac{t}{\tau_2})}}{\frac{t}{\tau_2}} - e^{-(\frac{t}{\tau_2})} \right) \tag{8-14}$$

其中：

β_0：即期利率的長期因子，$R(t)$ 的漸近值，當 t 趨近無窮大時，$R(t)$ 會收斂到 β_0，且此數必為正數。

β_1：即期利率的短期因子，描述殖利率曲線斜率，若為正值則為負斜率，反之則為正斜率。

β_2：即期利率的中期因子，描述第一個殖利率曲線峰態大小及方向，若為正數則為駝峰，反之則為 U 字型。

τ_1：必為正數，表示第一個駝峰或 U 字型的出現位置，同時也決定 β_1、β_2 的收斂速度，
　　當 τ_1 愈小則收斂速度愈快，短中期影響力開始衰退的時點較快，反之則反。

β_3：即期利率的中期因子，描述第二個殖利率曲線峰態大小及方向，若為正數則為駝
　　峰，反之則為 U 字型。

τ_2：必為正數，表示第二個駝峰或 U 字型的出現位置。

8-5-1 Nelson and Siegel 表單

　　計量估計模型表單共四張，分別為圖 8-12 的 Nelson and Siegel 表單、圖 8-16
Nelson and Siegel 模型配適表單、圖 8-18 Svensson 表單及圖 8-19 Svensson 模型配適
表單，表單功能如下：

　　A. 繪出兩種計量估計模型利率期間結構，並透過微調方式，觀察模型參數變動
　　　　對利率期間結構的影響。

　　B. 利用價券市場價格，以一般最小平方法，或存續期間加權最小平方法推估模
　　　　型參數。

　　首先，我們以 EXCEL 建立 Nelson and Siegel 即期利率模型，透過參數微調，以
圖表方式表示出殖利率曲線的變化情形如圖 8-12 所示，表單設定步驟如下：

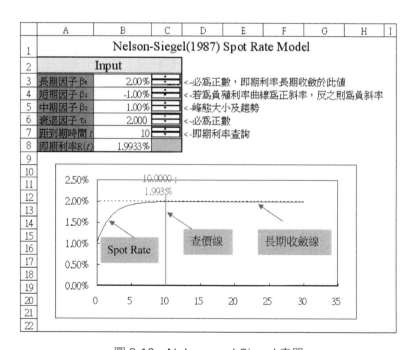

圖 8-12　Nelson and Siegel 表單

步驟 1　建立基本資料儲存格：

在儲存格 A3：A8 及 D3：D7 中，分別輸入參數名稱及相關說明，並新增五個 [微調按鈕]，分別將 [儲存格連結] 指向儲存格 C3、儲存格 C4、儲存格 C5、儲存格 C6 及儲存格 C7，以便對 β_0、β_1、β_2、τ_1 及 t 作微調變更。儲存格 B3：B8 的設定如下：

儲存格	設定公式	說明
B3	=C3/10000	儲存格 C3 的值係經由微調按鈕作變動
B4	=C4/1000-1	儲存格 C4 的值係經由微調按鈕作變動
B5	=C5/1000-0.1	儲存格 C5 的值係經由微調按鈕作變動
B6	=C6/10	儲存格 C6 的值係經由微調按鈕作變動
B7	=C7/12	儲存格 C7 的值係經由微調按鈕作變動
B8	=NelsonSiegel(B7,B3,B4,B5,B6)	式 8-13 函數

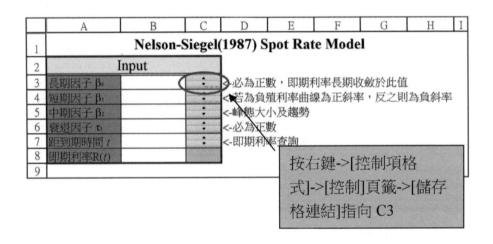

圖 8-13　建立基本資料儲存格

步驟 2　建立圖表資料

圖 8-12 表單中的 XY 散布圖有三組數據列，分別為 Spot Rate 數列、查價線數列及長期收斂線數列，三組數列中，X 軸對應距到期時間 t，而 Y 軸對應經由自訂函數 Nelson Siegel 所求出的即期利率 $R(t)$。查價線係對映出儲存格 C7 微調時間 t 時在圖表中對映的位置及即期利率。圖表中的三組數據設定、儲存格內容如下：

儲存格	設定公式	說明
J5 J6 ： J125	=1/365 0.25 ： 30	Spot Rate 數列以每季為一單位級距，共 121 筆數據
K5 K6 ： K125	=NelsonSiegel(J5,$B$3,$B$4,$B$5,$B$6) =NelsonSiegel(J6,$B$3,$B$4,$B$5,$B$6) ： =NelsonSiegel(J125,$B$3,$B$4,$B$5,$B$6)	Spot Rate Y 軸數列，利用自訂函數 Nelson Siegel 求算數值
M5	=B7	查價線 X 軸數列
M6	=B7	
M7	=M6	
N5	0	查價線 Y 軸數列
N6	=NelsonSiegel(M6,$B$3,$B$4,$B$5,$B$6)	
N7	=N6*1.1	
M12	0	長期收斂線 X 軸數列
M13	30	
N12	=B3	長期收斂線 Y 軸數列
N13	=N12	

儲存格設定完成後，三組數據列的數值顯示如下圖 8-14：

	J	K	L	M	N	O
2	圖表資料來源					
3	Spot Rate			查價線		
4	t	R(t)		t	R(t)	
5	0.00	1.0014%		10.0000	0	
6	0.25	1.1175%		10.0000	1.993%	
7	0.5	1.2212%		10.0000	2.193%	
8	0.75	1.3127%				
9	1	1.3935%				
10	1.25	1.4647%		長期收斂線		
11	1.5	1.5276%		t	R(t)	
12	1.75	1.5831%		0	2.000%	
13	2	1.6321%		30	2.000%	
14	2.25	1.6753%				
15	2.5	1.7135%				
16	2.75	1.7472%				
17	3	1.7769%				
18	3.25	1.8031%				
19	3.5	1.8262%				
20	3.75	1.8466%				
21	4	1.8647%				

圖 8-14　圖表數據列設定

步驟 3　建立 XY 圖表

依步驟 2 所求算之圖表數據列，利用 XY 散布圖繪出 Nelson Siegel 即將期利率曲線圖。

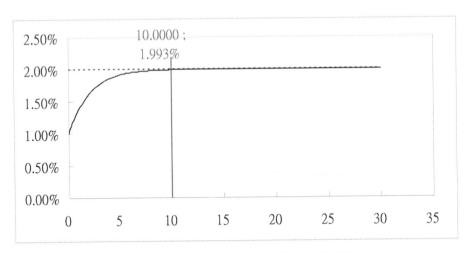

圖 8-15　Nelson Siegel 即將期利率曲線圖

8-5-2 Nelson and Siegel 模型配適表單

Nelson Siegel 模型中的參數 β_0、β_1、β_2 及 τ_1，可透過市場上，可直接觀察到的債券價格 P_i 來作估計，假設市場上第 i 支債券的理論價格為 $\hat{P}_i$，該債券各期別的現金流量為 CF_{ij}，利用折現的觀念將所有的現金流量以即期利率 $R(t)$ 折回現值並加總，該債券理論價格 $\hat{P}_i$ 可表示為：

$$\hat{P}_i = \sum_{j=1}^{n} \frac{CF_{ij}}{(1 + R(t_j))^{t_j}} \tag{8-15}$$

其中 n 為剩餘付息次數、t_j 表付息日到期年限、即期利率 $R(t_j)$ 為式 8-13 函數，利用債券市場價格 P_i 和理論價格 $\hat{P}_i$ 的最小平方誤差，來推估式 8-13 中 β_0、β_1、β_2、τ_1 四個參數。最小平方法條件式可寫為：

$$\min \varepsilon^2 = \sum_{i=1}^{n} \left(P_i - \hat{P}_i \right)^2 \tag{8-16}$$

由於市場上交易的債券多屬一年期以上較長期的券種，因此，在短期債券上的配適效果較差，為了能解決這個問題，市場上多採用 Bliss（1991）所提出的存續期間加權法，來解決長期公債過度配適的問題：

$$\min \varepsilon^2 = \sum_{i=1}^{n} w_i \left(P_i - \hat{P}_i \right)^2 \tag{8-17}$$

其中：

$$w_i = \frac{\dfrac{1}{D_i}}{\displaystyle\sum_{j=1}^{n} \dfrac{1}{D_j}} \tag{8-18}$$

D_i：表第 i 種債券之存續期間。

以 2011 年 4 月 14 日，證券櫃檯買賣中心公告的含息殖利率曲線資料，來建立參數估計的表單，表單利用 EXCEL 規劃求解，在滿足式 8-16 及式 8-17 下，以最小平方法推估出參數 β_0、β_1、β_2 及 τ_1，並將所對映的殖利率曲線，以圖表方式呈現出，整個表單配置如下圖 8-16。

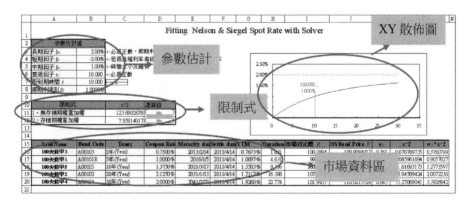

圖 8-16　Nelson and Siegel 模型配適表單

表 8-1　2011 年 4 月 14 日公債資訊

Bond Name	Bond Code	Tenor	Coupon Rate	Maturity_date	Settle_date	YTM
100 央債甲 3	A00103	2 年 (Year)	0.7500%	2013/2/14	2011/4/14	0.7673%
100 央債甲 1	A00101R	5 年 (Year)	1.0000%	2016/1/5	2011/4/14	1.0697%
100 央債甲 5	A00105	10 年 (Year)	1.3750%	2021/3/17	2011/4/14	1.3503%
100 央債甲 2	A00102	20 年 (Year)	2.1250%	2031/1/13	2011/4/14	1.7117%
100 央債甲 4	A00104	30 年 (Year)	2.0000%	2041/2/22	2011/4/14	1.9260%

表單分四個部分（如圖 8-16 所示），參數估計、限制式及市場資料區及 XY 散布圖，各區功能敘述如下：

步驟 1　基本資料：

包含模型四個參數及運算結果查詢顯示，在配置參數時，起始值假定為 $\beta_0 = 2\%$、$\beta_1 = -2\%$、$\beta_2 = 1\%$、$\tau_1 = 10$。即期利率 R(t) 為引用 Nelson Siegel 函數。

儲存格	設定公式	說明
B3	2%	長期因子
B4	-2%	短期因子
B5	1%	中期因子
B6	10	衰退因子
B7	=C7/12	儲存格 C7 的值係經由微調按鈕作變動
B8	=NelsonSiegel(B7,B3,B4,B5,B6)	式 8-12 函數

步驟 2　限制式：

規劃求解的求解目標函數最小值，目標函數有兩個分別為滿足式 8-17 的儲存格 C11 及滿足式 8-18 的儲存格 C12，並在儲存格 D11 及 D12 上新增兩個 [按鈕]，用以執行子程式 NelsonSiegel_NonWeight 及 NelsonSiegel_WithWeight。

儲存格	設定公式	說明
C11	=SUM(L16:L20)	式 8-17
C12	=SUM(M16:M20)	式 8-18
D11	新增【按鈕】並【指定巨集】NelsonSiegel_NonWeight	執行規劃求解
D12	新增【按鈕】並【指定巨集】NelsonSiegel_WithWeight	執行規劃求解

NelsonSiegel_NonWeight 子程式 (巨集)

行	程式內容
001	Sub NelsonSiegel_NonWeight()
002	Call SolverReset ' 重設規劃求解內所有引數
003	Call SolverOk("$C$10", 2, , "$B$2:$B$5") ' 設定目標式, 目標式必須為一函數
004	Call SolverAdd("$B$3", 3, "0") ' 增加限制式：長期因子必須大或等於零
005	Call SolverAdd("$B$6", 3, "0") ' 增加限制式：衰退因子必須大或等於零
006	SolverOptions AssumeNonNeg:=False ' 設定參數可為負數, 預設不為負數
007	Call SolverSolve(True) ' 執行規劃求解, 並且不顯示規劃求解結果對話方塊
008	Call solverfinish(1) ' 將執行結果保留下來, 替換初如值
009	End Sub

NelsonSiegel_WithWeight 子程式（巨集）

行	程式內容
001	Sub NelsonSiegel_WithWeight()
002	Call SolverReset ' 重設規劃求解內所有引數
003	Call SolverOk("$C$11", 2, , "$B$2:$B$5") ' 設定目標式, 目標式必須為一函數
004	Call SolverAdd("$B$3", 3, "0") ' 增加限制式：長期因子必須大或等於零
005	Call SolverAdd("$B$6", 3, "0") ' 增加限制式：衰退因子必須大或等於零
006	SolverOptions AssumeNonNeg:=False ' 設定參數可為負數, 預設不為負數
007	Call SolverSolve(True) ' 執行規劃求解, 並且不顯示規劃求解結果對話方塊
008	Call solverfinish(1) ' 將執行結果保留下來, 替換初如值
009	End Sub

步驟 3　市場資料區：

　　包含配適用債券基本市場資料（表 8-1）、Duration、市場百元價 P_i、NS Bond Price $\hat{P}_i$、ω_i（式 8-18 所示之存續期間加權權重）、ε^2（$\hat{P}_i$ 與 P_i 殘差平方）及 $w_i\varepsilon^2$（依存續期調整之 $\hat{P}_i$ 與 P_i 殘差平方）。

儲存格	設定公式	說明
A16：G20	表 11-1 內容	公債基本資料
H16 ： H20	=Bond_Sensitivity(100,F16,E16,G16,D16,1,1) ： =Bond_Sensitivity(100,F20,E20,G20,D20,1,1)	計算價券存續期間
I16 ： I20	=Bond_price(100,F16,E16,G16,D16,1,0) ： =Bond_price(100,F20,E20,G20,D20,1,0)	計算價券百元價
J16 ： J20	=NelsonSiegelBond(F16,E16,D16,1,$B$3,$B$4,$B$5,$B$6) ： =NelsonSiegelBond(F20,E20,D20,1,$B$3,$B$4,$B$5,$B$6)	式 8-15

K16 : K20	=1/H16/SUM(1/$H$16,1/$H$17,1/$H$18,1/$H$19,1/$H$20) : =1/H20/SUM(1/$H$16,1/$H$17,1/$H$18,1/$H$19,1/$H$20)	式 8-18 所示之存續期間加權權重
L16 : L20	=(J16-I16)^2 : =(J20-I20)^2	$\hat{P}_i$ 與 P_i 殘差平方
M16 : M20	=K16*L16 : =K20*L20	依存續期調整之 $\hat{P}_i$ 與 P_i 殘差平方

步驟 4　XY 散布圖：

此一部分同上章 Nelson and Siegel 表單中的步驟 2 及步驟 3 設定，資料列格式如下圖 8-17；再利用這些資料數列繪製出圖表。

	P	Q	R	S	T	U	V
1							
2		圖表資料來源					
3		Spot Rate			查價線		
4		t	R(t)		t	R(t)	
5		0.00	0.0004%		10.0000	0	
6		0.25	0.0371%		10.0000	1.000%	
7		0.5	0.0734%		10.0000	1.200%	
8		0.75	0.1088%				
9		1	0.1435%				
10		1.25	0.1775%		長期收斂線		
11		1.5	0.2107%		t	R(t)	
12		1.75	0.2432%		0	2.000%	
13		2	0.2749%		30	2.000%	
14		2.25	0.3060%				
15		2.5	0.3364%				
16		2.75	0.3661%				
17		3	0.3952%				
18		3.25	0.4237%				
19		3.5	0.4516%				
20		3.75	0.4788%				
21		4	0.5055%				

圖 8-17　XY 散布圖數據列

8-5-3 Svensson 及其模型配適表單

Svensson 模型係由 Nelson and Siegel 模型的延伸，因此，在表單設計上和 Nelson and Siegel 的表單雷同。圖 8-18 及圖 8-19 分別為 Svensson 殖利率曲線表單及 Svensson 模型配適表單，這兩個表單的基本設定同章節 8-5-1 及 8-5-2 所示，請讀者自行練習，以下僅對差異部分作說明。

　　圖 8-18 中 Svensson 殖利率曲線表單和 Nelson and Siegel 殖利率曲線表單最大差別僅在於：計算零息利率時，使用的自訂函數不同，圖 8-18 表單中的儲存格 B10 設定為「=svensson(B9,B3,B4,B5,B6,B7,B8)」。

　　圖 8-19 Svensson 模型配適表單中的儲存格 J18：J22 設定為自訂函數「=SvenssonBond(F18,E18,D18,1,$B$3,$B$4,$B$5,$B$6,$B$7,$B$8)」：「=SvenssonBond(F22,E22,D22,1,$B$3,$B$4,$B$5,$B$6,$B$7,$B$8)」，執行規劃求解的按鈕（於儲存格 D13 及儲存格 D14 上）所指定的巨集分別指向 Svensson_NonWeight 及 Svensson_WithWeight。

Svensson_NonWeight 子程式（巨集）

行	程式內容
001	Sub Svensson_NonWeight()
002	Call SolverReset　　　　'重設規劃求解內所引數
003	Call SolverOk("$C$13", 2, , "$B$3:$B$8")　　'設定目標式，目標式必須為一函數
004	Call SolverAdd("$B$3", 3, "0")　　'增加限制式：長期因子必須大或等於零
005	Call SolverAdd("$B$7", 3, "0")　　'增加限制式：衰退因子必須大或等於零
006	Call SolverAdd("$B$8", 3, "0")　　'增加限制式：衰退因子必須大或等於零
007	SolverOptions AssumeNonNeg:=False　　'設定參數可為負數，預設不為負數
008	Call SolverSolve(True)　　'執行規劃求解，並且不顯示規劃求解結果對話方塊
009	Call solverfinish(1)　　'將執行結果保留下來，替換初如值
010	End Sub

Svensson_WithWeight 子程式（巨集）

行	程式內容
001	Sub Svensson_WithWeight()
002	Call SolverReset　　　　'重設規劃求解內所引數
003	Call SolverOk("$C$14", 2, , "$B$3:$B$8")　　'設定目標式，目標式必須為一函數
004	Call SolverAdd("$B$3", 3, "0")　　'增加限制式：長期因子必須大或等於零
005	Call SolverAdd("$B$7", 3, "0")　　'增加限制式：衰退因子必須大或等於零
006	Call SolverAdd("$B$8", 3, "0")　　'增加限制式：衰退因子必須大或等於零
007	SolverOptions AssumeNonNeg:=False　　'設定參數可為負數，預設不為負數
008	Call SolverSolve(True)　　'執行規劃求解，並且不顯示規劃求解結果對話方塊
009	Call solverfinish(1)　　'將執行結果保留下來，替換初如值
010	End Sub

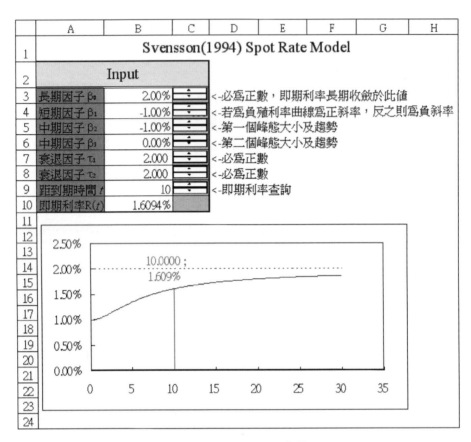

圖 8-18　Svensson 表單

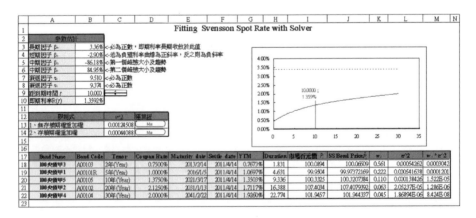

圖 8-19　Svensson 模型配適表單

範例 8-3：基本型利率交換（Plain Vanilla Interest Rate Swap；Plain Vanilla IRS）

利率交換（Interest Rate Swap；IRS）指交易雙方，約定在契約規範期間內，於特定週期互相交換利息，該利息金額依契約約定之名目本金與約定之固定或浮動利率計算。該契約並不交換名目本金，僅就各付息週期，依兩交換之利息淨額進行交割支付。範利 8-2 介紹的遠期利率協議（Forward Rate Agreement；FRA) 其實也是一種利率交換，只不過 FRA 為一單期利息交換，而 IRS 係為多期利息交換且期間較長。

基本型利率交換（Plain Vanilla IRS）為一固定利率交換浮動率之契約，市場上習慣將支付固定端者稱為買方，而支付浮動端者稱為賣方，雙方報價係以固定端的利率支付水準為主。基本型利率交換的評價如同本書 8-4 中介紹，在存續期內，買方付出固定利息收取浮動利息，相當於買進一浮動利率債券（V_{fl}），並賣出一固定利率債券（V_{fix}），其價值可表示為：

$$V_{IRS} = V_{fl} - V_{fix} \tag{8-19}$$

$$V_{fix} = \sum_{j=1}^{n} \frac{CF_j}{(1+R(t_j))^{t_j}} \tag{8-20}$$

$$V_{fl} = \frac{C+A}{(1+R(t_1))^{t_i}} \tag{8-21}$$

其中 n 為剩餘利息交換次數、t_j 表距利息交換日年限、$R(t_j)$ 為已知的零息殖利率（即期利率）函數、CF_j 表第 j 期固定利率付息水準、CF_n 為最後一期付息水準加上名目本金、C 為下一期應給付之利息水準（於前一期已決定）、A 為契約名目本金。

假設目前市場殖利率曲線，符合圖 8-10 拔靴法表單中的利率水準，一基本型利率交換合約係收 90 天 BA 利率，付 1% 的固定利率，其名目本金為 1 億，交換頻率為每季，且剩餘三次利息重設日分別於二個月後、五個月後及八個月後，最近一期利息重設日的 90 天，BA 利率為 0.7%，則該契約買方的未實現損益為何？

Ans：

(1) 先求算固定端價值（V_{fix}）：

參數 t_1=2/12 年、t_2=5/12 年、t_3=8/12 年，並以線性內插法求出 $R(2/12)$=0.6380%、$R(5/12)$=0.7760% 及 $R(8/12)$=0.8653%，另 CF_1=250,000、CF_2=250,000、CF_3=100,250,000，可利用式 8-20 求算出固定端的現值：

$$V_{fix} = \sum_{j=1}^{3} \frac{CF_j}{(1+R(t_j))^{t_j}} = \frac{CF_1}{(1+R(t_1))^{t_1}} + \frac{CF_2}{(1+R(t_2))^{t_2}} + \frac{CF_3}{(1+R(t_3))^{t_3}}$$

$$= \frac{250,000}{(1+0.6380\%)^{2/12}} + \frac{250,000}{(1+0.7760\%)^{5/12}} + \frac{100,250,000}{(1+0.8653)^{8/12}}$$

$$= 100,174,739$$

(2) 求算浮動端價值（V_{fl}）：

下一期給付之利息水準 $C = 100,000,000 \times 0.7\%/4 = 175,000$、$A = 100,000,000$，可利用式 8-21 求算出浮動端價值：

$$V_{fl} = \frac{C+A}{(1+R(t_1))^{t_1}} = \frac{175,000+100,000,000}{(1+0.6380\%)^{2/12}} = 100,068,875$$

(3) 契約買方的未實現損益：$V_{IRS} = V_{fl} - V_{fix} = 100,068,875 - 100,174,739 = -105,864$

8-6　自訂函數

• **NelsonSiegel 函數**：利用 **NelsonSiegel** 公式計算即期利率。

使用語法：

NelsonSiegel(t,b0,b1,b2,lambdal)

引數說明：

t：存續期間

b0：長期因子

b1：短期因子

b2：中期因子

lambdal1：衰退因子

返回值：傳回存續期間 t 的零息利率

行	程式內容
001	Function NelsonSiegel(ByVal t As Double, ByVal b0 As Double, ByVal b1 As Double, ByVal b2 As Double, ByVal lambdal As Double) As Double
002	
003	NelsonSiegel = b0 + b1 * (1 - Exp(-t / lambdal)) / (t / lambdal) + b2 * (((1 - Exp(-t / lambdal)) / (t / lambdal)) - Exp(-t / lambdal))
004	
005	End Function

程式說明：

行數 003：

利用式 8-13 計算在 Nelson Siegel 設定模型下，所計算之即期利率期間結構 R(t)。

- **NelsonSiegelBond 函數：利用 NelsonSiegel 計算公債價格。**

使用語法：

NelsonSiegelBond(Settle_date,Maturity_date,coupon_rate,np,b0,b1,b2,lambdal)

引數說明：

Settle_date：債券交割日

Maturity_date：債券到期日

coupon_rate：債券票面利率

np：債券年付息次數

b0：長期因子

b1：短期因子

b2：中期因子

lambdal1：衰退因子 1

返回值：傳回債券百元價

行	程式內容
001	Function NelsonSiegelBond(ByVal Settle_date As Date, ByVal Maturity_date As Date, ByVal coupon_rate As Double, ByVal np As Integer, ByVal b0 As Double, ByVal b1 As Double, ByVal b2 As Double, ByVal lambdal As Double) As Double
002	Dim nn As Integer
003	Dim dd As Double
004	Dim j As Integer
005	Dim pre_date As Date
006	Dim next_date As Date
007	Dim temp_date As Date
008	Dim Cash_flow_pv As Double
009	Dim accrued_interest As Double
010	Dim face_value As Integer
011	face_value = 100
012	nn = 0
013	temp_date = Maturity_date
014	While temp_date > Settle_date ' 付息日等於評價日且已付息
015	nn = nn + 1

```
016    temp_date = DateAdd("m", -12 / np * (nn), Maturity_date)
017  Wend
018  pre_date = DateAdd("m", -12 / np * (nn), Maturity_date)        ' 前次付息日
019  next_date = DateAdd("m", -12 / np * (nn - 1), Maturity_date)    ' 下次付息日
020  dd = ((next_date - Settle_date) / (next_date - pre_date))       ' 計算至下次付息日
     天數比率
021  accrued_interest = face_value * (1 - dd) * coupon_rate / np
022  Cash_flow_pv = 0
023  For j = 0 To nn - 1
024    Cash_flow_pv = Cash_flow_pv + face_value * (coupon_rate / np) * (1 +
     NelsonSiegel((j + dd) / np, b0, b1, b2, lambdal)) ^ -((j + dd) / np)
025  Next
026  Cash_flow_pv = Cash_flow_pv + face_value * (1 + NelsonSiegel((nn - 1 + dd) /
     np, b0, b1, b2, lambdal)) ^ -((nn - 1 + dd) / np)
027
028  NelsonSiegelBond = Cash_flow_pv - accrued_interest
029
030  End Function
```

程式說明：

同第 7 章介紹的 Bond_price 函數，差別僅在於現金流量所用的折現率，Bond_price 函數用固定的殖利率，而 NelsonSiegelBond 函數用 NelsonSiegel 公式所計算的即期利率作折現（行數 024 及行數 026）。

- **Svensson 函數**：利用 Svensson 公式計算即期利率。

使用語法：

Svensson(t,b0,b1,b2,b3,lambdal1,lambdal2)

引數說明：

t：存續期間

b0：長期因子

b1：短期因子

b2：中期因子

b3：中期因子

lambdal1：衰退因子 1

lambdal2：衰退因子 2

返回值：傳回存續期間 t 的零息利率

行	程式內容
001	Function Svensson(ByVal t As Double, ByVal b0 As Double, ByVal b1 As Double, ByVal b2 As Double, ByVal b3 As Double, ByVal lambdal1 As Double, ByVal lambdal2 As Double) As Double
002	
003	Svensson = b0 + b1 * (1 - Exp(-t / lambdal1)) / (t / lambdal1) + b2 * (((1 - Exp(-t / lambdal1)) / (t / lambdal1)) - Exp(-t / lambdal1)) + b3 * (((1 - Exp(-t / lambdal2)) / (t / lambdal2)) Exp(-t / lambdal2))
004	
005	End Function

程式說明：

行數 003：

利用式 8-14 計算在 Svensson 設定模型下，所計算之即期利率期間結構 R(t)。

- **SvenssonBond 函數**：利用 **SvenssonBond** 計算公債價格。

使用語法：

> SvenssonBond(Settle_date,Maturity_date,coupon_rate,np,b0,b1,b2,b3,lambdal1,lambdal2)

引數說明：

Settle_date：債券交割日

Maturity_date：債券到期日

coupon_rate：債券票面利率

np：債券年付息次數

b0：長期因子

b1：短期因子

b2：中期因子

b3：中期因子

lambdal1：衰退因子 1

lambdal2：衰退因子 2

返回值：傳回債券百元價

行	程式內容
001	Function SvenssonBond(ByVal Settle_date As Date, ByVal Maturity_date As Date, ByVal coupon_rate As Double, ByVal np As Integer, ByVal b0 As Double, ByVal b1 As Double, ByVal b2 As Double, ByVal b3 As Double, ByVal lambdal1 As Double, ByVal lambdal2 As Double) As Double
002	Dim nn As Integer
003	Dim dd As Double
004	Dim j As Integer
005	Dim pre_date As Date
006	Dim next_date As Date
007	Dim temp_date As Date
008	Dim Cash_flow_pv As Double
009	Dim accrued_interest As Double
010	Dim face_value As Integer
011	face_value = 100
012	nn = 0
013	temp_date = Maturity_date
014	While temp_date > Settle_date　　　' 付息日等於評價日且已付息
015	nn = nn + 1
016	temp_date = DateAdd("m", -12 / np * (nn), Maturity_date)
017	Wend
018	pre_date = DateAdd("m", -12 / np * (nn), Maturity_date)　　　' 前次付息日
019	next_date = DateAdd("m", -12 / np * (nn - 1), Maturity_date)　　' 下次付息日
020	dd = ((next_date - Settle_date) / (next_date - pre_date))　　　' 計算至下次付息日天數比率
021	accrued_interest = face_value * (1 - dd) * coupon_rate / np
022	Cash_flow_pv = 0
023	For j = 0 To nn - 1
024	Cash_flow_pv = Cash_flow_pv + face_value * (coupon_rate / np) * (1 + Svensson((j + dd) / np, b0, b1, b2, b3, lambdal1, lambdal2)) ^ -((j + dd) / np)
025	Next
026	Cash_flow_pv = Cash_flow_pv + face_value * (1 + Svensson((nn - 1 + dd) / np, b0, b1, b2, b3, lambdal1, lambdal2)) ^ -((nn - 1 + dd) / np)
027	
028	SvenssonBond = Cash_flow_pv - accrued_interest
029	
030	End Function

程式說明：

同第 7 章介紹的 Bond_price 函數，差別僅在於現金流量所用的折現率，Bond_price 函數用固定的殖利率，而 SvenssonBond 函數用 Svensson 公式所計算的即期利率作折現（行數 024 及行數 026）。

- **interpl 函數**：一維插補函數。

使用語法：

```
interpl( Ini_x , Ini_fx ,x ,method)
```

引數說明：

　　Ini_x：現有資料點 x

　　Ini_fx：現有資料點 x 的輸出值

　　x：內插點

　　method：插補方式，線性插補用 linear，立方條樣用 Cubic Spline。

　　返回值：傳回內插點的輸出值

行	程式內容
001	Function interpl(ByVal Ini_x As Variant, ByVal Ini_fx As Variant, ByVal x As Double, ByVal method As String) As Double
002	Select Case method
003	Case "linear"
004	interpl = Linear_Interpolation(Ini_x, Ini_fx, x)
005	Case "Cubic Spline"
006	interpl = Cubic_Spline_Interpolation(Ini_x, Ini_fx, x)
007	Case Else
008	MsgBox " 請輸入插補方式 : linear 及 Cubic Spline"
009	End Select
010	End Function

程式說明：

行數 002-009：

　　依引數 method，選擇插補方式。

行數 003-004：

　　引用函數 Linear_Interpolation()，利用式 8-11 進行線性插補，函數語法見補充語法。

行數 005-006：

　　引用函數 Cubic_Spline_Interpolation ()，進行立方條樣插補，函數語法見補充語法。

行數 007-008：

　　若 method 引數輸入有誤，出現提示視窗提醒。

- 補充語法。

Linear_Interpolation()：

行	程式內容
001	Function Linear_Interpolation(ByVal Ini_x As Variant, ByVal Ini_fx As Variant, ByVal x As Double) As Double
002	Dim k As Integer
003	Dim i As Integer
004	Dim data As Variant
005	data = Ini_x
006	k = 0
007	Do While x >= Ini_x(k + 1)
008	k = k + 1
009	If k > UBound(data) Then
010	k = UBound(data)
011	Exit Do
012	End If
013	Loop
014	
015	If k = 0 Then
016	k = 1
017	End If
018	Linear_Interpolation = ((x - Ini_x(k)) * (Ini_fx(k + 1) - Ini_fx(k))) / (Ini_x(k + 1) - Ini_x(k)) + Ini_fx(k)
019	End Function

Cubic_Spline_Interpolation ()：

行	程式內容
001	Function Cubic_Spline_Interpolation(ByVal Ini_x As Variant, ByVal Ini_fx As Variant, ByVal x As Double) As Double
002	' 三次條樣內插法 , 和用 Hermite 轉換
003	' 進行資料處理
004	Dim a As Integer
005	Dim b As Integer
006	Dim i As Integer
007	Dim data As Variant
008	data = Ini_x
009	a = LBound(data)
010	b = UBound(data)
011	ReDim xk(a To b) As Double
012	ReDim fxk(a To b) As Double
013	For i = a To b
014	xk(i) = Ini_x(i)
015	fxk(i) = Ini_fx(i)
016	Next
017	ReDim hk(a To b - 1)
018	'' 先求解資料點的一階導數估計值 fdx
019	For i = a To b - 1
020	hk(i) = xk(i + 1) - xk(i)
021	Next
022	ReDim lamdak(a To b)
023	ReDim muk(a To b)
024	ReDim gk(a To b)
025	ReDim alpha(a To b)
026	ReDim beta(a To b)

```
027  ReDim gamma(a To b)
028  gk(a) = 3 * (fxk(a + 1) - fxk(a)) / hk(a)
029  gk(b) = 3 * (fxk(b) - fxk(b - 1)) / hk(b - 1)
030  lamdak(b) = 1
031  muk(a) = 1
032  alpha(a) = 2
033  beta(a) = muk(a) / alpha(a)
034  gamma(a) = gk(a) / alpha(a)
035
036  For i = a + 1 To b - 1
037    lamdak(i) = hk(i) / (hk(i - 1) + hk(i))
038    muk(i) = hk(i - 1) / (hk(i - 1) + hk(i))
039    gk(i) = 3 * (muk(i) * (fxk(i + 1) - fxk(i)) / hk(i) + lamdak(i) * (fxk(i) - fxk(i - 1)) /
     hk(i - 1))
040    alpha(i) = 2 - lamdak(i) * beta(i - 1)
041    beta(i) = muk(i) / alpha(i)
042    gamma(i) = (gk(i) - lamdak(i) * gamma(i - 1)) / alpha(i)
043  Next
044  alpha(b) = 2 - lamdak(b) * beta(b - 1)
045  gamma(b) = (gk(b) - lamdak(b) * gamma(b - 1)) / alpha(b)
046  ReDim fdx(a To b) As Double
047  fdx(b) = gamma(b)
048  For i = b - 1 To a Step -1
049    fdx(i) = gamma(i) - beta(i) * fdx(i + 1)
050  Next
051
052  ' 利用 Hermite 轉換求值
053  Dim k As Integer
054  k = 0
055  Do While x >= xk(k + 1)
056    k = k + 1
057    If k > b Then
058      k = b
059      Exit Do
060    End If
061  Loop
062  Dim ak As Double
063  Dim ak1 As Double
064  Dim bk As Double
065  Dim bk1 As Double
066  ak = (1 - 2 * (x - xk(k)) / (xk(k) - xk(k + 1))) * (x - xk(k + 1)) ^ 2 / (xk(k) - xk(k + 1)) ^ 2
067  ak1 = (1 - 2 * (x - xk(k + 1)) / (xk(k + 1) - xk(k))) * (x - xk(k)) ^ 2 / (xk(k + 1) - xk(k)) ^ 2
068  bk = (x - xk(k)) * (x - xk(k + 1)) ^ 2 / (xk(k) - xk(k + 1)) ^ 2
069  bk1 = (x - xk(k + 1)) * (x - xk(k)) ^ 2 / (xk(k + 1) - xk(k)) ^ 2
070  Cubic_Spline_Interpolation = fxk(k) * ak + fxk(k + 1) * ak1 + fdx(k) * bk + fdx(k + 1)
     * bk1
071  End Function
```

Chapter 9：利率均衡模型

　　不同於 Nelson and Siegel 與 Svensson 以遠期利率求算即期利率，Vasicek 及 C.I.R. 模型以瞬間利率（離散型以短期利率稱之）為假設模型，用以描述利率走勢的動態演變過程的均衡模型，所謂均衡模型係指探討在經濟體系均衡情況下的利率期間結構。這兩種均衡模型除可以利用解析解推導出即期利率外，更多是用於評價或規避利率衍生性商品的風險。均衡模型主要考慮到利率的長期均衡狀態，適用於受長天期利率影響的商品，如長天期結構債、不動產抵押債券或是保險商品的訂價等，而這類商品的共通點為對短天期利率變動敏性較低，且多使用蒙地卡羅模型法對其定價。因此，本章主要的重點在於如何運用市場資料，透過規劃求解的方式估計出利率均衡模型的參數，而蒙地卡羅的使用方式可參考第 6 章。

9-1　Vasicek (1977) Model

　　Vasicek 於 1977 首度將均數復回（mean-reverting）的特性納入利率模型中，所謂均數復回指的是利率的變化會受到長期利率水準（平均利率水準）的牽引，即當短期利率偏離長期利率時，短期利率會受該參數的影響，近而往長期利率水準靠攏。而此特性亦具有經濟上的涵義，即當利率走高時，投資人會減少借款的需求，導致利率逐漸下跌；反之，當利率下跌時，資金成本變低，投資人會增加資金的需求，使得利率攀升。

　　模型假設未來短期利率 r（short rate）的條件機率分配為常態分配（又稱 Ornstein-Uhlenbeck 模型），在風險中立的情況下短期利率變化 dr 表示為：

$$dr = a(b-r)dt + \sigma_r dw_t \qquad\qquad (9\text{-}1)$$

其中：

　　a：均數復回速度

　　b：長期利率水準

　　r：短期利率

　　σ_r：短期利率的波動率

　　$dw_t \sim N(0, dt)$：標準 Wiener process

利用式 9-1 的推導，可求得任一時間點 t 至到期日為 T（存續期間為 $T-t$）連續複利型的單位零息債券價格 [1]$P(t, T)$：

$$P(t,T) = A(t,T)e^{-B(t,T)r_t} \tag{9-2}$$

其中：

r_t：為在 t 時的短期利率，若 $t=0$ 表示目前的短期利率：

$$B(t,T) = \frac{1 - e^{-a(T-t)}}{a}$$

$$A(t,T) = \exp\left[\frac{\left(B(t,T) - T + t\right)\left(a^2 b - \sigma_r^2/2\right)}{a^2} - \frac{\sigma_r^2 B(t,T)^2}{4a}\right]$$

當 $a=0$ 時，$A(t, T)$ 及 $\mathbf{B}(t, T)$ 另表示為：

$$\mathbf{B}(t,T) = T - t$$

$$A(t,T) = \exp\left(\sigma_r^2 (T - t)^3 / 6\right)$$

上式零息債券價格的最大好處在於當 t=0 時，我們可以把 $P(0, T)$ 當作折現因子，則即期利率 $R(T)$ 可被表示為：

$$R(T) = \frac{\ln\left(\frac{1}{P(0,T)}\right)}{T} \tag{9-3}$$

當 $T = \infty$ 時，即期利率可表示為：

$$R(\infty) = \left(b - \frac{\sigma_r^2}{2a^2}\right) \tag{9-4}$$

Vasicek 模型中的參數 a、b 及 σ_r 無法在市場上直接觀察到，可利用短期利率的歷史資訊來作預估，式 9-1 可視為一種 Ornstein-Uhlenbeck 過程，即在連續時間下的 AR(1) 時間序列，或稱彈性隨機漫步，其解可表示為：

---

[1]   相關公式參照：Hull, John C., Options, Futures and Other Derivatives. International Edition, 539-542.

$$r_{t_{i+1}} = b(1 - e^{-a\Delta t}) + r_{t_i} e^{-a\Delta t} + \sigma_r \sqrt{\frac{1 - e^{-2a\Delta t}}{2a}} Z_i \tag{9-5}$$

其中 Z_i 服從 iid 標準常態分配，模型中的參數可以利用最小平方法（Ordinary Least Squares；OLS）得到不偏估計參數：

$$\hat{a} = -\frac{\ln(S)}{\Delta t} \tag{9-6}$$

$$\hat{b} = \frac{S_y - S S_x}{(N-1)(1-S)} \tag{9-7}$$

$$\hat{\sigma}_r = \hat{\varepsilon} \sqrt{\frac{-2\ln(S)}{\Delta t (1 - S^2)}} \tag{9-8}$$

其中：

N：觀察資料筆數

r_{t_i}：在 t_i 時的短期利率

Δt：兩觀察資料間隔時間

$$S = \frac{(N-1)S_{xy} - S_x S_y}{(N-1)S_{xx} - S_x^2} \; ; \; S_x = \sum_{i=1}^{N-1} r_{t_i} \; ; \; S_y = \sum_{i=1}^{N-1} r_{t_{i+1}} \; ; \; S_{xx} = \sum_{i=1}^{N-1} r_{t_i}^2 \; ; \; S_{yy} = \sum_{i=1}^{N-1} r_{t_{i+1}}^2 \; ;$$

$$S_{xy} = \sum_{i=1}^{N-1} r_{t_i} r_{t_{i+1}} \; ; \; \hat{\varepsilon} = \sqrt{\frac{(N-1)S_{yy} - S_y^2 - S\left((N-1)S_{xy} - S_x S_y\right)}{(N-1)(N-3)}}$$

除了最小平方法外，我們亦可利用最大概似估計法來估計參數，Vasicek 模型的概似函數 $L(\theta)$ 可以寫成：

$$L(\theta) = \prod_{i=1}^{N-1} \left(2\pi Var(r_{t_{i+1}} \mid r_{t_i})\right)^{-1/2} \exp\left(-\frac{\left(r_{t_{i+1}} - E(r_{t_{i+1}} \mid r_{t_i})\right)^2}{2Var(r_{t_{i+1}} \mid r_{t_i})}\right) \tag{9-9}$$

其中：

$\theta \equiv (a, b, \sigma_r)$：為一參數向量

$Var(r_{t_{i+1}} | r_{t_i}) = \dfrac{\sigma_r^2}{2a}(1 - e^{-2a\Delta t})$：Vasicek 模型之條件變異數

$E(r_{t_{i+1}} | r_{t_i}) = b + (r_{t_i} - b)e^{-a\Delta t}$：Vasicek 模型之條件期望值

將式 9-9 取自然對數可得：

$$\ln L(\theta) = \sum_{i=1}^{N-1} \ln \left[\left(2\pi Var(r_{t_{i+1}} | r_{t_i})\right)^{-1/2} \exp\left(-\frac{\left(r_{t_{i+1}} - E(r_{t_{i+1}} | r_{t_i})\right)^2}{2 Var(r_{t_{i+1}} | r_{t_i})} \right) \right] \tag{9-10}$$

由於 $\ln L(\theta)$ 為 $L(\theta)$ 的單調轉換，所以自然對數概似函數 $\ln L(\theta)$ 所取出之最大值與概似函數 $L(\theta)$ 所取出之最大值意義相同，因此，最大概似估計法目標式可表示為：

$$\hat{\theta} \equiv \left(\hat{a}, \hat{b}, \hat{\sigma}_r\right) = \arg \underset{\hat{\theta}}{Max} \ln L(\theta) \tag{9-11}$$

使用最大概似估計法需時通常將最小平方法估出的參數當起始值，再利用 Excel 的規劃求解即可求出估計參數。

9-2　Cox, Ingersoll and Ross (1985) Model

Cox, Ingersoll and Ross (C.I.R.) 於 1985 年提出了單因子利率期限的均衡模型，三位學者所提出的模型改善了 OU（Ornstein-Uhlenbeck）模型出現負值的情況，其條件期望值的機率分配為非對稱的卡方分配（chi-square distribution），並且仍具備與 Vasicek 模型相同的均數復回（mean-reverting）良好性質。在風險中立下，C.I.R. 短期利率的隨機過程表示如下：

$$dr = a(b - r)dt + \sigma_r \sqrt{r}\,dw_t \tag{9-12}$$

其中：

a：均數復回速度

b：長期利率水準

r：短期利率

σ_r：短期利率的波動率

$dw_t \sim N(0, dt)$：標準 Wiener process

同樣的在 C.I.R. 假設下，單位債券理論價格亦可寫成如同式 9-2 一般：

$P(t, T) = A(t, T)e^{-B(t,T)r_t}$，惟其中：

$$A(t,T) = \left[\frac{2\gamma e^{(a+\gamma)(T-t)/2}}{(\gamma+a)\left(e^{\gamma(T-t)}-1\right)+2\gamma} \right]^{2ab/\sigma_r^2}$$

$$B(t,T) = \frac{2\left(e^{\gamma(T-t)}-1\right)}{(\gamma+a)\left(e^{\gamma(T-t)}-1\right)+2\gamma}$$

此處 $\gamma = \sqrt{a^2 + 2\sigma_r^2}$

即期利率 $R(T)$ 同式 9-3 表示，且當 $T=\infty$ 時，即期利率另表示為：

$$R(\infty) = \frac{2ab}{a+\gamma} \tag{9-13}$$

同樣的要利用市場觀察到的短期利率來估計式 9-12 中的參數 a、b 及 σ_r，需先將 C.I.R. 模型轉為離散型：

$$r_{t_{i+1}} - r_{t_i} = a(b - r_{t_i})\Delta t + \sigma_r \sqrt{r_{t_i}} Z_i \tag{9-14}$$

其中 $Z_i \sim N(0, \Delta t)$。為了使用最小平方法來估計參數，我們可以將式 9-14 轉換為下列型式：

$$\frac{(r_{t_{i+1}} - r_{t_i})}{\sqrt{r_{t_i}}} = \frac{ab\Delta t}{\sqrt{r_{t_i}}} - a\sqrt{r_{t_i}}\Delta t + \sigma_r \varepsilon_i \tag{9-15}$$

其中 $\varepsilon_i \sim N(0, 1)$。最小平方法是將觀察數據分別代入式 9-15 中，以迴歸模型估出參數 a 及 b 的估計值 $\hat{a}$ 及 $\hat{b}$，會使得式 9-15 中的殘差項平方 $\sum_{i=1}^{N-1}(\sigma_r\varepsilon_i)^2$ 最小：

$$(\hat{a},\hat{b}) = \arg\min_{a,b} \sum_{i=1}^{N-1}(\sigma_r\varepsilon_i)^2 = \arg\min_{a,b} \sum_{i=1}^{N-1}\left(\frac{(r_{t_{i+1}} - r_{t_i})}{\sqrt{r_{t_i}}} - \frac{ab\Delta t}{\sqrt{r_{t_i}}} + a\sqrt{r_{t_i}}\Delta t\right)^2 \tag{9-16}$$

經運算可得估計參數：

$$\hat{a} = \frac{N^2 - 2N + 1 + \sum_{i=1}^{N-1} r_{t_{i+1}} \sum_{i=1}^{N-1} \frac{1}{r_{t_i}} - \sum_{i=1}^{N-1} r_{t_i} \sum_{i=1}^{N-1} \frac{1}{r_{t_i}} - (N-1) \sum_{i=1}^{N-1} \frac{r_{t_{i+1}}}{r_{t_i}}}{\left(N^2 - 2N + 1 - \sum_{i=1}^{N-1} r_{t_i} \sum_{i=1}^{N-1} \frac{1}{r_{t_i}} \right) \Delta t} \tag{9-17}$$

$$\hat{b} = \frac{(N-1) \sum_{i=1}^{N-1} r_{t_{i+1}} - \sum_{i=1}^{N-1} r_{t_i} \sum_{i=1}^{N-1} \frac{r_{t_{i+1}}}{r_{t_i}}}{\left(N^2 - 2N + 1 + \sum_{i=1}^{N-1} r_{t_{i+1}} \sum_{i=1}^{N-1} \frac{1}{r_{t_i}} - \sum_{i=1}^{N-1} r_{t_i} \sum_{i=1}^{N-1} \frac{1}{r_{t_i}} - (N-1) \sum_{i=1}^{N-1} \frac{r_{t_{i+1}}}{r_{t_i}} \right)} \tag{9-18}$$

σ_r 的估計值可從式 9-15 及 9-16 中估算出：

$$\hat{\sigma}_r = \sqrt{\frac{1}{N-1} \sum_{i=1}^{N-1} \left(\frac{r_{t_{i+1}} - r_{t_i}}{\sqrt{r_{t_i}}} - \frac{\hat{a}\hat{b}\Delta t}{\sqrt{r_{t_i}}} + \hat{a}\sqrt{r_{t_i}}\,\Delta t \right)^2}$$

其中：

　N：觀察資料筆數

　r_{t_i}：在 t_i 時的短期利率

　Δt：兩觀察資料間隔時間 $(\Delta t = t_{i+1} - t_i)$

同樣的除了最小平方法估計參數外，一般最常用的還是以最大概似估計法來對參數作估計。C.I.R. 模型的條件期望值的機率分配，為一非對稱型卡方分配（non-central chi-square distribution），其條件機率分配可表示為：

$$f(r_{t_{i+1}} \mid r_{t_i}; \theta, \Delta t) = c e^{-u-v} \left(\frac{v}{u} \right)^{q/2} I_q \left(2(uv)^{1/2} \right) \tag{9-19}$$

其中：

$$c = \frac{2a}{\sigma_r^2 \left(1 - e^{-a\Delta t} \right)}$$

$$u = c r_t e^{-a\Delta t}$$

$$v = cr_{t_{i+1}}$$

$$q = \frac{2ab}{\sigma_r^2} - 1$$

$I_q(.)$：Modified Bessel function of the first kind and of order q

而其概似函數為 $L(\theta) = \prod_{i=1}^{N-1} f\left(r_{t_{i+1}} \mid r_{t_i}; \theta, \Delta t\right)$，並對其取自然對數：

$$
\begin{aligned}
\ln L(\theta) &= \sum_{i=1}^{N-1} \ln f\left(r_{t_{i+1}} \mid r_{t_i}; \theta, \Delta t\right) \\
&= \sum_{i=1}^{N-1} \ln\left(ce^{-u-v}\left(\frac{v}{u}\right)^{q/2} I_q\left(2(uv)^{1/2}\right)\right)
\end{aligned}
\tag{9-20}
$$

式 9-20 中，計算 $I_q(2(uv)^{1/2})$ 函數時常會發生估計錯誤（通常為溢值），因此，在使用式 9-20 時會作適當的調整，將 $I_q(2(uv)^{1/2})$ 函數以 $I_q^1(2(uv)^{1/2})$ 函數取代，而 $I_q(2(uv)^{1/2})$ 與 $I_q^1(2(uv)^{1/2})$ 的關係式如下：

$$
I_q^1\left(2(uv)^{1/2}\right) = e^{-2(uv)^{1/2}} I_q\left(2(uv)^{1/2}\right)
\tag{9-21}
$$

將式 9-21 代入式 9-20 中，最大概似函數可以寫為：

$$
\ln L(\theta) = \sum_{i=1}^{N-1} \ln\left(ce^{-u-v}\left(\frac{v}{u}\right)^{q/2} e^{2(uv)^{1/2}} I_q^1\left(2(uv)^{1/2}\right)\right)
\tag{9-22}
$$

最大概似估計法目標式同式 9-11 所示。

9-3 一般均衡模型表單建置

模型表單分兩個部分，分別為一般均衡模型表單及一般均衡模型參數估計表單，表單格式設定請參考第 8 章 Nelson and Siegel 表單的作法，表單功能如下介紹：

A. 繪出兩種均衡模型利率期間結構，並透過微調方式觀察模型參數變動對利率期間結構的影響。

B. 利用短期利率的歷史資料，以最小平方法及最大概似估計法推估模型參數。

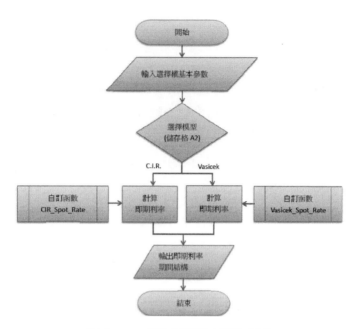

圖 9-1　一般均衡模型表單流程圖

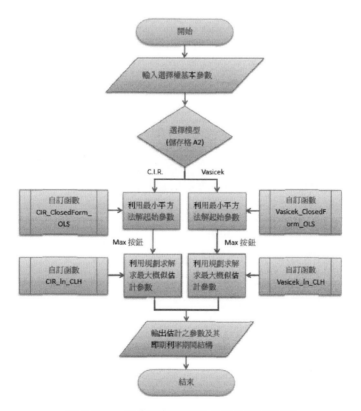

圖 9-2　一般均衡模型參數估計表單流程圖

9-3-1 表單使用方式

A. 一般均衡模型表單

    a. 首先於儲存格 A2 的清單中，選取模型類別 Vasicek 或 C.I.R. 模型，接著於儲存格 C3：C6 中的微調按鈕對模型參數作變更，表單中的圖表會依使用者變更的參數將利率期間結構繪出。

    b. 圖表中查價線係依儲存格 C7 的微調按鈕變動距到期時間 t，對映出的即期利率 R(t)（儲存格 B8）

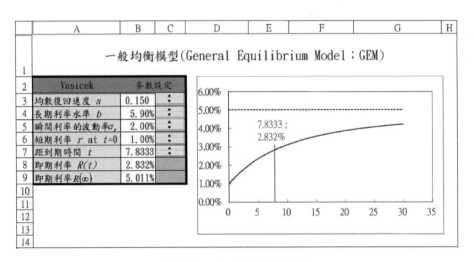

圖 9-3　一般均衡模型表單

B. 一般均衡模型參數估計

    a. 首先於儲存格 A2 的清單中，選取模型類別 Vasicek 或 C.I.R. 模型。接著於儲存格範圍 A21：B25 中，將短期利率歷史資料輸入（本範例中假設五筆歷史資料，讀者可依需求自行調整）。

    b. 於儲存格範圍 B16：C18 中輸入參數的上下限限制。

    c. 儲存格 F16：F18 為利用最小平方方法估計出的參數，將這些參數當成最大概似估計法的起始解，並分別輸入至儲存格 B3：B5。

    d. 接著按下儲存格 C14 中的「Max」按鈕，表單會利用規劃求解的方式，求取估計參數（若規劃求解失敗，請適度調整儲存格範圍 B16：C18 中的限制式或起始解）。

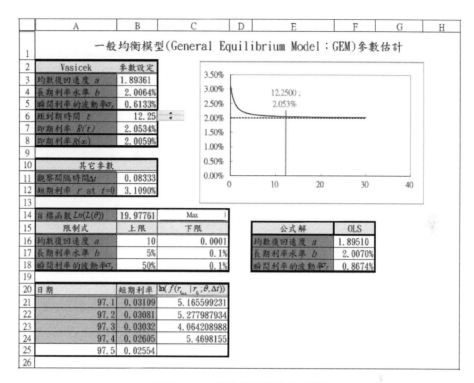

圖 9-4　一般均衡參數估計表單

9-3-2 表單製作

A. 一般均衡模型表單

表單的設定格式與方式雷同於前章計量模型法表單，其中圖表資料源的設定如圖 9-5 所示，圖表資料儲存格設定如下：

儲存格	設定公式	説明
J5 J6 J7 ： J125	=1/365 =0.25 =0.5 =30	設定圖表時間間隔，以季為單位，最長時限為 30 年
K5 K6 ： K125	=IF($A$2="CIR",CIR_Spot_Rate(J5,$B$3,$B$4,$B$5,$B$6),IF($A$2="Vasicek",Vasicek_Spot_Rate(J5,$B$3,$B$4,$B$5,$B$6),0)) =IF($A$2="CIR",CIR_Spot_Rate(J6,$B$3,$B$4,$B$5,$B$6),IF($A$2="Vasicek",Vasicek_Spot_Rate(J6,$B$3,$B$4,$B$5,$B$6),0)) ： =IF($A$2="CIR",CIR_Spot_Rate(J125,$B$3,$B$4,$B$5,$B$6),IF($A$2="Vasicek",Vasicek_Spot_Rate(J125,$B$3,$B$4,$B$5,$B$6),0))	依儲存格 A2 所設定的模型類別，計算即期利率 $R(t)$
M5 M6 M7	=B7 =B7 =B7	查價線時點
N5 N6 N7	=0 =IF(A2="CIR",CIR_Spot_Rate(M6,$B$3,$B$4,$B$5,$B$6),IF(A2="Vasicek",Vasicek_Spot_Rate(M6,$B$3,$B$4,$B$5,$B$6),0)) =N6*1.1	查價線即期利率 $R(t)$
M12 M13	=0 =30	設定時間起訖
N12 N13	=B12 =B12	即期利率 $R(\infty)$

	J	K	L	M	N	O
2			圖表資料來源			
3		Spot Rate		查價線		
4	t	R(t)		t	R(t)	
5	0.00	1.0010%		7.8333	0	
6	0.25	1.0903%		7.8333	2.832%	
7	0.5	1.1777%		7.8333	3.116%	
8	0.75	1.2621%				
9	1	1.3438%				
10	1.25	1.4229%		長天期即期利率線 $R(\infty)$		
11	1.5	1.4994%		t	R(t)	
12	1.75	1.5735%		0	5.011%	
13	2	1.6453%		30	5.011%	
14	2.25	1.7148%				
15	2.5	1.7822%				
16	2.75	1.8475%				
17	3	1.9108%				

圖 9-5　一般均衡模型表單圖表資料源

圖 9-3 表單中主要的儲存格設定如下所示：

儲存格	設定公式	説明
B2	設定資料驗證，儲存格內允許「清單」，而來源設定為「=$D$3:$D$4」	選取模型類別，並於儲存格 D3 中設定「=CIR」，儲存格 D4 中設定「= Vasicek」
B3	=C3/100	儲存格 C3 的值係經由微調按鈕作變動
B4	=C4/1000	儲存格 C4 的值係經由微調按鈕作變動
B5	=C5/1000	儲存格 C5 的值係經由微調按鈕作變動
B6	=C6/1000	儲存格 C6 的值係經由微調按鈕作變動
B7	=C7/12	儲存格 C7 的值係經由微調按鈕作變動，變動數值以一個月為一單位
B8	=IF(A2="CIR",CIR_Spot_Rate(B7,B3,B4,B5,B6),IF(A2="Vasicek",Vasicek_Spot_Rate(B7,B3,B4,B5,B6),0))	即期利率 $R(T)$
B9	=IF(A2="CIR",2*B3*B4/(SQRT(B3^2+2*B5^2)+B3),IF(A2="Vasicek",B4-B5^2/2/B3^2,0))	即期利率 $R(\infty)$

B. 一般均衡模型參數估計

圖 9-4 的設定及圖表資料源設定，如上述一般均衡模型表單中所示，表單中儲存格設定及說明如下：

儲存格	設定公式	説明
A2	設定資料驗證，儲存格內允許「清單」，而來源設定為「=$C$3:$C$4」	選取模型類別，並於儲存格 C3 中設定「=CIR」，儲存格 C4 中設定「= Vasicek」
B3：B5	直接輸入三個參數的起始解	
B6	=C6/12	以儲存格 C6 上的微調按鈕調整距到期日 t
B7	=IF(A2="CIR",CIR_Spot_Rate(B6,B3,B4,B5,B12),IF(A2="Vasicek",Vasicek_Spot_Rate(B6,B3,B4,B5,B12),0))	即期利率 $R(T)$
B8	=B4-B5^2/2/B3^2	即期利率 $R(\infty)$
B11	=1/12	觀察資料間隔時間（年）
B12	=B21	觀察資料第一筆起始值

B14	=SUM(C21:C24)	目標函數，概似函數值，範例中為五筆資料，讀者可依自己的需求增加儲存格數量
B16：C18	參數上下限	EXCEL 規劃求解的上下限
C14	執行規劃求解 [按鈕]	[按鈕] 指定巨集名稱「GEM_MLE」
A21：B25	觀察資料數據	將欲估計之參數資料存放在此處
C21 ⋮ C24	=IF($A$2="CIR",CIR_ln_CLH(B21,B22,$B$11,$B$3,$B$4,$B$5),IF($A$2="Vasicek",Vasicek_ln_CLH(B21,B22,$B$11,$B$3,$B$4,$B$5),0)) ⋮ =IF($A$2="CIR",CIR_ln_CLH(B24,B25,$B$11,$B$3,$B$4,$B$5),IF($A$2="Vasicek",Vasicek_ln_CLH(B24,B25,$B$11,$B$3,$B$4,$B$5),0))	求算單筆自然對數概似函數值，式 9-10 及式 9-22 中單筆數值
F16：F18	=TRANSPOSE(IF(A2="CIR",CIR_ClosedForm_OLS($B$21:$B$25,$B$11),IF(A2="Vasicek",Vasicek_ClosedForm_OLS($B$21:$B$25,$B$11),0)))	矩陣函數，返回利用最小平方法估計之參數 a、b 及 γ

GEM_MLE 子程式（巨集）

行	程式內容
001	Sub GEM_MLE()
002	Call SolverReset ' 重設規劃求解內所有引數
003	Call SolverOk("$B$14", 1, , "$B$3:$B$5") ' 設定目標式 , 目標式必須為一函數
004	Call solverAdd("$B$3", 3, "$C$16") ' 設定限制式 , 均數復回速度下限
005	Call solverAdd("$B$3", 1, "$B$16") ' 設定限制式 , 均數復回速度上限
006	Call solverAdd("$B$4", 3, "$C$17") ' 設定限制式 , 長期利率水準下限
007	Call solverAdd("$B$4", 1, "$B$17") ' 設定限制式 , 長期利率水準上限
008	Call solverAdd("$B$5", 3, "$C$18") ' 設定限制式 , 瞬間利率的波動率下限
009	Call solverAdd("$B$5", 1, "$B$18") ' 設定限制式 , 瞬間利率的波動率上限
010	Call SolverSolve(True) ' 執行規劃求解 , 並且不顯示規劃求解結果對話方塊
011	Call solverfinish(1) ' 將執行結果保留下來 , 替換初如值
012	End Sub

9-4　自訂函數

- **Vasicek_Spot_Rate** 函數：利用 **Vasicek** 公式計算即期利率。

使用語法：

> Vasicek_Spot_Rate(t,a,b,sigma_r,r0)

引數說明：

    t：存續期間

    a：均數復回速度

b：長期利率水準

sigma_r：短期利率的波動率

r0：起始利率

返回值：存續期 t 的零息殖利率

行	程式內容
001	Function Vasicek_Spot_Rate(ByVal t As Double, ByVal a As Double, ByVal b As Double, ByVal sigma_r As Double, ByVal r0 As Double) As Double
002	Dim At As Double
003	Dim Bt As Double
004	Dim Pt As Double
005	Dim t0 As Double
006	t0 = 0
007	If a <> 0 Then
008	Bt = (1 - Exp(-a * (t - t0))) / a
009	At = Exp((Bt - t + t0) * (a ^ 2 * b - sigma_r ^ 2 / 2) / a ^ 2 - sigma_r ^ 2 * Bt ^ 2 / 4 / a)
010	Else
011	Bt = t - t0
012	At = Exp(sigma_r ^ 2 * (t - t0) ^ 3 / 6)
013	End If
014	
015	Pt = At * Exp(-Bt * r0)
016	Vasicek_Spot_Rate = Log(1 / Pt) / (t - t0)
017	
018	End Function

程式說明：

行數 015：

利用式 9-2 計算以 $t=0$ 時的零息債券價格 $P(0, T)$ 當作折現因子。

行數 016：

利用式 9-3 計算即期利率 $R(T)$。

- **CIR_Spot_Rate 函數：利用 CIR 公式計算即期利率。**

使用語法：

CIR_Spot_Rate(t,a,b,sigma_r,r0)

引數說明：

t：存續期間

a：均數復回速度

b：長期利率水準

sigma_r：短期利率的波動率

r0：起始利率

返回值：存續期 t 的零息殖利率

行	程式內容
001	Function CIR_Spot_Rate(ByVal t As Double, ByVal a As Double, ByVal b As Double, ByVal sigma_r As Double, ByVal r0 As Double) As Double
002	Dim Gamma As Double
003	Dim At As Double
004	Dim Bt As Double
005	Dim Pt As Double
006	Dim t0 As Double
007	t0 = 0
008	Gamma = Sqr(a ^ 2 + 2 * sigma_r ^ 2)
009	At = (2 * Gamma * Exp((a + Gamma) * (t - t0) / 2) / ((Gamma + a) * (Exp(Gamma * (t - t0)) - 1)+ 2 * Gamma)) ^ (2 * a * b / sigma_r ^ 2)
010	Bt = 2 * (Exp(Gamma * (t - t0)) - 1) / ((Gamma + a) * (Exp(Gamma * (t - t0)) - 1) + 2 * Gamma)
011	
012	Pt = At * Exp(-Bt * r0)
013	CIR_Spot_Rate = Log(1 / Pt) / (t - t0)
014	
015	End Function

程式說明：

行數 012：

計算當 $t=0$ 時的零息債券價格 $P(0, T)$。

行數 013：

計算即期利率 $R(T)$。

- **Vasicek_ln_CLH 函數**：計算單期 Vasicek 自然對數概似函數。

使用語法：

Vasicek_ln_CLH (t,a,b,sigma_r,r0)

引數說明：

rt：本期觀察短期利率

rt1：下期觀察短期利率

delta_t：兩觀察期間隔時間

a：均數復回速度

b：長期利率水準

sigma_r：短期利率的波動率

返回值：單期 Vasicek 自然對數概似函數值

行	程式內容
001	Function Vasicek_ln_CLH(ByVal rt As Double, ByVal rt1 As Double, ByVal delta_t As Double, ByVal a As Double, ByVal b As Double, ByVal sigma_r As Double) As Double
002	Dim Var As Double
003	Dim Expect As Double
004	Dim pi As Double
005	pi = 3.14159265358979
006	Expect = b + (rt - b) * Exp(-a * delta_t)
007	Var = sigma_r ^ 2 * (1 - Exp(-2 * a * delta_t)) / 2 / a
008	Vasicek_ln_CLH = Log((2 * pi * Var) ^ (-1 / 2) * Exp(-(rt1 - Expect) ^ 2 / 2 / Var))
009	
010	End Function

程式說明：

行數 006：

計算 Vasicek 模型之條件期望值。

行數 007：

計算 Vasicek 模型之條件變異數。

行數 008：

計算式 9-9 單期 Vasicek 模型的自然對數概似函數 $\ln L(\theta)$。

- **CIR_ln_CLH 函數**：計算單期 CIR 自然對數概似函數。

使用語法：

CIR_ln_CLH(t,a,b,sigma_r,r0)

引數說明：

rt：本期觀察短期利率

rt1：下期觀察短期利率

delta_t：兩觀察期間隔時間

a：均數復回速度

b：長期利率水準

sigma_r：短期利率的波動率

返回值：單期 CIR 自然對數概似函數值

行	程式內容
001	Function CIR_ln_CLH(ByVal rt As Double, ByVal rt1 As Double, ByVal delta_t As Double, ByVal a As Double, ByVal b As Double, ByVal sigma_r As Double) As Double
002	Dim c As Double
003	Dim v As Double
004	Dim u As Double
005	Dim q As Double
006	Dim Iq As Variant
007	Dim pi As Double
008	pi = 3.14159265358979
009	c = 2 * a / sigma_r ^ 2 / (1 - Exp(-a * delta_t))
010	u = c * rt * Exp(-a * delta_t)
011	v = c * rt1
012	q = 2 * a * b / sigma_r ^ 2 – 1
013	Iq = (2 * pi * (2 * (u * v) ^ (1 / 2))) ^ (-1 / 2) * Exp(-q ^ 2 / 2 / (2 * (u * v) ^ (1 / 2)))
014	
015	CIR_ln_CLH = Log(c) + (-u - v) + (q / 2) * Log(v / u) + 2 * (u * v) ^ (1 / 2) + Log(Iq)
016	
017	End Function

程式說明：

行數 009-013：

計算式 9-19 中的參數 c、u、v、q 及 $I_q^1(.)$ 的估計值。

行數 015：

計算 C.I.R. 模型單期的自然對數概似函數 $\ln L(\theta)$。

- **Vasicek_ClosedForm_OLS 函數：利用最小平方方法估計 Vasicek 參數。**

使用語法：

Vasicek_ClosedForm_OLS(x,delta_t)

引數說明：

x：市場觀察短期利率矩陣

delta_t：兩觀察期間隔時間

返回值：估計之 Vasicek 參數矩陣（a, b, sigma_r）

行	程式內容
001	Function Vasicek_ClosedForm_OLS(ByVal x As Variant, ByVal delta_t As Double) As Variant
002	Dim a As Double
003	Dim b As Double
004	Dim e As Double
005	Dim sigma_r As Double
006	Dim N As Integer
007	Dim i As Integer
008	Dim Sx As Double
009	Dim Sy As Double
010	Dim Sxx As Double
011	Dim Syy As Double
012	Dim Sxy As Double
013	Dim s As Double
014	N = UBound(x.value)
015	For i = 1 To N - 1
016	Sx = Sx + x(i)
017	Sy = Sy + x(i + 1)
018	Sxx = Sxx + x(i) ^ 2
019	Syy = Syy + x(i + 1) ^ 2
020	Sxy = Sxy + x(i) * x(i + 1)
021	Next
022	s = ((N - 1) * Sxy - Sx * Sy) / ((N - 1) * Sxx - Sx ^ 2)
023	a = -Log(s) / delta_t
024	b = (Sy - s * Sx) / (N - 1) / (1 - s)
025	e = (((N - 1) * Syy - Sy ^ 2 - s * ((N - 1) * Sxy - Sx * Sy)) / (N - 1) / (N - 3)) ^ (1 / 2)
026	sigma_r = e * (-2 * Log(s) / delta_t / (1 - s ^ 2)) ^ (1 / 2)
027	' 設定傳回值矩陣
028	Dim ols(1 To 3) As Double
029	ols(1) = a
030	ols(2) = b
031	ols(3) = sigma_r
032	
033	Vasicek_ClosedForm_OLS = ols
034	
035	End Function

程式說明：

行數 015-022：

計算式 9-6、9-7、9-8 中的參數中介值。

行數 023：

計算式 9-6 的參數 $\hat{a}$。

行數 024：

計算式 9-7 的參數 $\hat{b}$。

行數 026：

計算式 9-8 的參數 $\hat{\sigma}_r$。

行數 028-031：

設定函數傳回陣列。

- **CIR_ClosedForm_OLS 函數：利用最小平方法估計 CIR 參數。**

使用語法：

> CIR_ClosedForm_OLS(x,delta_t)

引數說明：

x：市場觀察短期利率矩陣

delta_t：兩觀察期間隔時間

返回值：估計之 CIR 參數矩陣（a, b, sigma_r）

行	程式內容
001	Function CIR_ClosedForm_OLS(ByVal x As Variant, ByVal delta_t As Double) As Variant
002	Dim a As Double
003	Dim b As Double
004	Dim sigma_r As Double
005	Dim N As Integer
006	Dim i As Integer
007	Dim Sx As Double
008	Dim Sy As Double
009	Dim S1x As Double
010	Dim Syx As Double
011	Dim e As Double
012	N = UBound(x.value)
013	For i = 1 To N - 1
014	Sx = Sx + x(i)
015	Sy = Sy + x(i + 1)
016	S1x = S1x + 1 / x(i)
017	Syx = Syx + x(i + 1) / x(i)
018	Next
019	a = (N ^ 2 - 2 * N + 1 + Sy * S1x - Sx * S1x - (N - 1) * Syx) / (N ^ 2 - 2 * N + 1 - Sx * S1x) / delta_t
020	b = ((N - 1) * Sy - Sx * Syx) / (N ^ 2 - 2 * N + 1 + Sy * S1x - Sx * S1x - (N - 1) * Syx)
021	For i = 1 To N - 1
022	e = e + ((x(i + 1) - x(i)) / x(i) ^ (1 / 2) - a * b * delta_t / x(i) ^ (1 / 2) + a * x(i) ^ (1 / 2) * delta_t) ^ 2
023	Next
024	sigma_r = (e / (N - 1)) ^ (1 / 2)
025	' 設定傳回值矩陣
026	Dim ols(1 To 3) As Double
027	ols(1) = a
028	ols(2) = b
029	ols(3) = sigma_r
030	CIR_ClosedForm_OLS = ols
031	
032	End Function

程式說明：

行數 013-018：

　　計算式 9-17、9-18、及 $\hat{\sigma}_r$ 的參數中介值。

行數 019：

　　計算式 9-17 的參數 $\hat{a}$。

行數 020：

　　計算式 9-18 的參數 $\hat{b}$。

行數 024：

　　計算參數 $\hat{\sigma}_r$。

行數 026-029：

　　設定函數傳回陣列。

Chapter 10：Hull-White 利率三元樹

Hull-White 以短期利率模型為基礎發展出的利率三元樹,其為一無套利模型
(no-arbitrage model),該模型將目前的利率期間結構當作輸入參數,讓模型符合現
行利率期間結構。不同於利率均衡模型所主張的利率長期均衡,短期的利率變動對模
型的影響不大;無套利模型則認為短期利率變動,跟隨著套利機會出現,利率模型勢
必要調整。本章內容主要介紹 Hull-White 利率三元樹的建立方法,並以 Cap 來對模
型參數做校準。文中更延伸遠期利率期間結構計算,說明如何對浮動利率債券作評價。

10-1　Hull-White (1990, 1994a) Model

Hull-White(1990, 1994a)利率三元樹常被用來對利率衍生性商品作評價與避
險,該模型除了將複雜的利率結構以簡潔的樹狀結構表示出來外,更具備有均數復回
(mean-reverting)的特性,Hull-White(1990, 1994a)以瞬間利率(離散型以短期利
率稱之)為假設,將單因子利率模型簡化如下:

$$dr = \left[\theta(t) - ar\right]dt + \sigma_r dW_t \tag{10-1}$$

其中:

　　a:均數復回速度,並決定長期利率與短期利率之間的相對波動度

　　σ_r:即期利率波動率

　　$\theta(t)$:初始利率期間結構配適函數

　　$dw_t \sim N(0, dt)$:標準 Wiener process

在建構三元樹利率模型時,我們將式 10-1 離散化:

$$\Delta r = \left[\theta(t) - ar\right]\Delta t + \sigma_r \Delta W_t \tag{10-2}$$

依 Hull-White 提及路徑相依利率三元樹的建構分二個部分,首先是依據模型建立初
始樹,接著利用市場利率期間結構調整初始樹。

10-1-1 利率樹建置

步驟 1:建立初始樹

　　求算每一個節點利率將往上、中、下跳動的機率 P_u、P_m 及 P_d,並決定哪一期開
始進行均數復回。一開始令初始節點短期利率 $r_{0,0}=0$ 及 $\theta(t)=0$,則式 10-2 可寫為:

$$\Delta r = -ar\Delta t + \sigma_r \Delta W_t \tag{10-3}$$

上式中 Δr 的期望值及標準差為分別為：

$$E(\Delta r) = -ar\Delta t = Mr \quad (M = -a\Delta t) \tag{10-4}$$

$$Var(\Delta r) = V = \sigma_r^2 \Delta t \Rightarrow \sqrt{V} = \sigma_r \sqrt{\Delta t} \tag{10-5}$$

首先我們定義 $r_{i,j}^*$ 表示以步驟 1 所求算出在第 i 期第 j 個狀態（以下稱節點 (i, j)）所算出之短期利率，換言之 $r_{i,j}^*$ 表示在時間點 $t=i\Delta t$ 時的短期利率 $j\Delta r$，在 Hull-White 定義短期利率的變動幅度 Δr 若為 $\sqrt{3V} = \sigma_r \sqrt{3\Delta t}$ 時，則模型可以極小化樹狀結構之離散誤差。

Hull-White 的利率樹結構因具有均數復回的特性，所以整個三元樹由三種結構所組成，每種結構從第 i 期跳動到第 $i+1$ 期的路徑及機率表示如下：

1. 正常結構（Normal Branching Process）

$$(i, j) \begin{cases} P_j^U = \dfrac{1}{6} + \dfrac{j^2 M^2 + jM}{2} \\[2mm] P_j^M = \dfrac{2}{3} - j^2 M^2 \\[2mm] P_j^D = \dfrac{1}{6} + \dfrac{j^2 M^2 - jM}{2} \end{cases}$$

2. 向上結構（Upward Branching Process）

$$(i, j) \begin{cases} P_j^U = \dfrac{1}{6} + \dfrac{j^2 M^2 - jM}{2} \\[2mm] P_j^M = -\dfrac{1}{3} - j^2 M^2 + 2jM \\[2mm] P_j^D = \dfrac{7}{6} + \dfrac{j^2 M^2 - 3jM}{2} \end{cases}$$

3. 向下結構（Downward Branching Process）

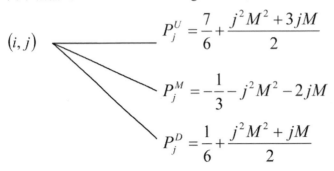

$$(i, j)$$

$$P_j^U = \frac{7}{6} + \frac{j^2 M^2 + 3jM}{2}$$

$$P_j^M = -\frac{1}{3} - j^2 M^2 - 2jM$$

$$P_j^D = \frac{1}{6} + \frac{j^2 M^2 + jM}{2}$$

三種不同結構中的每一個節點，往下一節點的路徑分為上、中、下，其機率 P_j^U、P_j^M 及 P_j^D 都只和狀態 j 和 M 有關，和在第幾期 i 無關。j 表示相對初始短期利率向上或向下變動的次數，若 $j=0$ 表示短期利率未作變動，j 為正數表示短期利率向上變動 j 次，j 為負數表示短期利率向下變動 j 次。當利率上漲到某一狀態 j_{Max}（取大於 $-0.184/M$ 的最小整數）時，整個利率會受牽引往長期利率方向回落，利率樹呈現向下結構；當利率下跌到某一狀態 $j_{Min}(-j_{Max})$ 時，整個利率會往長期利率方向向上靠攏，利率樹會以向上結構進行，而在正常條件下利率樹是以正常結構進行。

範例 10-1：未調整 Hull White 利率三元樹

假設 $a=0.1$，$\sigma_r=0.01$，$T=3$ 年，分 $N=3$ 期（$\Delta t=1$），短期利率的變動幅度 $\Delta r=1.7321\%$，均數復回狀態點 $j_{Max}=2$（$j_{Min}=-2$）、$M=-a\Delta t=-0.1\times1=-0.1$。則利率三元樹可表示為：

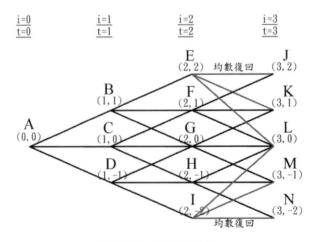

圖 10-1　利率三元樹

節點 A（0,0）為正常結構，其三個機率 P_0^U、P_0^M 及 P_0^D 為正常結構下之機率，B（1,1）、C（1,0）、D（1,-1）、F（2,1）、G（2,0）、H（2,-1）六個節點亦為正常結構。節點 E（2,2）開始作均數復回，其利率變動為向下結構，P_2^U、P_2^M 及 P_2^D 為向下結構下之機率，同樣的節點 I（2,-2）亦開始作均數復回，其利率變動為向上結構，P_{-2}^U、P_{-2}^M 及 P_{-2}^D 為向上結構下之機率。

在狀態 $j=0$ 下，節點 A、C、G 及 L 路徑變動機率值為：

$$P_0^U = \frac{1}{6} + \frac{0^2 \times (-0.1)^2 + 0 \times (-0.1)}{2} = 16.667\%$$

$$P_0^M = \frac{2}{3} - 0^2 (-0.1)^2 = 66.667\%$$

$$P_0^D = \frac{1}{6} + \frac{0^2 \times (-0.1)^2 - 0 \times (-0.1)}{2} = -16.667\%$$

四個節點的短期利率 $r_{0,0}^* = r_{1,0}^* = r_{2,0}^* = r_{3,0}^* = 0$；

在狀態 $j=1$ 下，節點 B、F 及 K 機率值分別為：

$$P_1^U = \frac{1}{6} + \frac{1^2 \times (-0.1)^2 + 1 \times (-0.1)}{2} = 12.167\%$$

$$P_1^M = \frac{2}{3} - 1^2 \times (-0.1)^2 = 65.667\%$$

$$P_j^D = \frac{1}{6} + \frac{1^2 \times (-0.1)^2 - 1 \times (0.1)}{2} = 21.167\%$$

三個節點的短期利率 $r_{1,1}^* = r_{2,1}^* = r_{3,1}^* = 1 \times 1.7321\% = 1.7321\%$。

同上作法節點 D、H 及 M 機率值分別為 $P_{-1}^U = 22.167\%$、$P_{-1}^M = 65.667\%$、$P_{-1}^D = 12.167\%$，三個節點的短期利率 $r_{1,-1}^* = r_{2,-1}^* = r_{3,-1}^* = -1 \times 1.7321\% = -1.7321\%$；節點 E 及 J 機率值分別為 $P_2^U = 88.667\%$、$P_2^M = 2.667\%$、$P_2^D = 8.667\%$，二個節點的短期利率 $r_{2,2}^* = r_{3,2}^* = 2 \times 1.7321\% = 3.4642\%$；節點 I 及 N 機率值分別為 $P_{-2}^U = 8.667\%$、$P_{-2}^M = 2.667\%$、$P_{-2}^D = 88.667\%$，二個節點的短期利率 $r_{2,-2}^* = r_{3,-2}^* = -2 \times 1.7321\% = -3.4642\% = -3.46\%$。

	B	C	D	E	F	G	H	I
12	OutPut Type=		r_Star	期數 i	0	1	2	3
13				t	0	1	2	3
14	機率			alpha	0.9120%	1.0770%	1.5290%	1.8337%
15	Pu	Pm	Pd	狀態 j	未調整短期利率,第一步驟中的r_Star			
16	88.6667%	2.6667%	8.6667%	2			3.4641%	3.4641%
17	12.1667%	65.6667%	22.1667%	1		1.7321%	1.7321%	1.7321%
18	16.6667%	66.6667%	16.6667%	0	0.0000%	0.0000%	0.0000%	0.0000%
19	22.1667%	65.6667%	12.1667%	-1		-1.7321%	-1.7321%	-1.7321%
20	8.6667%	2.6667%	88.6667%	-2			-3.4641%	-3.4641%

圖 10-2　各節點之機率及短期利率 $r_{i,j}^*$

步驟 2：以現行市場利率期間結構調整利率樹

步驟 1 求出之短期利率 $r^*(t)$ 係假設初始利率為零，當我們將市場利率期間結構代入作為調整為項後，利率樹的短期利率以 $r(t)$ 表示，而兩者的差以 $\alpha(t)$ 表示：

$$\alpha(t) = r(t) - r^*(t) \tag{10-6}$$

其中

$$dr(t) = \left[\theta(t) - ar\right]dt + \sigma_r dW_t \tag{10-7}$$

$$dr^*(t) = -ar^* dt + \sigma_r dW_t \tag{10-8}$$

$\alpha(t)$ 的求解有兩種常見的方式，一種是以現行市場的遠期短期利率（Initial forward curve）配適，公式如下

$$\alpha(t) = F(0,t) + \frac{\sigma_r^2}{2a^2}(1 - e^{-at})^2 \tag{10-9}$$

不過以遠期短利期間結構配適雖然是由現行市場利率期間結構所導出，但還是略有差異，所推出之利率樹不見得符合初始市場利率期間結構。而另一種方式係以求算 Arrow-Debreu 證券（或稱為不確定條件請求權（Contingent claim）證券）價格 $Q(i,j)$，來對 $\alpha(t)$ 作估算。$Q(i,j)$ 定義為當短期利率來到 (i,j) 節點時則給付，當利率來到 (i,j) 節點以外時，則不給付的有價證券價格現值。$\alpha(t)$ 與 $Q(i,j)$ 的算法以前推方式進行。

首先重新定義第 i 期的短期利差為 $\alpha(i)=r(i\Delta t)-r^*(i\Delta t)$ 或以 $r_{i,j}=\alpha(i)+j\Delta r$ 表示，各路徑間的單期折現利率為 $e^{-r_{i,j}\Delta t}$，首先定義 $Q(0, 0)=1$ 為單位證券價格，當 i=1 時 $Q(1, 1)$、$Q(1, 0)$、$Q(1, -1)$ 可表示為：

$$Q(1, 1)=Q(0, 0)p_0^U e^{-r_{0,0}\Delta t}$$

$$Q(1, 0)=Q(0, 0)p_0^M e^{-r_{0,0}\Delta t}$$

$$Q(1, -1)=Q(0, 0)p_0^D e^{-r_{0,0}\Delta t}$$

而所有 Arrow-Debreu 證券的現值 $\sum_{j=-1}^{1} Q(1, j)=Q(0,0)e^{-r_{0,0}\Delta t}$，相當於在到期日 (i=1) 時證券 $Q(0, 0)$ 的現值。同理在 i=2 時所有 Arrow-Debreu 證券可表示為：

$$Q(2, 2)=Q(1, 1)p_1^U e^{-r_{1,1}\Delta t}$$

$$Q(2, 1)=Q(1, 1)p_1^M e^{-r_{1,1}\Delta t}+Q(1, 0)p_0^U e^{-r_{1,0}\Delta t}$$

$$Q(2, 0)=Q(1, 1)p_1^D e^{-r_{1,1}\Delta t}+Q(1, 0)p_0^M e^{-r_{1,0}\Delta t}+Q(1, -1)p_{-1}^U e^{-r_{1,-1}\Delta t}$$

$$Q(2, -1)=Q(1, 0)p_0^D e^{-r_{1,0}\Delta t}+Q(1, -1)p_{-1}^M e^{-r_{1,-1}\Delta t}$$

$$Q(2, -2)=Q(1, -1)p_{-1}^D e^{-r_{1,-1}\Delta t}$$

總和 $\sum_{j=-2}^{2} Q(2, j)=\sum_{j=-1}^{1} Q(1, j)e^{-r_{1,j}\Delta t}$ 表示在到期日 (i=2) 時證券 $Q(0, 0)$ 的現值。其關係圖如下：

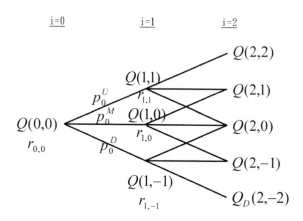

圖 10-3　Arrow-Debreu 證券關係圖

現在我們利用上述的兩期 Arrow-Debreu 證券價格來說明利率樹的調整方式。當市場利率期間結構已知 $(R(t))$，則第 i 期的單位零息債券現值可表示為 $P(i)=e^{-R(i\Delta t)i\Delta t}$，i=1, 2, ..., N。在第 1 期時，單位零息債券現值 $P(1)=e^{-R(\Delta t)\Delta t}$ 會等於所有 Arrow-Debreu 證券的現值 $\sum_{j=-1}^{1} Q(1, j) = Q(0, 0)e^{-r_{0,0}\Delta t}$，由此可推得 $r_{0,0} = R(\Delta t)$ 及 $\alpha(0) = r_{0,0} - r_{0,0}^* = r_{0,0} = R(\Delta t)$。同樣的在第 2 期時，則 $\alpha(1)$ 可用存續期間為 $2\Delta t$ 的零息債券價格求算出來，其公式如下：

$$P(2) = e^{-R(2\Delta t)2\Delta t} = \sum_{j=-1}^{1} Q(1, j)e^{-r_{1,j}\Delta t} = \sum_{j=-1}^{1} Q(1, j)e^{-(\alpha(1) + j\Delta r)\Delta t}$$

上式經推導整理可得：

$$\alpha(1) = \frac{\ln \sum_{j=-1}^{1} Q(1, j)e^{-j\Delta r\Delta t} - \ln P(2)}{\Delta t}$$

則調整後的短期利率 $r_{1,j} = \alpha(1) + j\Delta r$ 其中 $j = -1, 0, 1$ 即可求算出。

同理，我們可以求得當 $i = m$ $(1 \le m < N)$ 時，節點 (m, j) 上配適過後的短期利率 $r_{m,j} = \alpha(m) + r_{m,j}^* = \alpha(m) + j\Delta r$，則在存續期 $(m+1)\Delta t$ 的零息債券價格表示為：

$$P(m+1) = \sum_{j=-n_m}^{n_m} Q(m, j)e^{-(\alpha(m) + j\Delta r)\Delta t} \tag{10-10}$$

其中 $n_m = \min(j_{Max}, m)$，將上式整理過後可得：

$$\alpha(m) = \frac{\ln \sum_{j=-n_m}^{n_m} Q(m, j)e^{-j\Delta r\Delta t} - \ln P(m+1)}{\Delta t} \tag{10-11}$$

$\alpha(m)$ 求得後，我們可以很容易的得到當 $i = m+1$ 時的 $Q(i, j)$ 為：

$$Q(m+1, j) = \sum_{k} Q(m, k)p(k, j)e^{-(\alpha(m) + k\Delta r)\Delta t} \tag{10-12}$$

其中 k 表示所有在第 m 期的節點中會到達節點 $(m+1, j)$ 的所有狀態，$p(k, j)$ 表節點 (m, k) 到節點 $(m+1, j)$ 的機率。

範例 10-2：Hull White 利率三元樹

t（年）	零息利率（$R(t)$）
1	0.9120%
2	0.9920%
3	1.1650%
4	1.3230%
5	1.4610%

延續範例 10-1，假定上表為初始市場利率期間結構 $R(t)$，以下說明各點 $Q(i, j)$、$r_{i,j}$ 及各期 $\alpha(t)$ 的計算方式。

- 起始點 A（0, 0）：

參數起始值設定 $Q(0, 0) = 1$，$\alpha(0) = r_{0,0} = R(1) = 0.9120\%$。

- 第一期 B（1, 1）、C（1, 0）、D（1, −1）點：（$i = 1$）

$$Q(1, 1) = Q(0, 0)P_0^U\, e^{-r_{0,0}\Delta t} = 1 \times 16.6667\% \times e^{-0.9120\% \times 1} = 16.5154\%$$

$$Q(1, 0) = Q(0, 0)P_0^M\, e^{-r_{0,0}\Delta t} = 1 \times 16.6667\% \times e^{-0.9120\% \times 1} = 66.0614\%$$

$$Q(1, -1) = Q(0, 0)P_0^D\, e^{-r_{0,0}\Delta t} = 1 \times 16.6667\% \times e^{-0.9120\% \times 1} = 16.5154\%$$

接著利用存續期間為 $2\Delta t = 2$ 的零息債券價格 $P(2)$ 求算 $\alpha(1)$：

$$P((i+1)\Delta t = 2) = e^{-R(2) \times 2} = e^{-0.9920\% \times 2}$$

$$= \sum_{j=-1}^{1} Q(1, j)e^{-(\alpha(1)+j\Delta r)\Delta t} = Q(1,1)e^{-(\alpha(1)+\Delta r)^*\Delta t} + Q(1,0)e^{-\alpha(1)^*\Delta t} + Q(1,-1)e^{-(\alpha(1)-\Delta r)^*\Delta t}$$

利用式 10-11 可求得：

$$\alpha(1) = \frac{\ln \sum_{j=-1}^{1} Q(1, j)e^{-j\Delta r\Delta t} - \ln P(2)}{\Delta t}$$

$$= \frac{\ln(16.5154\% \times e^{-1 \times 1.7321\% \times 1} + 66.0614\% + 16.5154\% \times e^{1 \times 1.7321\% \times 1}) - (-1.9840\%)}{1}$$

$$= 1.0770\%$$

第一期 B（1,1）、C（1,0）、D（1,-1）的三個即期利率為：

$$r_{1,1} = \alpha(1) + r_{1,1}^* = 2.8091\%$$

$$r_{1,0} = \alpha(1) + r_{1,0}^* = 1.0770\%$$

$$r_{1,-1} = \alpha(1) + r_{1,-1}^* = -0.6551\%$$

- 第二期 E（2,2）、F（2,1）、G（2,0）、H（2,-1）、I（2,-2）點：（$i=2$）

  將前期 $\alpha(1)$ 代入式 10-12，計算本期各狀態 Arrow-Debreu 證券 $Q(i,j)$：

  $$Q(2,2)=Q(0,0)P_0^U P_1^U e^{-r_{0,0}\Delta t} e^{-r_{1,1}\Delta t}=Q(1,1)P_1^U e^{-r_{1,1}\Delta t}$$
  $$=16.5154\% \times 12.16667\% \times e^{-2.8091\% \times 1}=1.9537\%$$

  $$Q(2,1)=Q(1,1)P_1^M e^{-r_{1,1}\Delta t}+Q(1,0)P_0^U e^{-r_{1,0}\Delta t}$$
  $$=16.5154\% \times 65.6667\% \times e^{-2.8091\% \times 1}+66.0614\% \times 16.6667\% \times e^{-1.0770\% \times 1}$$
  $$=21.4370\%$$

  $$Q(2,0)=Q(1,1)P_1^D e^{-r_{1,1}\Delta t}+Q(1,0)P_0^M e^{-r_{1,0}\Delta t}+Q(1,-1)P_{-1}^U e^{-r_{1,-1}\Delta t}$$
  $$=16.5154\% \times 22.16667\% \times e^{-2.8091\% \times 1}$$
  $$+66.0614\% \times 66.6667\% \times e^{-1.0770\% \times 1}$$
  $$+16.5154\% \times 22.1667\% \times e^{-1.0770\% \times 1}$$
  $$=50.8136\%$$

  $$Q(2,-1)=Q(1,0)P_0^D e^{-r_{1,0}\Delta t}+Q(1,-1)P_{-1}^M e^{-r_{1,-1}\Delta t}$$
  $$=66.0614\% \times 16.6667\% \times e^{-1.0770\% \times 1}+16.5154\% \times 65.6667\% \times e^{-(-0.6551\%) \times 1}$$
  $$=21.8087\%$$

  $$Q(2,-2)=Q(1,-1)P_{-1}^D e^{-r_{1,-1}\Delta t}=16.5154\% \times 12.1667\% \times e^{-(-0.6551\%) \times 1}$$
  $$=2.0226\%$$

  接著利用存續期間為 $3\Delta t=3$ 的零息債券價格 $P(3)$ 求算 $\alpha(2)$：

  $$P(3)=e^{-R(3) \times 3}=e^{-1.1650\% \times 3}=\sum_{j=-2}^{2}Q(2,j)e^{-(\alpha(2)+j\Delta r)\Delta t}=Q_{2,2}e^{-(\alpha(2)+2\Delta r)\Delta t}$$
  $$+Q_{2,1}e^{-(\alpha(2)+\Delta r)\Delta t}+Q_{2,0}e^{-\alpha(2)\Delta t}+Q_{2,-1}e^{-(\alpha(2)-\Delta r)\Delta t}+Q_{2,-2}e^{-(\alpha(2)-2\Delta r)*\Delta t}$$

  利用式 10-11 可求得：

  $$\alpha(2)=\frac{\ln \sum_{j=-2}^{2}Q(2,j)e^{-j\Delta r\Delta t}-\ln P(3)}{\Delta t}$$

  $$=1.5290\%$$

  第二期 E（2,2）、F（2,1）、G（2,0）、H（2,−1）、I（2,−2）的五個即期利率為：

  $$r_{2,2}=\alpha(2)+r_{2,2}^*=4.9932\%$$
  $$r_{2,1}=\alpha(2)+r_{2,1}^*=3.2611\%$$
  $$r_{2,0}=\alpha(2)+r_{2,0}^*=1.5290\%$$
  $$r_{2,-1}=\alpha(2)+r_{2,-1}^*=-0.2030\%$$
  $$r_{2,-2}=\alpha(2)+r_{2,-2}^*=-1.9351\%$$

- 第三期 J（3,2）、K（3,1）、L（3,0）、M（3,-1）、N（3,-2）點：（$i=3$）
  同上作法可得各狀態 Arrow-Debreu 證券 $Q(i, j)$：

  $Q(3, 2)=4.1724\%$、

  $Q(3, 1)=22.0153\%$、

  $Q(3, 0)=43.1450\%$、

  $Q(3, -1)=22.7455\%$、

  $Q(3, -2)=4.4872\%$

  第三期的 $\alpha(3)=1.8337\%$

  第三期的五個即期利率為：

  $r_{3,2}=\alpha(3)+r_{3,2}^{*}=5.2978\%$

  $r_{3,1}=\alpha(3)+r_{3,1}^{*}=3.5658\%$

  $r_{3,0}=\alpha(3)+r_{3,0}^{*}=1.8337\%$

  $r_{3,-1}=\alpha(3)+r_{3,-1}^{*}=0.1017\%$

  $r_{3,-2}=\alpha(3)+r_{3,-2}^{*}=-1.6304\%$

本例中 Hull-White 利率三元樹所求得 $Q(i, j)$ 及 $\alpha(t)$，如圖 10-4 中所示，而各期短利如圖 10-5 所示：

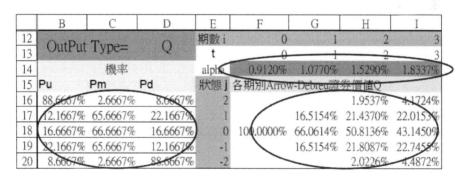

圖 10-4　各節點之機率、(t) 及 $Q(i, j)$

	B	C	D	E	F	G	H	I
12	OutPut Type=		r	期數 i	0	1	2	3
13				t	0	1	2	3
14	機率			alpha	0.9120%	1.0770%	1.5290%	1.8337%
15	Pu	Pm	Pd	狀態 j	已調整短期利率r			
16	88.6667%	2.6667%	8.6667%	2			4.9932%	5.2978%
17	12.1667%	65.6667%	22.1667%	1		2.8091%	3.2611%	3.5658%
18	16.6667%	66.6667%	16.6667%	0	0.9120%	1.0770%	1.5290%	1.8337%
19	22.1667%	65.6667%	12.1667%	-1		-0.6551%	-0.2030%	0.1017%
20	8.6667%	2.6667%	88.6667%	-2			-1.9351%	-1.6304%

圖 10-5　各節點之機率及短期利率 $r_{i,j}$

10-1-2 遠期利率期間結構

利率樹上的每一個節點代表的是瞬間（短期）利率，但如果要計算以 3 個月 Libor 或是 6 個月 Libor 等遠期利率期間結構時（或單期折現因子），我們就必須透過遠期零息債券價格 $(P(t, T))$ 來反推算出來，在假設 s 為不同天期的 Libor 期間下：

$$R(t,t+s) = \frac{1}{s}\left(\frac{1}{P(t,t+s)} - 1\right)$$ (10-13)

遠期零息債券價格：

$$P(t,t+s) = A(t,t+s)e^{-B(t,t+s)r_t}$$ (10-14)

其中：

$$A(t,t+s) = \frac{P(0,t+s)}{P(0,t)}\exp\left[B(t,t+s)F(0,t) - \sigma_r^2 B(t,t+s)^2(1-e^{-2at})/(4a)\right]$$ (10-15)

$$B(t,t+s) = (1-e^{-as})/a$$ (10-16)

r_t 表節點上的瞬間（短期）利率，當 s 夠小時 $R(t, t+s) \approx r_t$。$F(0, t)$ 表瞬間遠期利率 $= -\partial \ln P(0, t) / \partial t$。但在實作上常會令樹狀結構的間隔時間 Δt 等於指標利率的期限，並用當時的短期利率當作是遠期指標利率的估計數。

範例 10-3：Hull White 遠期利率三元樹

延續範例 10-1 及範例 10-2，求算節點（2,1）上 6 個月的遠期利率為何？

Ans：

依據題意先將列出參數：$a=0.1$、$\sigma_r=0.01$、$t=2$、$s=0.5$、$r_{2,1}=3.2611\%$

另依表 1 可知 $R(2)=0.9920\%$、$R(2.5)$ 以線性內差可得 1.0785%，則 2 年期及 2.5 年期的零息債券價格分別為：

$$P(0, 2)=e^{-0.9920\%)\times2}=0.98036$$

$$P(0, 2.5)=e^{-1.0785\%)\times2.5}=0.97340$$

另以離散型方式估算瞬間遠期利率：

$$F(0,t)=-\frac{\partial \ln P(0,t)}{\partial t}=\frac{\ln P(0,t+\Delta t)-\ln P(0,t-\Delta t)}{2\Delta t}$$

令 $\Delta t=0.1$ 年，

$$F(0,2)=-\frac{\partial \ln P(0,t)}{\partial t}=\frac{\ln P(0,2.1)-\ln P(0,1.9)}{0.2}=\frac{\ln(0.97903)-\ln(0.98148)}{0.2}=-1.2497\%$$

將上述參數代入式 10-15 及式 10-16：

$$B(2, 2.5)=(1-e^{-0.1\times0.5})\,/\,0.1=0.48771$$

$$A(2, 2.5)=\frac{0.97340}{0.98036}\times\exp\left[0.48771\times1.2497\%-0.01^2\times0.48771^2\times(1-e^{-2\times0.1\times2})/(4\times0.1)\right]$$

$$=0.99899$$

遠期零息債券價格：

$$P(2, 2.5)=0.99899\times e^{-0.48771\times3.2611\%}=0.98322$$

二年後的六個月期遠期利率依式 10-13 可算出：

$$R(2, 2.5)=\frac{1}{0.5}\left(\frac{1}{0.98322}-1\right)=3.41327\%$$

該範例六個月的遠期利率期結構經表單計算，如下圖所示，節點（2,1）差異數主要受四捨五入影響。

	B	C	D	E	F	G	H	I
12	OutPut Type=		F	期數 i		0	1	2	3
13				t		0	1	2	3
14	機率			alpha	0.9120%	1.0770%	1.5290%	1.8337%
15	Pu	Pm	Pd	狀態 j	遠期利率期間結構R(t,t+s)			
16	88.6667%	2.6667%	8.6667%	2			5.1491%	5.3404%
17	12.1667%	65.6667%	22.1667%	1		2.7774%	3.4235%	3.6131%
18	16.6667%	66.6667%	16.6667%	0	1.0001%	1.0716%	1.7123%	1.9004%
19	22.1667%	65.6667%	12.1667%	-1		-0.6197%	0.0156%	0.2021%
20	8.6667%	2.6667%	88.6667%	-2			-1.6669%	-1.4820%

10-2 三元樹表單建置

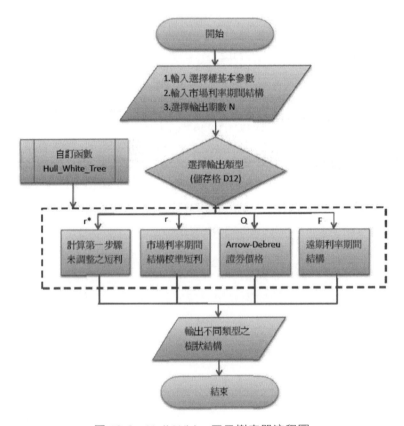

圖 10-6 Hull-White 三元樹表單流程圖

10-2-1 表單功能

A. 透過市場利率期間結構 (R) 配適出三元樹結構各節點的短期利率。

B. 三元樹各節點上所有狀態 j 下其利率往上變動、往下變動或不變的機率。

C. 列示出各期經市場殖利率曲線調整前後之短期利率的差 $\alpha(t)$。

D. 樹狀結構輸出區可選擇輸出未經調整的短期利率 r^*、經調整後的短期利率 r 及 Arrow-Debreu 證券價格 $Q(i, j)$。

E. 計算遠期利率樹 F。

F. 彈性調整期數 n，並將樹狀結構呈現於表單中。

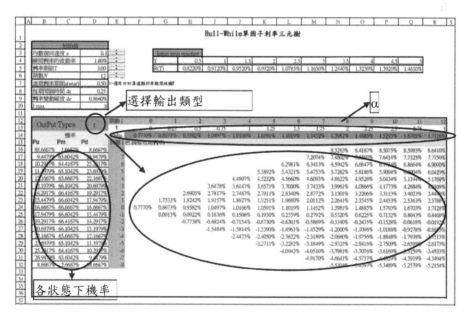

圖 10-7　Hull-White 三元樹表單

10-2-2 表單使用方式

A. 將市場利率期間結構 (R) 輸入至儲存格範圍 G4：Q5。

B. 於儲存格 E3：E6 中微調參數，儲存格 D8：D10 會依設定自行計算中介參數。

C. 儲存格 D7 為遠期利率期間，該參數僅於輸出遠期利率期間結構用。

D. 儲存格 D12 為樹狀結構輸出區輸出資料類型：「r_Star」未經調整的短期利率、「r」經市場利率調整後的短期利率、「Q」Arrow-Debreu 證券價格、「F」遠期利率期間結構。

E. 儲存格範圍 B12：R36 為樹狀結構節點輸出區，其輸出的期數透過儲存格 E6 上方的微調按鈕控制，或直接於儲存格 D6 上輸入期數，輸出期數最高上限預 設為 12 期，若要擴增請自行於表單中設定。

10-2-3 表單製作

表單中有些儲存格範圍具有「設定格式化的條件」這部分的設定，可參考樹狀 結構章節介紹，表單中的儲存格設定如下：

儲存格	設定公式	說明
D3	=E3/10	儲存格 D3 的值係經由微調按鈕作變動
D4	=E4/1000	儲存格 D4 的值係經由微調按鈕作變動
D5	=E5	儲存格 D5 的值係經由微調按鈕作變動
D6	12	儲存格 D6 的值係經由微調按鈕作變動
D7	-	遠期利率期間
D8	=D5/D6	單期間隔時間
D9	=D4*SQRT(3*D8)	利率變動幅度 $\Delta r = \sqrt{3V}$
D10	=INT(-0.184/(-D3*D8))+1	j_{Max}
D12	下拉式清單 註：下拉式清單作法 〔資料〕索引標籤→〔資料工具〕群組→〔資料驗證〕，於設定頁籤下的儲存格允許設定為清單，並指定來源為〔 = $B$11:$D$11〕	決定節點輸出的數值種類 (r、Q 及 r_Star)： r：已調整短期利率 r Q：Arrow-Debreu 證券價值 Q r_Star：未調整短期利率，第一步驟中的 r_Star F：遠期利率期間結構 R(t, t+s)
H4：Q5	將市場利率期間結構代入儲存格	市場利率期間結構
F12 G12 ⋮ R12	0 =F12+1 ⋮ =Q12+1	期數 i 的索引
F13 G13 ⋮ R13	=F12*$D$8 =G12*$D$8 ⋮ =R12*$D$8	期數 i 對映的時間點
F14：R14	{=Hull_White_Tree ($D$3,$D$4,$D$5,$D$6,$D$7,H4:Q5,"alpha")}	矩陣函數，返回各期 (t)
F15	=IF(D10="Q"," 各 期 別 Arrow-Debreu 證券價值Q",IF(D10="r_Star"," 未調整短期利率, 第一步驟中的 r_Star"," 已調整短期利率 r"))	節點輸出的數值種類的表頭

B16： D36	{=Hull_White_Tree ($D$3,$D$4,$D$5,$D$6,$D$7,H4:Q5,"P")}	矩陣函數，返回各期機率
E16 E17 ： E36	=$D$9 =E16-1 ： =E35-1	狀態 j
F16： R36	=TRANSPOSE(Hull_White_Tree ($D$3,$D$4,$D$5,$D$6,$D$7,H4:Q5,D10))	矩陣函數，依儲存格 D10 決定返回節點種類 r、Q 及 r_Star

10-3 浮動利率債券

　　浮動利率債券係指債券票面利率並非固定，而是依據一指標利率的水準而變動，浮動利率大致可分為正浮動利率債券及反（逆）浮動利率債券兩種，所謂正浮動利率債券指該債券的票面利率與指標利率的變動呈正向變動，反之反浮動利率債券的票面利率與指標利率的變動呈反向變動。

範例 10-4：反浮動利率債券（Hull White）

　　假設一 3 年期的反浮動利率債券，每半年付息一次，票面息為 Max(3% - 6m Index rate, 0%)，計息方式為期初定價期末付息，該債券投資人不可提前贖回且發行公司亦不可提前買回。當市場殖利率曲線如表 1 所示時，試用 Hull and White 三元樹對此債券作訂價。

Ans：

步驟 1　計算利率三元樹：

　　假設 Hull and White 模型中參數 $a=0.1$、$\sigma_r=0.01$，將之代入模型表單中計算利率三元樹，如下圖所示：

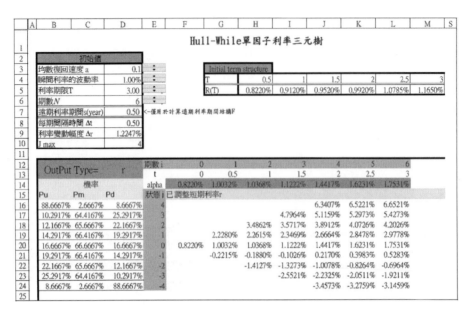

圖 10-8　Hull and White 利率三元樹

步驟 2　計算 6 個月期遠期利率（Index rate）：

於表單中的儲存格 D12 中選擇輸出遠期利率期間結構：

	B	C	D	E	F	G	H	I	J	K	L	M
12	OutPut Type=		F	期數 i	0	1	2	3	4	5	6	
13				t	0	0.5	1	1.5	2	2.5	3	
14	機率			alpha	0.8220%	1.0032%	1.0368%	1.1222%	1.4417%	1.6231%	1.7531%	
15	Pu	Pm	Pd	狀態 j	遠期利率期間結構R(t,t+s)							
16	88.6667%	2.6667%	8.6667%	4					6.2812%	6.5156%	6.6483%	
17	10.2917%	64.4167%	25.2917%	3				4.8081%	5.0527%	5.2858%	5.4177%	
18	12.1667%	65.6667%	22.1667%	2			3.5004%	3.5884%	3.8315%	4.0632%	4.1943%	
19	14.2917%	66.4167%	19.2917%	1		2.2521%	2.2885%	2.3759%	2.6177%	2.8479%	2.9783%	
20	16.6667%	66.6667%	16.6667%	0	0.8667%	1.0477%	1.0838%	1.1707%	1.4110%	1.6399%	1.7695%	
21	19.2917%	66.4167%	14.2917%	-1		-0.1496%	-0.1138%	-0.0273%	0.2115%	0.4391%	0.5679%	
22	22.1667%	65.6667%	12.1667%	-2			-1.3041%	-1.2182%	-0.9808%	-0.7546%	-0.6266%	
23	25.2917%	64.4167%	10.2917%	-3				-2.4021%	-2.1660%	-1.9412%	-1.8139%	
24	8.6667%	2.6667%	88.6667%	-4					-3.3442%	-3.1207%	-2.9942%	
25												

圖 10-9　6 個月的指標遠期利率

又因市場利率不為負數，故圖 10-9 中遠期利率為負者以零取代：

	B	C	D	E	F	G	H	I	J	K	L	M
12	OutPut Type=		F	期數 i	0	1	2	3	4	5	6	
13				t	0	0.5	1	1.5	2	2.5	3	
14		機率		alpha	0.8220%	1.0032%	1.0368%	1.1222%	1.4417%	1.6231%	1.7531%	
15	Pu	Pm	Pd	狀態 j	遠期利率期間結構R(t,t+s)							
16	88.6667%	2.6667%	8.6667%	4					6.2812%	6.5156%	6.6483%	
17	10.2917%	64.4167%	25.2917%	3				4.8081%	5.0527%	5.2858%	5.4177%	
18	12.1667%	65.6667%	22.1667%	2			3.5004%	3.5884%	3.8315%	4.0632%	4.1943%	
19	14.2917%	66.4167%	19.2917%	1		2.2521%	2.2885%	2.3759%	2.6177%	2.8479%	2.9783%	
20	16.6667%	66.6667%	16.6667%	0	0.8667%	1.0477%	1.0838%	1.1707%	1.4110%	1.6399%	1.7695%	
21	19.2917%	66.4167%	14.2917%	-1		0.0000%	0.0000%	0.0000%	0.2115%	0.4391%	0.5679%	
22	22.1667%	65.6667%	12.1667%	-2			0.0000%	0.0000%	0.0000%	0.0000%	0.0000%	
23	25.2917%	64.4167%	10.2917%	-3				0.0000%	0.0000%	0.0000%	0.0000%	
24	8.6667%	2.6667%	88.6667%	-4					0.0000%	0.0000%	0.0000%	
25												

圖 10-10　調整過後 6 個月的指標遠期利率 $F_{i,j}$

步驟 3　計算反浮動利率債券之付息水準：

因債券係期初定價期末付息，且依債券票面息公式 Max(3% - 6m Index rate ,0%)，我們可以利用調整過後 6 個月的指標遠期利率水準來決定下一期票面利率，例如節點（2,1）6 個月的指標利率為 2.2885%，則該節點票面利率為 Max(3% - 2.2885% ,0%)＝0.7115%。

	B	C	D	E	F	G	H	I	J	K	L	M
12				期數 i	0	1	2	3	4	5	6	
13				t	0	0.5	1	1.5	2	2.5	3	
14		機率		alpha	0.8220%	1.0032%	1.0368%	1.1222%	1.4417%	1.6231%	1.7531%	
15	Pu	Pm	Pd	狀態 j								
16	88.6667%	2.6667%	8.6667%	4					0.0000%	0.0000%		
17	10.2917%	64.4167%	25.2917%	3				0.0000%	0.0000%	0.0000%		
18	12.1667%	65.6667%	22.1667%	2			0.0000%	0.0000%	0.0000%	0.0000%		
19	14.2917%	66.4167%	19.2917%	1		0.7479%	0.7115%	0.6241%	0.3823%	0.1521%		
20	16.6667%	66.6667%	16.6667%	0	2.1333%	1.9523%	1.9162%	1.8293%	1.5890%	1.3601%		
21	19.2917%	66.4167%	14.2917%	-1		3.0000%	3.0000%	3.0000%	2.7885%	2.5609%		
22	22.1667%	65.6667%	12.1667%	-2			3.0000%	3.0000%	3.0000%	3.0000%		
23	25.2917%	64.4167%	10.2917%	-3				3.0000%	3.0000%	3.0000%		
24	8.6667%	2.6667%	88.6667%	-4					3.0000%	3.0000%		
25												

圖 10-11　下一期之票面利率

假設票面為 100，各期別的現金流量如下圖所示：

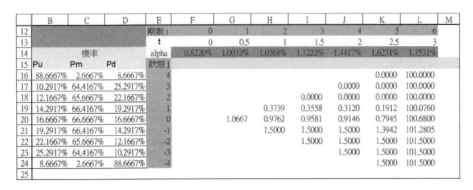

	B	C	D	E	F	G	H	I	J	K	L	M
12				期數 j	0	1	2	3	4	5	6	
13				t	0	0.5	1	1.5	2	2.5	3	
14		機率		alpha	0.8220%	1.0032%	1.0368%	1.1222%	1.4417%	1.6231%	1.7531%	
15	Pu	Pm	Pd	狀態 j								
16	88.6667%	2.6667%	8.6667%	4						0.0000	100.0000	
17	10.2917%	64.4167%	25.2917%	3					0.0000	0.0000	100.0000	
18	12.1667%	65.6667%	22.1667%	2				0.0000	0.0000	0.0000	100.0000	
19	14.2917%	66.4167%	19.2917%	1			0.3739	0.3558	0.3120	0.1912	100.0760	
20	16.6667%	66.6667%	16.6667%	0		1.0667	0.9762	0.9581	0.9146	0.7945	100.6800	
21	19.2917%	66.4167%	14.2917%	-1			1.5000	1.5000	1.5000	1.3942	101.2805	
22	22.1667%	65.6667%	12.1667%	-2				1.5000	1.5000	1.5000	101.5000	
23	25.2917%	64.4167%	10.2917%	-3					1.5000	1.5000	101.5000	
24	8.6667%	2.6667%	88.6667%	-4						1.5000	101.5000	
25												

圖 10-12　各期別現金流量 $C_{i,j}$

步驟 4　折現求現值：

如同第 4 章的二元樹，由後推的方式由最後一期的現金流量往前推算現值 $V_{i,j}$。例如節點 $(i-1, j)$ 的數字係由下一期可能路徑依機率單期折算再加上本期票息即可。依不同的結構各期別現金流量現值可表示為：

$$向下結構：V_{i-1,j} = (P_j^U V_{i,j} + P_j^M V_{i,j-1} + P_j^D V_{i,j-2})e^{-F_{i-1,j}\Delta t} + C_{i-1,j} \tag{10-17}$$

$$正常結構：V_{i-1,j} = (P_j^U V_{i,j+1} + P_j^M V_{i,j} + P_j^D V_{i,j-1})e^{-F_{i-1,j}\Delta t} + C_{i-1,j} \tag{10-18}$$

$$向上結構：V_{i-1,j} = (P_j^U V_{i,j+2} + P_j^M V_{i,j+1} + P_j^D V_{i,j})e^{-F_{i-1,j}\Delta t} + C_{i-1,j} \tag{10-19}$$

其中 $i = 1, ..., N-1$，$V_{N,j} = C_{N,j}$。我們例舉出節點 (5,4)、節點 (5,-1) 及節點 (5,-4) 來說明現金流量折現的算法：

- 節點（5,4）為向下結構以式 10-17 求算：

$$V_{5,4} = (P_4^U V_{6,4} + P_4^M V_{6,3} + P_4^D V_{6,2})e^{-F_{5,4}\Delta t} + C_{5,4}$$
$$= (0.886667 \times 100 + 0.026667 \times 100 + 0.086667 \times 100)e^{-0.065156 \times 0.5} + 0$$
$$= 96.7947$$

- 節點（5,-1）為正常結構以式 10-18 求算：

$$V_{5,-1} = (P_{-1}^U V_{6,0} + P_{-1}^M V_{6,-1} + P_{-1}^D V_{6,-2})e^{-F_{5,-1}\Delta t} + C_{5,-1}$$
$$= (100.6800 \times 0.1929 + 101.2805 \times 0.6642 + 101.5 \times 0.1429)e^{-0.004391 \times 0.5} + 1.3942$$
$$= 102.3683$$

- 節點（5,-4）為向上結構以式 10-19 求算：

$$V_{4,-4} = (P_{-4}^U V_{5,-2} + P_{-4}^M V_{5,-3} + P_{-4}^D V_{5,-4})e^{-F_{4,-4}\Delta t} + C_{4,-4}$$
$$= (0.086667 \times 101.5 + 0.026667 \times 101.5 + 0.886667 \times 101.5)e^{-0 \times 0.5} + 1.5$$
$$= 103$$

最後節點（0,0）的現值即為反浮動利率債券之價格 101.6375。

	B	C	D	E	F	G	H	I	J	K	L
12				期數 i	0	1	2	3	4	5	6
13				t	0	0.5	1	1.5	2	2.5	3
14		機率		alpha	0.8220%	1.0032%	1.0368%	1.1222%	1.4417%	1.6231%	1.7531%
15	Pu	Pm	Pd	狀態 j	現金流量現值						
16	88.6667%	2.6667%	8.6667%	4						96.7947	100.0000
17	10.2917%	64.4167%	25.2917%	3					95.0535	97.3917	100.0000
18	12.1667%	65.6667%	22.1667%	2				94.8325	96.2793	98.0054	100.0000
19	14.2917%	66.4167%	19.2917%	1		97.1723	97.6129	98.1704	98.9564	100.0760
20	16.6667%	66.6667%	16.6667%	0	101.637479	102.0789	101.6177	101.2249	100.8623	100.6518	100.6800
21	19.2917%	66.4167%	14.2917%	-1			105.6132	104.6178	103.5125	102.3683	101.2805
22	22.1667%	65.6667%	12.1667%	-2				105.6667	104.3280	102.9513	101.5000
23	25.2917%	64.4167%	10.2917%	-3					104.4877	103.0000	101.5000
24	8.6667%	2.6667%	88.6667%	-4						103.0000	101.5000

圖 10-13　各期別現金流量現值 $V_{i,j}$

10-4　參數校準（Calibration）

在已知利率期間結構下，我們了解如何產生出利率三元樹，但 Hull-White model 中的兩個參數 a 及 σ_r 如何決定，才能符合市場現況呢？目前市場上最常使用的方法便是利用利率上限（Cap）的報價，進行 Hull-White 模型參數的校準，其校準目標式如下：

$$\underset{a.\sigma_r}{\text{minimise}}\ \varepsilon = \sqrt{\sum_{j=1}^{M}\left(\frac{\text{mod}el_j(a,\sigma_r) - market_j}{market_j}\right)^2} \tag{10-20}$$

其中 M 表市場報價筆數。市場上利率上限選擇權的報價係以波動率為報價基礎，其波動率又可稱為隱含 Black 波動率，意指市場上的報價是以修正後的 Black-76 公式來評估其價值（式 10-23）。

　　利率上限 Cap 為一 OTC 商品，買方可以鎖住未來特定期間的最高利率上限，利率上限選擇權係由多個履約利率相同，但到期期間不同的利率上限契約（稱 Caplets）所組成，每個利率上限契約到期時，如果當時的利率超過履約利率，則賣方要將超過的部分，以單利計算方式給付給買方，相當於一個利率買權型態。

　　利率上限選擇權的名目本金為 L，其標的利率（或指標利率）常見的有 1 個月、3 個月、6 個月或是 1 年期的 LIBOR 利率，履約利率 K（或 Cap Rate）於一開始契約簽定時訂定，用於每個結算日 T_i（稱重設日；Reset Date）時與當時的標的利率 $R(i)$ 做比較，並於下次比較日 T_{i+1} 時結算現金，兩結算日之間的期限稱為票息期間 (tenor) $\Delta t_i = T_{i+1} - T_i$，而這比較頻率又稱結算頻率，常見的結算頻率為每月、每季、每半年或每年，一般是配合標的利率種類，利率上限選擇權可參考下圖，現金流量 C_1 為已知，但由於 Cap 契約一開始也是依照目前市場標的利率而定，所以一般在第一期時不會發生任何的現金流量的給付，C_2 到 C_N 由時間點 T_1 到 T_{N-1} 的標的利率決定。

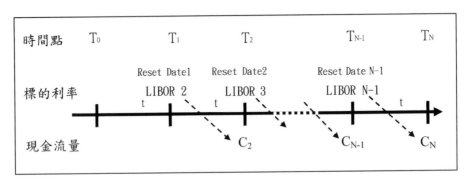

圖 10-14　利率上限 Cap 的組成

　　舉例來說，有一三年期的 Cap，名目本金為一百萬元，標的利率為 3 個月期的 LIBOR，票息期間（tenor）為 3 個月（0.25 年），履約利率 (K)cap rate 為 4%，假設在到期期限內的某一重設日 T_i 當時的 3 個月期 LIBOR 為 5%，則 Cap 買方可獲得 2,500 元，並在 3 個月後也就是下一重設日 T_{i+1} 給付：

$$1,000,000 \times 0.25 \times \max(5\% - 4\%, 0) = 2,500$$

　　本例中任一重設日時的 3 個月期 LIBOR 只要超過 4%，則會有現金流量的產生，每個重設日可看成一個 Caplet 的到期日，該 Cap 共有 11 個重設日分別在第 0.25、0.5、

0.75……2.75 年，現金給付日發生於第 0.5、0.75……3 年。

由上例可知，在任一重設日 T_i (i=1, 2, ..., N−1；T_N=T 為到期日) 在 T_{i+1} 時現金流量可表示為：

$$L\Delta t_i \max\left(R(i) - K, 0\right) \tag{10-21}$$

利用 Black76 可將上式表示為 $Caplet_i = L\Delta t_i P(T_i, T_{i+1})[e^{-R(i)T_i}(F_i N(d_1) - KN(d_2))]$ 在連續假設下可寫為：

$$
\begin{aligned}
Caplet_i &= L\Delta t_i P(0, T_{i+1})\left(F_i N(d_1) - KN(d_2)\right) \\
d_1 &= \frac{\ln(F_i / K) + \sigma_{F_i}^2 T_i / 2}{\sigma_{F_i}\sqrt{T_i}} \\
d_2 &= d_1 - \sigma_{F_i}\sqrt{T_i}
\end{aligned}
\tag{10-22}
$$

其中 $R(T_{i+1})$ 表存續期為 T_{i+1} 的即期利率、$P(0, T_{i+1})=e^{-R(T_{i+1})T_{i+1}}$ 表票息期間貼現因子、F_i 表在第 i 期的標的遠期利率、σ_{F_i} 表遠期利率的波動率。整個 Cap 的價值為所有 Caplets 的加總：

$$Cap_{Black} = \sum_{i=1}^{N-1} Caplet_i \tag{10-23}$$

Cap 的評價公式除了可用利率選擇權的方式進行外，亦可使用零息債券選擇權的方式進行，重新考慮式 10-21 的現金流量是在 T_{i+1} 時幾付，則在 T_i 的現值為：

$$\frac{L\Delta t_i}{1 + F_i \Delta t_i}\max\left(F_i - K, 0\right)$$

經整理後可得：

$$\max\left(L - \frac{L(1 + K\Delta t_i)}{1 + F_i \Delta t_i}, 0\right) \tag{10-24}$$

上式可解釋為選擇權到期日為 T_i，標的債券面額為 $L(1+K\Delta t_i)$ 其到期日為 T_{i+1}，履約價格為 L 的債券賣權。在 Hull-White 模型的假設下，10-24 的歐式零息債券選擇權的封閉解可表示為：

$$Caplet_i = LP(0,T_i)N(-d_2) - L(1+K\Delta t_i)P(0,T_{i+1})N(-d_1)$$

$$d_1 = \frac{\ln\left(L(1+K\Delta t_i)P(0,T_{i+1})\Big/LP(0,T_i)\right)}{\sigma_P} + \frac{\sigma_P}{2}$$

$$d_2 = d_1 - \sigma_P \tag{10-25}$$

$$\sigma_P^2 = \frac{\sigma_r^2}{2a^3}\left(1-e^{-2aT_i}\right)\left(1-e^{-a\Delta t_i}\right)^2$$

整個 Cap 的價值如同 10-23 所示。

$$Cap_{HW} = \sum_{i=1}^{N-1} Caplet_i \tag{10-26}$$

在校準 Hull-White 利率樹模型參數時，除了使用利率上限（Cap）外亦有人使用利率下限（Floor），Floor 相當於多個利率賣權（Floorlets）的組合，利用 Black 76 可將 Floorlets 表示為：

$$Floorlet_i = L\Delta t_i P(0,T_{i+1})\left(KN(-d_2) - F_i N(-d_1)\right) \tag{10-27}$$

同樣的在 Hull-White 模型的假設下，Floorlet 相當於一個零息債券買權：

$$Floorlet_i = L(1+K\Delta t_i)P(0,T_{i+1})N(d_1) - LP(0,T_i)N(d_2) \tag{10-28}$$

透過兩者算出各期別的 Floorlets，經加總分別求出 $Floor_{HW}$ 及 $Floor_{Black}$，經校準目標式 10-20 求出最適之參數 a 及 σ_r。

範例 10-5：利率上限 Cap（Black 76）

有一三年期的 Cap，名目本金為一百萬元，標的利率為 3 個月期的 LIBOR，票息期間（tenor）為 3 個月（0.25 年），履約利率 cap rate 為 4%，市場波動率報價為 40%，假設目前 1 年期的即期利率為 3.5%，1.25 年期的即期利率為 3.7%，請以 Black 76 模型計算重設日 $T_i=1$ 年時，該 Caplet 的價格為何？

Ans：

依題意可得到下列參數：

$L=1,000,000$、$\Delta t=0.25$、$P(0,\ 1.25)=e^{-0.037\times1.25}=0.9548$、$P(0,\ 1)=e^{-0.035\times1}=0.9656$、

$\sigma_F=0.4$、$K=0.04$、一年後三個月期的遠期利率 $F=-1/0.25\times\ln\left(\dfrac{P(0,1.25)}{P(0,1)}\right)=4.5\%$

將這些參數代入式 10-22 中，利用 Black 76 封閉解求算 Caplet 的價格：

$$d_1=\frac{\ln(0.045/0.04)+(0.4^2\times1)/2}{0.4\sqrt{1}}=0.4945$$

$$d_2=0.4945-0.4\sqrt{1}=0.0945$$

$$Caplet=1,000,000\times0.25\times0.9548\times\left(0.045\times N(0.4945)-0.04\times N(0.0945)\right)=2,273$$

範例 10-6：利率上限 Cap（Hull White）

同範例 10-5，在參數 $a=0.1$ 及 $\sigma_r=0.05$ 下，以 Hull-White 模型求算重設日 $T_i=1$ 年時，該 Caplet 的價格為何？

Ans：

依題意可得到下列參數：

$L=1,000,000$、$\Delta t=0.25$、$P(0,\ 1.25)=e^{-0.037\times1.25}=0.9548$、$P(0,\ 1)=e^{-0.035\times1}=0.9656$、

$K=0.04$、一年後三個月期的遠期利率 $F=-1/0.25\times\ln\left(\dfrac{P(0,1.25)}{P(0,1)}\right)=4.5\%$

將這些參數代入式 10-25 中，利用 HW 求算債券賣權的封閉解求算 Caplet 的價格：

$$\sigma_P^2=\frac{\sigma_r^2}{2a^3}\left(1-e^{-2aT_i}\right)\left(1-e^{-a\Delta t_i}\right)^2\frac{0.01^2}{2\times0.1^3}\left(1-e^{-2\times0.1\times1}\right)\left(1-e^{-0.1\times0.25}\right)^2$$

$$=\frac{0.05^2}{2\times0.1^3}\left(1-e^{-2\times0.1\times1}\right)\left(1-e^{-0.1\times0.25}\right)^2=0.0001381$$

$$\sigma_P=0.01175$$

$$d_1=\frac{\ln\left(1,000,000\times(1+0.04\times0.25)\times0.9548\Big/1,000,000\times0.9656\right)}{0.01175}+\frac{0.01175}{2}=-0.104546$$

$$d_2=-0.104546-0.01175=-0.116296$$

$$\begin{aligned}Caplet_i&=LP(0,T_i)N(-d_2)-L(1+K\Delta t_i)P(0,T_{i+1})N(-d_1)\\&=1,000,000\times0.9656\times N(0.1163)-1,000,000\times(1+0.04\times0.25)\times0.9548\times N(0.1045)\\&=5,196\end{aligned}$$

10-5　參數校準表單建置

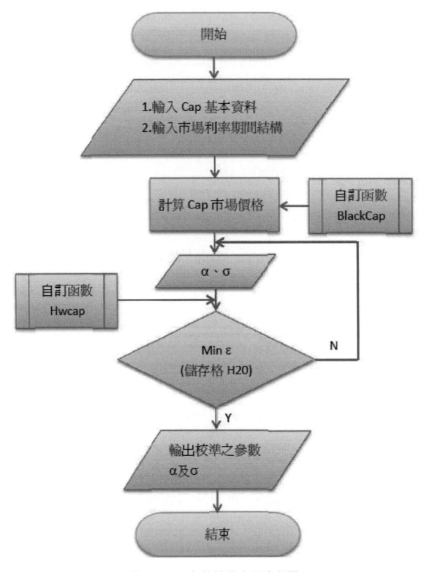

圖 10-15　參數校準表單流程圖

10-5-1 表單功能

A. 透過市場不同天期的 Cap 報價，來校準 Hull-White 的兩個參數 a 及 σ_r。

B. 以 Black76 封閉解求算 Caps 的價格。

C. 以 Hull-White 模型計算 Caps 的價格。

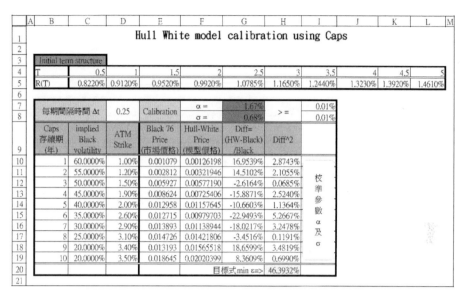

圖 10-16　參數校準表單

10-5-2 表單使用方式

A. 將市場利率期間結構於儲存格 C4：L5 中輸入（可自行增減）。

B. 將市場中的 Cap 報價及相關資訊於儲存格 B10：D19 中。

C. 將票息期間以年為單位輸入至儲存格 D7。

D. 於儲存格 I7：I8 中，輸入欲校準的參數最小值，設定時避免零值產生導致規
劃求解錯誤。

E. 於儲存格 G7：G8 中輸入欲求參數起始值。

F. 按下「校準參數 α 及 σ」按鈕，表單即會運用規劃求解函數校準參數。

10-5-3 表單製作

表單中的儲存格設定如下：

儲存格	設定公式	說明
E10 E11 ⋮ E19	=BlackCap($C$4:$L$5,D10,B10,C10,$D$7) =BlackCap($C$4:$L$5,D11,B11,C11,$D$7) ⋮ =BlackCap($C$4:$L$5,D19,B19,C19,$D$7)	運用式 10-23 計算市場 Cap 的價格
F10 F11 ⋮ F19	=Hwcap($C$4:$L$5,$G$7,$G$8,D10,B10,C10,$D$7) =Hwcap($C$4:$L$5,$G$7,$G$8,D11,B11,C11,$D$7) ⋮ =Hwcap($C$4:$L$5,$G$7,$G$8,D19,B19,C19,$D$7)	運用式 10-26 計算市場 Cap 的價格
G10 G11 G19	=(F10-E10)/E10 =(F11-E11)/E11 ⋮ =(F19-E19)/E19	求算模型價與市場價的 差異比率
H10 H11 ⋮ H19	=G10^2 =G11^2 ⋮ =G19^2	求算模型價與市場價的 差異比率平方
H20	=SUM(H10:H19)^0.5	式 10-20

表單中「校準參數 α 及 σ」按鈕係呼叫巨集「CapFitHW()」，按鈕的作法請參考第 2 章所示，巨集內容如下：

行	程式內容
001	Sub CapFitHW()
002	Call SolverReset ' 重設規劃求解內所有引數
003	Call SolverOk("$H$20", 2, , "$G$7:$G$8") ' 設定目標式，目標式必須為權重的函數
004	Call SolverAdd("$G$7:$G$8", 3, "$I$7:$I$8") ' 參數要大或等於
005	Call SolverSolve(True) ' 執行規劃求解，並且不顯示規劃求解結果對話方塊
006	Call solverfinish(1) ' 將執行結果保留下來，替換初如值
007	End Sub

10-6　自訂函數

- **Hull_White_Tree** 函數：利用 **Hull_White** 單因子簡化模型計算三元樹。

使用語法：

Hull_White_Tree (a,sigma_r,t,i_step,Initial_term,flag)

引數說明：

　　a：均數復回速度

　　sigma_r：短期利率的波動率

　　t：存續期間

　　i_step：期數

　　s：遠期利率期間

　　Initial_term：市場利率期間結構矩陣

　　flag：返回值種類：P、Q、Alpha、R、R_Star、F

　　返回值：返回計算結果矩陣

行	程式內容
001	Function Hull_White_TRee(ByVal a As Double, ByVal sigma_r As Double, ByVal t As Double, ByVal i_step As Integer, ByVal s As Double, ByVal Initial_term As Variant, ByVal flag As String) As Variant
002	Dim delta_t As Double
003	Dim delta_r As Double
004	Dim j_max As Integer
005	Dim i As Integer
006	Dim j As Integer
007	delta_t = t / i_step
008	delta_r = sigma_r * (3 * delta_t) ^ 0.5
009	j_max = Int(0.184 / (a * delta_t)) + 1
010	
011	ReDim p(-j_max To j_max, 1 To 3) As Double
012	p(-j_max, 1) = 1 / 6 + (a ^ 2 * j_max ^ 2 * delta_t ^ 2 + a * -j_max * delta_t) / 2
013	p(-j_max, 2) = -1 / 3 - a ^ 2 * j_max ^ 2 * delta_t ^ 2 - 2 * a * -j_max * delta_t
014	p(-j_max, 3) = 7 / 6 + (a ^ 2 * j_max ^ 2 * delta_t ^ 2 + 3 * a * -j_max * delta_t) / 2
015	For j = -j_max + 1 To 0
016	p(j, 1) = 1 / 6 + (a ^ 2 * j ^ 2 * delta_t ^ 2 - a * j * delta_t) / 2
017	p(j, 2) = 2 / 3 - a ^ 2 * j ^ 2 * delta_t ^ 2
018	p(j, 3) = 1 / 6 + (a ^ 2 * j ^ 2 * delta_t ^ 2 + a * j * delta_t) / 2
019	Next
020	For j = 1 To j_max
021	p(j, 1) = p(-j, 3)
022	p(j, 2) = p(-j, 2)
023	p(j, 3) = p(-j, 1)
024	Next
025	
026	ReDim r_star(0 To i_step, -j_max To j_max) As Double
027	For i = 0 To i_step
028	For j = Max(-j_max, -i) To Min(j_max, i)
029	r_star(i, j) = j * delta_r
030	Next
031	Next
032	
033	ReDim q(0 To i_step, -j_max To j_max) As Double
034	ReDim alpha(0 To i_step) As Double
035	ReDim R(0 To i_step, -j_max To j_max) As Double

```
036  Dim temp_q As Double
037  q(0, 0) = 1
038  alpha(0) = Interpolation(delta_t, Initial_term)
039  R(0, 0) = alpha(0)
040
041  For i = 1 To i_step
042    For j = -Min(i - 1, j_max) To Min(i - 1, j_max)
043      If j = j_max Then
044        q(i, j) = q(i, j) + q(i - 1, j) * Exp(-R(i - 1, j) * delta_t) * p(j, 1)
045        q(i, j - 1) = q(i, j - 1) + q(i - 1, j) * Exp(-R(i - 1, j) * delta_t) * p(j, 2)
046        q(i, j - 2) = q(i, j - 2) + q(i - 1, j) * Exp(-R(i - 1, j) * delta_t) * p(j, 3)
047      ElseIf j = -j_max Then
048        q(i, j) = q(i, j) + q(i - 1, j) * Exp(-R(i - 1, j) * delta_t) * p(j, 3)
049        q(i, j + 1) = q(i, j + 1) + q(i - 1, j) * Exp(-R(i - 1, j) * delta_t) * p(j, 2)
050        q(i, j + 2) = q(i, j + 2) + q(i - 1, j) * Exp(-R(i - 1, j) * delta_t) * p(j, 1)
051      Else
052        q(i, j + 1) = q(i, j + 1) + q(i - 1, j) * Exp(-R(i - 1, j) * delta_t) * p(j, 1)
053        q(i, j) = q(i, j) + q(i - 1, j) * Exp(-R(i - 1, j) * delta_t) * p(j, 2)
054        q(i, j - 1) = q(i, j - 1) + q(i - 1, j) * Exp(-R(i - 1, j) * delta_t) * p(j, 3)
055      End If
056    Next
057    temp_q = 0
058    For j = -Min(i, j_max) To Min(i, j_max)
059      temp_q = temp_q + (q(i, j) * Exp(-j * delta_r * delta_t))
060    Next
061    alpha(i) = (Log(temp_q) - (-Interpolation((i + 1) * delta_t, Initial_term) * (i + 1) * delta_t))/ delta_t
062    For j = -Min(i, j_max) To Min(i, j_max)
063      R(i, j) = r_star(i, j) + alpha(i)
064    Next
065  Next
066
067  Dim A_temp As Double
068  Dim B_temp As Double
069  Dim F_rate As Double ' 瞬間遠期利率
070  Dim P_Future As Double ' 遠期零息債券價格
071  ReDim F_term(0 To i_step, -j_max To j_max) As Double ' 遠期利率期間結構
072  B_temp = (1 - Exp(-a * s)) / a
073
074  For i = 0 To i_step
075      F_rate = -(Log(Exp(-(Interpolation((i * delta_t + 0.01) * delta_t, Initial_term))*
         (i * delta_t + 0.01))) - Log(Exp(-(Interpolation((i * delta_t - 0.01) * delta_t, Initial_
         term)) * (i * delta_t - 0.01)))) / 0.02
076      A_temp = (Exp(-(Interpolation((i * delta_t + s) * delta_t, Initial_term)) * (i *
         delta_t + s)) / Exp(-(Interpolation((i * delta_t) * delta_t, Initial_term)) * (i * delta_
         t)))
077      A_temp = A_temp * Exp(B_temp * F_rate - sigma_r ^ 2 * B_temp ^ 2 * (1 -
         Exp(-2 * a * i * delta_t)) / 4 / a)
078    For j = -Min(i, j_max) To Min(i, j_max)
079      P_Future = A_temp * Exp(-B_temp * R(i, j))
080      F_term(i, j) = (1 / P_Future - 1) / s
081    Next
082  Next
083  ' 矩陣轉置無模型意義, 僅為 EXCEL 表單呈現方便用
084  ReDim sort_p(-j_max To j_max, 1 To 3) As Double
085  ReDim sort_q(0 To i_step, -j_max To j_max) As Double
```

```
086  ReDim sort_R(0 To i_step, -j_max To j_max) As Double
087  ReDim sort_R_star(0 To i_step, -j_max To j_max) As Double
088  ReDim sort_F_Term(0 To i_step, -j_max To j_max) As Double
089  For i = -j_max To j_max
090    For j = 1 To 3
091      sort_p(-i, j) = p(i, j)
092    Next
093  Next
094
095  For i = 0 To i_step
096    For j = -j_max To j_max
097      sort_q(i, -j) = q(i, j)
098      sort_R(i, -j) = R(i, j)
099      sort_R_star(i, -j) = r_star(i, j)
100      sort_F_Term(i, -j) = F_term(i, j)
101    Next
102  Next
103  ' 設定傳回值矩陣種類
104  Select Case flag
105    Case "P"
106      Hull_White_TRee = sort_p
107    Case "Q"
108      Hull_White_TRee = sort_q
109    Case "alpha"
110      Hull_White_TRee = alpha
111    Case "r"
112      Hull_White_TRee = sort_R
113    Case "r_Star"
114      Hull_White_TRee = sort_R_star
115    Case "F"
116      Hull_White_TRee = sort_F_Term
117  End Select
118
119  End Function
```

程式說明：

行數 009：

　　計算利率復回的狀態點。

行數 011-024：

　　計算所有利率三元樹每種結構，從第 i 期跳到第 $i+1$ 期的路徑及機率。其公式見正常結構（Normal Branching Process）、向上結構（Upward Branching Process）及向下結構（Downward Branching Process）中介紹。

行數 026-031：

　　計算第一步驟中所有節點未調整短期利率 $r_{i,j}^*$。

行數 037：

　　進行第二步驟，首先設定初始值 $Q(0, 0)=1$。

行數 038：

設定平移函數 $\alpha(t)$ 的初始值 $\alpha(0)=R(\Delta t)$，$R(\Delta t)$ 的數值為利用線性內差法於現行市場利率期間結構（模型的輸入引數）中求得。

行數 039：

節點（0,0）經現行市場利率期間結構調整後的短期利率 $r_{0,0}=R(\Delta t)$。

行數 041：

由第 1 期開始以往前推導的方式求算該期內所有狀態下的短期利率。

行數 042-056：

利用式 10-12 求算第 $i=m+1$ 期的 $Q(i,j)$。

行數 061：

利用式 10-11 求算第 $i=m+1$ 期的 $\alpha(i)$。

行數 062-064：

利用式 10-6 求算第 $i=m+1$ 期下所有狀態 j 下經調整後的短期利率。

行數 067-082：

利用遠期利率公式求算各節點下的特定期間內的遠期短利。

行數 072：

計算遠期債券價格公式中參數 B 如式 10-16。

行數 075：

計算 $F(0,t)$ 瞬間遠期利率。

行數 076-077：

計算遠期債券價格公式中參數 A 如式 10-15。

行數 078-081：

計算該期別中各狀態下的遠期利率 F。

行數 079：

計算該期別中各狀態下的遠期債券價格如式 10-14。

行數 080：

計算該期別中各狀態下的遠期利率如式 10-13。

行數 084-012：

矩陣轉置無模型意義，僅為 EXCEL 表單呈現方便用。

行數 104-117：

設定回傳值的種類。

- **BlackCap 函數：利用 Black 76 公式計算利率上限選擇權價格。**

使用語法：

> BlackCap(Initial_term ,K ,t ,sigma_F ,delta_t)

引數說明：

Initial_term：市場利率期間結構矩陣

K：Cap Rate 履約利率

t：存續期間

sigma_F：標的遠期利率波動率，這裡以市場上的波動率報價代入

delta_t：票息期間

返回值：Cap 價格

行	程式內容
001	Function BlackCap(ByVal Initial_term As Variant, ByVal K As Double, ByVal t As Double, ByVal sigma_F As Double, ByVal delta_t As Double) As Double
002	Dim d1 As Double
003	Dim d2 As Double
004	Dim i As Integer
005	Dim N As Integer
006	Dim F As Double
007	N = Int(t / delta_t)
008	For i = 1 To N - 1
009	F = Interpolation((i + 1) * delta_t, Initial_term) * ((i + 1) * delta_t) - Interpolation(i * delta_t, Initial_term) * (i * delta_t)
010	F = F / delta_t ' 計算遠期短期利率，以連續複利算
011	d1 = (Log(F / K) + (sigma_F ^ 2 / 2) * (i * delta_t)) / (sigma_F * (i * delta_t) ^ 0.5)
012	d2 = d1 - sigma_F * (i * delta_t) ^ 0.5
013	BlackCap = BlackCap + Exp(-Interpolation((i + 1) * delta_t, Initial_term) * ((i + 1) * delta_t)) * delta_t * (F * CND(d1) - K * CND(d2))
014	Next
015	End Function

程式說明：

行數 008-014：

計算 Caplets 的價格。

行數 009-010：

計算重設點時標的的遠期短期利率。

行數 013：

利用 10-22 式計算 Caplets 的價格並將每個重設點計算出的 Caplets 加總。

• **HWCap 函數**：在 **Hull-White** 模型假設下計算利率上限選擇權價格。

使用語法：

> HWCap(Initial_term ,alpha , sigma , K , t , delta_t)

引數說明：

Initial_term：市場利率期間結構矩陣

alpha：均數復回速度 (a)

sigma：短期利率的波動率 (sigma_r)

K：Cap Rate 履約利率

t：存續期間

delta_t：票息期間

返回值：Cap 價格

行	程式內容
001	Function HWCap(ByVal Initial_term As Variant, ByVal alpha As Double, ByVal sigma As Double, ByVal K As Double, ByVal t As Double, ByVal delta_t As Double) As Double
002	Dim d1 As Double
003	Dim d2 As Double
004	Dim i As Integer
005	Dim N As Integer
006	Dim L As Integer
007	Dim sigma_P As Double
008	Dim pt As Double
009	Dim ps As Double
010	L = 1
011	N = Int(t / delta_t)
012	For i = 1 To N - 1
013	ps = Exp(-Interpolation((i + 1) * delta_t, Initial_term) * ((i + 1) * delta_t)) 'P(0,Ti+1)
014	pt = Exp(-Interpolation(i * delta_t, Initial_term) * (i * delta_t)) 'P(0,Ti)
015	sigma_P = Sqr(sigma ^ 2 / 2 / alpha ^ 3 * (1 - Exp(-2 * alpha * (i * delta_t))) * (1
016	- Exp(-alpha * delta_t)) ^ 2)
017	d1 = Log(L * (1 + delta_t * K) * ps / (L * pt)) / sigma_P + sigma_P / 2
018	d2 = d1 - sigma_P
019	HWCap = HWCap + L * pt * CND(-d2) - L * (1 + delta_t * K) * ps * CND(-d1)
020	Next
021	End Function
022	

程式說明：

行數 0012-019：

計算 Caplets 的價格。

行數 013：

　　計算至付息日的折現因子。

行數 014：

　　計算至重設日的折現因子。

行數 015：

　　計算債券波動率。

行數 016-017：

　　計算式 10-25 的中介參數 d1 及 d2。

行數 018：

　　利用 10-25 式計算 Caplets 的價格，並將每個重設點計算出的 Caplets 加總。

- **Interpolation 函數（線性內差法）**

行	程式內容
001	Function Interpolation(ByVal point As Double, ByVal data As Variant) As Double
002	
003	Dim i As Integer
004	Dim x As Variant
005	x = data
006	i = 1
007	Do While point >= data(1, i)
008	i = i + 1
009	If i >= UBound(x, 2) Then
010	Exit Do
011	End If
012	Loop
013	
014	If i = 1 Then
015	Interpolation = -((data(1, 2) - point) * (data(2, 2) - data(2, 1))) / (data(1, 2) - data(1, 1)) + data(2, 2)
016	Else
017	Interpolation = ((point - data(1, i - 1)) * (data(2, i) - data(2, i - 1)))/ (data(1, i) - data(1, i - 1)) + data(2, i - 1)
018	End If
019	
020	End Function

Chapter 11：市場風險──風險值（Value at Risk；VaR）

　　市場風險依 J.P.Morgan 公司定義指因市場環境條件變動，而引起金融機構交易性資產組合收益的不確定風險，而市場環境條件包括資產價格、利率水準、市場波動性、市場流動性等。市場風險的衡量最早是從利率商品的 DV01、存續期間、凸性等，再發展到以選擇權的 Greeks 及波動率來衡量風險，不過這些衡量方式並不能根據不同的風險類型加以彙總、不能將數據資本化且管理上不能相互比較等缺點。因此，在交易性資產組合愈來愈複雜的情況下，風險值（Value at Risk；VaR）便成為現行運用最為廣泛的市場風險衡量工具。

　　VaR 它是一種機率的陳述，在使用 VaR 監督市場風險時，應配合適度的回溯測試，檢驗模型的可靠性及適度性，本章內容主要介紹 VaR 常用的三種計算方法，及如何使用事後的實際損失來作回溯測試用以檢驗模型。

11-1　風險值（Value at Risk；VaR）

　　風險值（Value-at-Risk；VaR），指在特定信賴區間（Confidence Interval；CI）下，某一特定期間內，因市場不利因素變動，導致部位的最大可能損失。意即將投資組合中所有資產部位及風險因子同時考量，用簡單的一個金額，表達目前投資組合風險的曝露程度，以及發生最大損失的可能性。風險值衡量的是「正常情況下的損失」，只能告訴我們某個信賴區間下一定期間內的最大可能損失，即使信賴區間 99%，但仍不能保證 1% 的情形不會發生。例如一投資組合的 [99%,1D] 風險值為 100 百萬元，表示隔日在正常環境下，該投資組合有 99% 的機率損失不超過 100 百萬元。

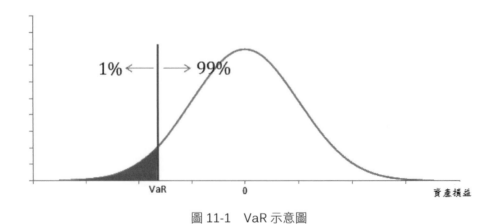

圖 11-1　VaR 示意圖

風險值的計算大致分為六個步驟：

步驟 1：投資組合的評估（有市價以市價評，無市價以理論價評）

步驟 2：歷史資料的驗證（新上市或上市期間過短者需額外處理）

步驟 3：衡量風險因子的波動率（權益因子、利率因子或其它市場風險因子之波動率）

步驟 4：設定計算資產持有期間（1 天或 10 天）之風險

步驟 5：設定信賴區間（95% 、99%）

步驟 6：依據上述參數，選定適合之模型計算出風險值。

11-2　風險值的衡量方法

風險值的衡量方式主要分兩類，第一類為局部評價法（Local Valuation）：以局部或部分統計量推論可能的變動情況，用以衡量投資組合的風險，如變異數／共變異數法中的一階常態法（Delta Normal Approach）及二階近似法（Delta-Gamma Approach）。第二類為完全評價法（Full Valuation）：完整的對投資組合重新訂價，計算在不同價格水準下，對其投資組合損益的影響情形，如歷史模擬法（Historical Simulation）與蒙地卡羅模擬法（Monte Carlo Simulation）。

11-2-1 變異數／共變異數法

變異數／共變異數法假設未來投資標的報酬率為常態分配，其投資組合未來報酬亦為常態分配，這種方法主要運用到統計參數變異數／共變異數來完成，因此又稱參數法。變異數／共變異數法假設資產報酬率 $r \sim N(0, \sigma_r^2)$，則資產價值 S 變動率 $dS = Sr \sim N(S, S^2\sigma_r^2)$ 在一信賴區間 $1-\alpha$ 下，未來 1 天內最大可能損失值：

$$VaR(dS) = Z_\alpha \sigma_{dS} \sqrt{T} = Z_\alpha S \sigma_r \sqrt{T} \tag{11-1}$$

其中 Z_α 滿足 $P(Z \le Z_\alpha) = \alpha$，其單位為標準差。若一個以 S 為標的的衍生性商品 D，其 VaR 值可表示為：

$$VaR(dD) = Z_\alpha \sigma_{dD} \sqrt{T} = Z_\alpha \sqrt{\Delta^2 S^2 \sigma_r^2} \sqrt{T} \tag{11-2}$$

或

$$VaR(dD) = Z_\alpha \sigma_{dD} \sqrt{T} = Z_\alpha \sqrt{\Delta^2 S^2 \sigma_r^2 + \frac{1}{2} \Gamma^2 S^4 \sigma_r^4} \sqrt{T} \tag{11-3}$$

式 11-2 將 Delta 風險考慮到模型中故又稱為 Delta Normal 法，式 11-3 則考慮到 Delta 及 Gamma 風險，故稱之為 Delta-Gamma Normal 法。

範例 11-1：標準選擇權風險值（變異數／共變異數法）

延續範例 3-1 中的買權（如下圖），在 99% 信賴區間分別計算以 Delta Normal 法及 Delta-Gamma Normal 法之一日風險值為何（本例假設一年以 250 工作天計算）在？

	A	B	C	D	E	F	G
1		\multicolumn{6}{c	}{Genernal Black Scholes Model}	
2		\multicolumn{2}{c|}{**Input Initial Value**}			Output		
3		歐式買／賣權	c		Option Price	1.8195	
4		標的市價 S or F	25		Delta	0.5464	
5		履約價K	25		Gamma	0.0897	
6		存續期 T（年）	0.5		Vega	7.0045	
7		（本國）短期利率 r	1.00%		Theta	-1.8695	
8		持有成本b	1.00%		Rho	5.9208	
9		報酬率波動度	25.00%		Market_price	2.0000	
10		b=r時為 Black Scholes(1973)公式			Implied_vol	27.5786%	
11		b=r-q時為 Merton(1973)公式					
12		b=0時為 Black 76公式					
13		b=r-rf時為 外匯選擇權公式					

Ans：

將參數 $Z_\alpha = 2.3264$、$S = 25$、$\sigma_r = 0.25$、$T = 1/250$、$\Delta = 0.5464$ 及 $\Gamma = 0.0897$ 分別代入式 11-2 及式 11-3 中：

(1) Delta Normal 法計算之風險值：

$$VaR = Z_\alpha \sqrt{\Delta^2 S^2 \sigma_r^2} \sqrt{\frac{1}{250}} = 2.3264 \times 0.5464 \times 25 \times 0.25 \times 0.0632 = 0.5021$$

(2) Delta Gamma Normal 法計算之風險值：

$$VaR = Z_\alpha \sqrt{\Delta^2 S^2 \sigma_r^2 + \frac{1}{2}\Gamma^2 S^4 \sigma_r^4} \sqrt{1\Big/250}$$

$$= 2.3264 \times \sqrt{0.5464^2 \times 25^2 \times 0.25^2 + 0.5 \times 0.0897^2 \times 25^4 \times 0.25^4} \times 0.0632 = 0.6203$$

波動率為風險值計算的重要參數，而波動率又是一個無法自市場上直接觀察到的參數，一般以間接的統計方式估計，常見的評估方法有移動平均法，又稱簡單加權平均法（Simple Moving Average；SMA）、指數加權移動平均法（Exponentially Weighted Moving Average；EWMA）、隱含波動率法及時間序列（GARCH）法等。

本章利用移動平均法 SMA 來說明風險值的計算。移動平均法是給予過去每筆資料相同的權重並計算期間內的平均離散程度。該方法的優點在於容易估算出變異數，但容易忽略近期事件有較大影響力的事實，亦無法描述波動群聚（cluster）之特性。

(1) 單一部位：

報酬率 SMA 計算公式如下：

$$\hat{\sigma}_r^2 = \sum_{i=1}^n \frac{(r_i - \bar{r})^2}{n-1} \tag{11-4}$$

其中，

$\hat{\sigma}_r^2$：樣本之變異數

r_i：第 i 筆歷史報酬率

$\bar{r}$：n 筆歷史報酬率之平均數

n：部位歷史資料筆數

(2) 投資組合

假設投資組合有 N 項資產，其計算公式如下：

$$\hat{\sigma}_P^2 = \sum_{i=1}^N w_i^2 \hat{\sigma}_i^2 + 2\sum_{i=1}^N \sum_{j<i}^N w_i w_j \hat{\sigma}_{ij}$$
$$\hat{\sigma}_{ij} = \rho_{ij} \hat{\sigma}_i \hat{\sigma}_j \tag{11-5}$$

其中，

$\hat{\sigma}_P^2$：投資組合之變異數

w_i：第 i 資產價值占投資組合價值比率，且 $\sum_{i=1}^{N} w_i = 1$

$\hat{\sigma}_i^2$：第 i 資產樣本之變異數

$\hat{\sigma}_{ij}$：第 i 資產與第 j 資產之共變異數

$$\hat{\sigma}_{ij} = \sum_{k=1}^{n} \frac{(r_{ik} - \bar{r}_i)(r_{jk} - \bar{r}_j)}{n-1} \tag{11-6}$$

r_{ik}：第 i 資產第 k 筆歷史報酬率

$\bar{r}_i$：第 i 資產 n 筆歷史報酬率之平均數

n：投資組合歷史資訊筆數

ρ_{ij}：第 i 資產與第 j 資產之相關係數

範例 11-2：股票投資組合風險值（變異數／共變異數法）

市場上有一投資組合，其投資標的、投資股數及歷史資料如下所示：

標的名稱	投資組合	1101	2311	2330
投資股數	----	1000	2000	3000
總市值	274,900	42,000	51,100	181,800
	2008/7/14	42.00	25.55	60.60
	2008/7/11	42.60	26.10	62.40
	2008/7/10	41.75	25.45	59.50
	2008/7/9	41.25	25.55	59.50
	2008/7/8	40.70	25.80	58.90
歷史資料	2008/7/7	43.60	26.60	60.10
	2008/7/4	41.00	26.45	59.00
	2008/7/3	40.00	26.10	58.80
	2008/7/2	39.70	25.70	61.80
	2008/7/1	40.70	26.10	64.20
	2008/6/30	41.00	27.30	65.00

請利用變異數／共變異數法，分別就上述資料計算 1101、2311、2330 與投資組合在信賴區間為 99% 下，2008 年 7 月 14 日的一天風險值。

Ans：

步驟 1：計算各股票歷史對數報酬率。

歷史資料──還原權息淨值				歷史資料──報酬率		
日期	1101	2311	2330	1101	2311	2330
2008/7/14	42	25.55	60.6	-1.42%	-2.13%	-2.93%
2008/7/11	42.6	26.1	62.4	2.02%	2.52%	4.76%
2008/7/10	41.75	25.45	59.5	1.20%	-0.39%	0.00%
2008/7/9	41.25	25.55	59.5	1.34%	-0.97%	1.01%
2008/7/8	40.7	25.8	58.9	-6.88%	-3.05%	-2.02%
2008/7/7	43.6	26.6	60.1	6.15%	0.57%	1.85%
2008/7/4	41	26.45	59	2.47%	1.33%	0.34%
2008/7/3	40	26.1	58.8	0.75%	1.54%	-4.98%
2008/7/2	39.7	25.7	61.8	-2.49%	-1.54%	-3.81%
2008/7/1	40.7	26.1	64.2	-0.73%	-4.50%	-1.24%
2008/6/30	41	27.3	65			

步驟 2：利用個股歷史報酬率資料，計算該投資組合之共變異數矩陣，並計算個股市值及占投資組合比重。

共變異數矩陣			
	1101	2311	2330
1101	0.001192	0.000489	0.00055
2311	0.000489	0.000489	0.000267
2330	0.00055	0.000267	0.000842

	1101	2311	2330	總額
個股市值	42,000	51,100	181,800	274,900
佔投資組合比率	15.28%	18.59%	66.13%	1

步驟 3：利用式 11-5 公式，計算投資組合波動率（日）。

資產別	波動率
1101	3.45%
2311	2.21%
2330	2.90%
投資組合	2.48%

步驟 4：將上述計算出之資料，代入式 11-1 風險值公式中，即可求得個別股票及股票投資組合風險值。

1101 個股 VaR：

$$VaR(dS) = Z_{1\%}S\sigma_r\sqrt{T} = 2.3263 \times 42,000 \times 0.0345 \times \sqrt{1} = 3,371$$

2311 個股 VaR：

$$VaR(dS) = Z_{1\%}S\sigma_r\sqrt{T} = 2.3263 \times 51,100 \times 0.0221 \times \sqrt{1} = 2,627$$

2330 個股 VaR：

$$VaR(dS) = Z_{1\%}S\sigma_r\sqrt{T} = 2.3263 \times 181,800 \times 0.0290 \times \sqrt{1} = 12,217$$

投資組合 VaR：

$$VaR(dS) = Z_{1\%}S\sigma_r\sqrt{T} = 2.3263 \times 274,900 \times 0.0248 \times \sqrt{1} = 15,246$$

11-2-2 歷史模擬法

歷史模擬法係假設歷史會重複發生，資產組合的未來路徑可以由實際的歷史資料複製。其操作上是利用所持有資產歷史價格變動量，搭配目前持有投資組合部位，模擬未來投資組合價值變動，再將這些價值變動數字由小到大排序，依百分位數求算特定信賴水準下之風險值。該模型操作簡單且不需假設損失模型機率分配及參數估計，但模擬結果會因歷史資料時間區間的選取而產生很大的差異。

其操作流程如下說明：

步驟 1：以資產過去歷史價格變動量，配合資產目前價格，用以模擬資產未來價格走勢。

例如投資組合內有 N 筆資產，過去 101 天的歷史價格資料時間序列為：

$P_1(-101)$　$P_2(-101)$　...　$P_N(-101)$

$P_1(-100)$　$P_2(-100)$　...　$P_N(-100)$

．

．

．

$P_1(-1)$　　$P_2(-1)$　　...　$P_N(-1)$

計算出 N 筆資產 100 組價格報酬率，以第 i 筆資產為例：

$$R_i(100) = \frac{P_i(-100) - P_i(-101)}{P_i(-101)}$$

$$R_i(99) = \frac{P_i(-99) - P_i(-100)}{P_i(-100)}$$

...

$$R_i(1) = \frac{P_i(-1) - P_i(-2)}{P_i(-2)}$$

接著以上述試算的歷史價格報酬率，乘上目前該資產價格 $P_i(0)$，則可模擬出一天後該資產的可能價格分布（100 筆）：

$$P_i^*(1) = P_i(0) \times (1 + R_i(1))$$

$$P_i^*(2) = P_i(0) \times (1 + R_i(2))$$

...

$$P_i^*(100) = P_i(0) \times (1 + R_i(100))$$

步驟 2：將上述所模擬出來的資產價格，依目前持有之部位權重，重新計算投資組合的價值 (V^*)。

$$P_1^*(1) \quad P_2^*(1) \quad \cdots \quad P_N^*(1) \to V^*(1)$$

$$P_1^*(2) \quad P_2^*(2) \quad \cdots \quad P_N^*(2) \to V^*(2)$$

...

$$P_1^*(100) \quad P_2^*(100) \quad \cdots \quad P_N^*(100) \to V^*(100)$$

步驟 3：以各資產目前價格計算投資組合目前價值。

$$P_1(0) \quad P_2(0) \quad \cdots \quad P_N(0) \to V(0)$$

步驟 4：利用步驟 2 所模擬出來的價值，與步驟 3 所計算出目前價值，求出未來可能的資產損益模擬值 100 筆 (ΔV^*)。

$$\Delta V^*(1) = V^*(1) - V(0)$$

$$\Delta V^*(2) = V^*(2) - V(0)$$

$$\vdots$$

$$\Delta V^*(100) = V^*(100) - V(0)$$

步驟 5：將模擬出的報酬值 $(\Delta V^*(k)\ k = 1, 2, ..., 100)$ 由小排到大，在給定的信賴區間下，依百分位數即可得出風險值。

範例 11-3：股票投資組合風險值（歷史模擬法）

市場上有一投資組合，其投資標的、投資股數及歷史資料如下所示：

標的名稱	投資組合	1101	2311	2330
投資股數	---	1000	2000	3000
總市值	274,900	42,000	51,100	181,800
歷史資料	2008/7/14	42.00	25.55	60.60
	2008/7/11	42.60	26.10	62.40
	2008/7/10	41.75	25.45	59.50
	2008/7/9	41.25	25.55	59.50
	2008/7/8	40.70	25.80	58.90
	2008/7/7	43.60	26.60	60.10
	2008/7/4	41.00	26.45	59.00
	2008/7/3	40.00	26.10	58.80
	2008/7/2	39.70	25.70	61.80
	2008/7/1	40.70	26.10	64.20
	2008/6/30	41.00	27.30	65.00

請利用歷史模擬法分別計算 1101、2311、2330 與投資組合在信賴區間為 90% 下 2008 年 7 月 14 日的一天風險值。

Ans：

本例中我們直接以報酬率來求算風險值，不再轉換為標的價格，求算步驟如下：

步驟 1：計算各股票歷史報酬率，各十筆。

投資組合	1101	2311	2330
報酬率	-1.40845%	-2.10728%	-2.88462%
	2.03593%	2.55403%	4.87395%
	1.21212%	-0.39139%	0.00000%
	1.35135%	-0.96899%	1.01868%
	-6.65138%	-3.00752%	-1.99667%
	6.34146%	0.56711%	1.86441%
	2.50000%	1.34100%	0.34014%
	0.75567%	1.55642%	-4.85437%
	-2.45700%	-1.53257%	-3.73832%
	-0.73171%	-4.39560%	-1.23077%

步驟 2：利用個股歷史報酬率資料，以 2008 年 7 月 14 日為基準日，模擬出下一期股票未來可能之損益 ΔV^* 十筆。

標的名稱	投資組合	1101	2311	2330
投資股數	---	1000	2000	3000
總市值	274,900	42,000	51,100	181,800
投資比重	100%	15.28%	18.59%	66.13%
未來可能損益	(6,913)	(592)	(1,077)	(5,244)
	11,021	855	1,305	8,861
	309	509	(200)	0
	1,924	568	(495)	1,852
	(7,960)	(2,794)	(1,537)	(3,630)
	6,343	2,663	290	3,389
	2,354	1,050	685	618
	(7,713)	317	795	(8,825)
	(8,611)	(1,032)	(783)	(6,796)
	(4,791)	(307)	(2,246)	(2,238)

步驟 3：將模擬出之未來可能損益，由小到大排序，並在給定的信賴區下（90%），依百分位數即可求得 1101、2311、2330 與投資組合的風險值分別為 1,032、1,537、6,796 及 7,960。

標的名稱	投資組合	1101	2311	2330
投資股數	---	1000	2000	3000
總市值	274,900	42,000	51,100	181,800
投資比重	100%	15.28%	18.59%	66.13%
未來可能損益排序	(8,611)	(2,794)	(2,246)	(8,825)
	(7,960)	(1,032)	(1,537)	(6,796)
	(7,713)	(592)	(1,077)	(5,244)
	(6,913)	(307)	(783)	(3,630)
	(4,791)	317	(495)	(2,238)
	309	509	(200)	0
	1,924	568	290	618
	2,354	855	685	1,852
	6,343	1,050	795	3,389
	11,021	2,663	1,305	8,861

11-2-3 蒙地卡羅模擬法

蒙地卡羅模擬法在第 6 章中，已經介紹過如何利用亂數產生出特定分配的路徑出來，再結合上章介紹的歷史模擬法，即可求算出投資組合的風險值。其求算步驟可表示為：

步驟 1：計算投資組合單日相關係數及所有標的平均數及標準差

步驟 2：利用亂數產生器產生出 n 組獨立之亂數

步驟 3：利用 Cholesky 轉換，產生出具相關性之亂數

步驟 4：配合各資產目前價格並模擬出下一期（日）的可能損益

例如假設標的價格呈對數常態分配，其價格走勢可表示為：

$$S_{t+\Delta t} = S_t e^{\left[\left(\mu_S - \frac{\sigma_S^2}{2}\right)\Delta t + \sigma_S \sqrt{\Delta t}\,\varepsilon_t\right]} \tag{11-7}$$

模擬出下一期價格後，資產損益率另可表示為：

$$R_{t+\Delta t} = \frac{S_{t+\Delta t} - S_t}{S_t} = e^{\left[\left(\mu - \frac{\sigma_S^2}{2}\right)\Delta t + \sigma_S \sqrt{\Delta t}\,\varepsilon_t\right]} - 1 \tag{11-8}$$

步驟 5：將模擬出的損益由小排到大，在給定的信賴區間下，依百分位數即可得出單期（日）風險值，若要計算多期（日）風險值，直接單期風險值乘上根號期數（日數）即可。

範例 11-4：股票投資組合風險值（蒙地卡羅模擬法）

市場上有一投資組合，其投資標的、投資股數及歷史資料如下所示：

標的名稱	投資組合	1101	2311	2330
總市值	274,900	42,000	51,100	181,800
	2008/7/14	42.00	25.55	60.60
	2008/7/11	42.60	26.10	62.40
	2008/7/10	41.75	25.45	59.50
	2008/7/9	41.25	25.55	59.50
	2008/7/8	40.70	25.80	58.90
歷史資料	2008/7/7	43.60	26.60	60.10
	2008/7/4	41.00	26.45	59.00
	2008/7/3	40.00	26.10	58.80
	2008/7/2	39.70	25.70	61.80
	2008/7/1	40.70	26.10	64.20
	2008/6/30	41.00	27.30	65.00

請利用蒙地卡羅模擬法（模擬 $n=10$ 組資料）分別計算 1101、2311、2330 與投資組合在信賴區間為 90% 下 2008 年 7 月 14 日的一日風險值。

Ans：

步驟 1：計算投資組合自然對數單日報酬率之平均數、標準差與相關係數矩陣

投資組合	1101	2311	2330
	-1.41846%	-2.12980%	-2.92704%
	2.01548%	2.52196%	4.75890%
	1.20483%	-0.39216%	0.00000%
	1.34230%	-0.97372%	1.01352%
自然對數報酬率	-6.88291%	-3.05367%	-2.01688%
	6.14851%	0.56551%	1.84724%
	2.46926%	1.33208%	0.33956%
	0.75283%	1.54443%	-4.97615%
	-2.48769%	-1.54443%	-3.80998%
	-0.73440%	-4.49514%	-1.23841%
平均數	0.24098%	-0.66249%	-0.70092%
標準差	3.45314%	2.21121%	2.90088%
投資金額	42,000	51,100	181,800
投資比率	15.27828%	18.58858%	66.13314%

相關係數矩陣	1101	2311	2330
1101	1	0.640438	0.549197
2311	0.640438	1	0.416192
2330	0.549197	0.416192	1

步驟 2：利用亂數產生器產生出 10 組獨立之亂數

獨立原始亂數 10 組			
n	1101	2311	2330
1	-1.80107	-1.36356	-0.97708
2	-0.91637	0.18453	0.02674
3	-1.84948	-0.24472	0.44052
4	-0.96954	-0.05975	-1.33963
5	0.85342	-0.16079	1.33237
6	-0.48023	0.87469	0.31324
7	2.17355	-0.18875	0.56203
8	-0.09167	-1.57573	0.45632
9	0.86533	1.25238	1.16088
10	-1.14302	1.98660	-1.47758

步驟 3：利用 Cholesky 轉換，產生出具相關性之亂數（請參考範例 6-2）

$$\text{Cholesky 分解矩陣 } L = \begin{bmatrix} 1 & 0 & 0 \\ 0.64044 & 0.76801 & 0 \\ 0.54920 & 0.08394 & 0.83147 \end{bmatrix}$$

再將步驟 2 所產生出來的 10 組資料，分別轉換為具相關性之亂數，例如第 1

組的 $Z = \begin{bmatrix} -1.80107 \\ -1.36356 \\ -0.97708 \end{bmatrix}$，算 LZ 矩陣乘積 X：

$$X = LZ = \begin{bmatrix} 1 & 0 & 0 \\ 0.64044 & 0.76801 & 0 \\ 0.54920 & 0.08394 & 0.83147 \end{bmatrix} \begin{bmatrix} -1.80107 \\ -1.36356 \\ -0.97708 \end{bmatrix} = \begin{bmatrix} -1.80107 \\ -2.20071 \\ -1.91601 \end{bmatrix}$$

具相關性之亂數 10 組			
n	1101	2311	2330
1	-1.80107	-2.20071	-1.91601
2	-0.91637	-0.44516	-0.46555
3	-1.84948	-1.37242	-0.66999
4	-0.96954	-0.66682	-1.65134
5	0.85342	0.42308	1.56302
6	-0.48023	0.36421	0.07013
7	2.17355	1.24706	1.64517
8	-0.09167	-1.26889	0.19681
9	0.86533	1.51603	1.54559
10	-1.14302	0.79369	-1.68955

步驟 4：模擬出下一期資產可能損益率 10 組

亂數產生後，依指定的模型，計算下一期標的可能的路徑（或損益率），以第 1 組為例，計算方式如下

1101 第 1 筆可能損益率：

$$R_{1101}=e^{\left[\left(\mu-\frac{\sigma_S^2}{2}\right)\Delta t+\sigma_S\sqrt{\Delta t}\varepsilon_t\right]}-1=e^{\left[\left(0.24098\%-\frac{3.45314\%^2}{2}\right)+3.45314\%\times(-1.80107)\right]}-1=-5.86\%$$

2311 第 1 筆可能損益率：

$$R_{2311}=e^{\left[\left(\mu-\frac{\sigma_S^2}{2}\right)\Delta t+\sigma_S\sqrt{\Delta t}\varepsilon_t\right]}-1=e^{\left[\left(-0.66249\%-\frac{2.21121\%^2}{2}\right)+2.21121\%\times(-2.20071)\right]}-1=-5.40\%$$

2330 第 1 筆可能損益率：

$$R_{2330}=e^{\left[\left(\mu-\frac{\sigma_S^2}{2}\right)\Delta t+\sigma_S\sqrt{\Delta t}\varepsilon_t\right]}-1=e^{\left[\left(-0.70092\%-\frac{2.90088\%^2}{2}\right)+2.90088\%\times(-1.91601)\right]}-1=-6.11\%$$

投資組合第 1 筆可能損益率為：

$$R=\sum_{i=1}^{3}R(i)W(i)$$
$$=15.27828\%\times(-5.86\%)+18.58858\%\times(-5.40\%)+66.13314\%\times(-6.11\%)$$
$$=-5.94\%$$

模擬出的可能損益率 10 組			
n	投資組合	1101	2311	2330
1	-5.94%	-5.86%	-5.40%	-6.11%
2	-2.13%	-2.94%	-1.66%	-2.07%
3	-3.35%	-6.02%	-3.65%	-2.65%
4	-4.43%	-3.12%	-2.14%	-5.38%
5	3.09%	3.18%	0.25%	3.86%
6	-0.56%	-1.47%	0.12%	-0.54%
7	4.33%	7.99%	2.09%	4.11%
8	-0.77%	-0.14%	-3.43%	-0.17%
9	3.51%	3.22%	2.70%	3.81%
10	-3.99%	-3.70%	1.07%	-5.49%

步驟 5：將模擬出的損益由小排到大

損益率排序			
n	投資組合	1101	2311	2330
1	-5.94%	-6.02%	-5.40%	-6.11%
2	-4.43%	-5.86%	-3.65%	-5.49%
3	-3.99%	-3.70%	-3.43%	-5.38%
4	-3.35%	-3.12%	-2.14%	-2.65%
5	-2.13%	-2.94%	-1.66%	-2.07%
6	-0.77%	-1.47%	0.12%	-0.54%
7	-0.56%	-0.14%	0.25%	-0.17%
8	3.09%	3.18%	1.07%	3.81%
9	3.51%	3.22%	2.09%	3.86%
10	4.33%	7.99%	2.70%	4.11%

將上述的損益率乘上期初投資金額後，可得到下一期排序後的 10 組可能損益：

損益金額				
n	投資組合	1101	2311	2330
1	-16,323.22	-2,526.95	-2,760.32	-11,101.98
2	-12,188.16	-2,460.91	-1,866.82	-9,976.94
3	-10,980.39	-1,552.17	-1,753.97	-9,786.39
4	-9,212.89	-1,309.14	-1,092.63	-4,819.13
5	-5,847.71	-1,234.36	-846.93	-3,766.42
6	-2,123.31	-615.77	60.54	-978.30
7	-1,533.53	-56.75	127.18	-312.59
8	8,486.46	1,334.66	548.71	6,929.14
9	9,661.92	1,352.49	1,069.10	7,024.62
10	11,900.07	3,355.83	1,380.29	7,475.14

最後可看出在 90% 的信賴區間下，投資組合一天風險值為 12,188 元、1101 的風險值為 2,461 元、2311 的風險值為 1,867 元，及 2330 風險值為 9,977 元。

11-2-4 權益證券風險值表單

權益證券風險值表單利用投資標的歷史資料，依變異數／共變異數、歷史模擬法及蒙地卡羅模擬法等風險值衡量方法，計算出在一定的信賴區間下一單位時間（日）內個別標的及投資組合的風險值。

11-2-4-1 表單功能

A.使用三種不同風險值衡量方法計算風險值。

B.蒙地卡羅法因計算時間較長，預設為模擬 500 筆投資組合資料。

C.計算不同信賴區間下的風險值。

D.計算個別風險值及投資組合風險值。

11-2-4-2 表單使用方式

A.於儲存格 C3 中輸入信賴區間 CI。

B.於儲存格 C10：F10 儲入投資組合及個別資產市值。

C.儲存格 D11：F21 為標的歷史資料，存放方式為近期資料放上頭，遠期資料往下存放，該歷史資料可自行擴展，但風險值函數的輸入資料參數要一併擴展。

	A	B	C	D	E	F	G
1							
2		風險值表單					
3		風險值信賴區間CI	90.00%				
4		風險值	投資組合	1101	2311	2330	
5		變異數/共變異數法	8,753.44	1,858.66	1,448.06	6,758.65	
6		歷史模擬法	7,960.37	1,031.94	1,536.84	6,796.26	
7		蒙地卡羅模擬法(n=500)	9,505.50	1,685.37	1,755.25	7,294.77	
8							
9		標的名稱	投資組合	1101	2311	2330	
10		總市值	274,900	42,000	51,100	181,800	
11			2008/7/14	42.00	25.55	60.60	
12			2008/7/11	42.60	26.10	62.40	
13			2008/7/10	41.75	25.45	59.50	
14			2008/7/9	41.25	25.55	59.50	
15			2008/7/8	40.70	25.80	58.90	
16		歷史資料	2008/7/7	43.60	26.60	60.10	
17			2008/7/4	41.00	26.45	59.00	
18			2008/7/3	40.00	26.10	58.80	
19			2008/7/2	39.70	25.70	61.80	
20			2008/7/1	40.70	26.10	64.20	
21			2008/6/30	41.00	27.30	65.00	
22							

圖 11-2　權益證券風險值表單

11-2-4-3 表單製作

由於表單較為單純，僅需要在儲存格範圍 C5：F7 內輸入公式即可：

儲存格範圍	設定公式	說明
C5：F5	{=Equity_VC_VaR(D10:F10,D11:F21,C3)}	變異數／共變異數計算投資組合及個別標的之風險值
C6：F6	{=Equity_His_VaR(D10:F10,D11:F21,C3)}	歷史模擬法計算投資組合及個別標的之風險值
C7：F7	{=Equity_MC_VaR(D10:F10,D11:F21,C3)}	蒙地卡羅模擬法計算投資組合及個別標的之風險值
C11：F21	--	標的之歷史資料，可依資料多寡自行擴充，但相對的風險值公式中的引數設定要一併修改

11-3 回溯測試

　　風險值是一個在某一信賴水準下的估計數字，並非是一個真實值，因此該模型是否適用或有效，就需要實際數字的檢驗。風險值的檢驗方法，係將事後的實際損失與事前預期損失作比較，在顯著水準 α 下，看風險值是否低估（或高估），若風險值低估則模型無法涵蓋實際損失；若風險值高估則表示過度保守，容易形成資本浪費，所以風險值過高或過低均視為模型的不適用，而這種檢驗方法我們稱之為回溯測試。對風險值作回溯測試的基本步驟如下：

1. 根據過去投資組合事後實際損益數據與事前預估的風險值作一時間序列。
2. 建立回溯測試模型的虛無假設（H0）
3. 將事後實際損失超過事前預估的穿透次數進行假設檢定。

11-3-1 Z 檢定

　　假設事後實際損失為 V 與事前預估的風險值 VaR，並定義 X 為事作穿透與否：

$$X = \begin{cases} 1 & \text{if} \quad V > VaR \\ 0 & \text{if} \quad V < VaR \end{cases} \tag{11-9}$$

每一次比較是否穿透，則可看作是一次的伯努力試驗（Bernoulli Trial），成功為 $X=1$ 表實際損失大於預估的風險值，失敗為 $X=0$ 表實際損失小於或等於預估的風險值。X 表示為 X~Bernoulli(P)，機率分配函數為：

$$f(X; P) = P^X (1-P)^{1-X} \tag{11-10}$$

其中 P 為成功機率 $(0 \le P \le 1)$。於 VaR 模型假設下，P 為模型假設（母體）的穿透率（1-信賴區間），例如設定信賴區間於 95%，則此處的 $P = 5\%$。

　　綜上說明，每一次的 VaR 比對可視為一組伯努力試驗，若進行 n 天的 VaR 比對，則可得到 n 天內 VaR 模型的穿透次數 K，此隨機變數 K 即為：

$$K = \sum_{i=1}^{n} X_i \tag{11-11}$$

其中 X_i 表第 i 次之伯努力試驗、K 為一服從二項分配的機率分配，其表示為 $K \sim B(n, P)$，平均數為 nP 變異數為 $nP(1-P)$，機率分配函數為：

$$f(\mathrm{K}) = C_K^n P^K (1-P)^{n-K} \tag{11-12}$$

假設檢定主要設定一種假設理論（虛無假設 H0），然後將此假設與實際觀察結果作驗證，若觀察結果與假設理論不合，則須拒絕此假設；反之則表示觀察結果沒有得到與假設理論有差異。因此，在 VaR 假設檢定中的虛無假設 H0，設定為實際觀察到的穿透機率 π（樣本；$\pi = k/n$）等於模型假設的穿透機率 P（母體）。

H0：$\pi = p$

H1：$\pi \neq p$

因為我們觀察的樣本數大都以一年 $n = 250$（或更多）為基礎，所以依大數法則穿透次數 K，可視為一趨近常態分配之機率分配，其平均數 $\mu = np$ 標準差 $\sigma = \sqrt{np(1-p)}$，其標準化可表示為：

$$Z = \frac{k - np}{\sqrt{np(1-p)}} \sim N(0,1) \tag{11-13}$$

若以穿透率表示，則可寫成：

$$Z = \frac{\pi - p}{\sqrt{p(1-p)/n}} \sim N(0,1) \tag{11-14}$$

在顯著水準為 α 下，我們運用統計量 Z 來作檢定，其檢定之臨界值為 $Z_{\alpha/2}$ 及 $-Z_{\alpha/2}$ 當觀察值 $Z > Z_{\alpha/2}$ 或 $Z < -Z_{\alpha/2}$ 時（$|Z| > Z_{\alpha/2}$），則拒絕 H0 假設，表示此一 VaR 模型不適用於目前公司之投資組合。

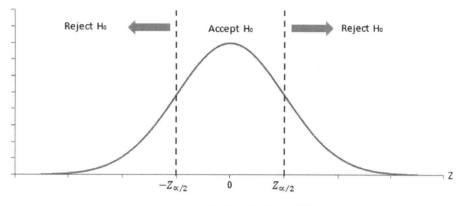

圖 11-3　Z 檢定接受域及拒絕域

範例 11-5：風險值模型檢定（Z- 檢定）

假設公司使用的風險值係定義為「在 99% 信賴區間下，一天內因市場不利因素變動下部位的最大可能損失」，觀察 250 個工作天的資料，並計算 VaR 的穿透次數為 5 次，請利用 Z 檢定檢驗在顯著水準 5% 下，該數據是否符合原模型之假設？另若穿透資數為 7 次的情況下，該數據是否符合模型之假設？

Ans：

(1) 計算該次觀察之穿透率 $\pi = \dfrac{5}{250} = 0.02$，模型中假設穿透率 $P=0.01$，計算統計量 Z：

$$Z = \frac{0.02 - 0.01}{\sqrt{0.01 \times 0.99 / 250}} = 1.5891$$

檢定之臨界值為 $Z_{0.05/2} = 1.96$，統計量 Z 的數值小於臨界值 1.96，所以沒有證據說明虛無假設是有誤的，則該數據符合模型假設。

另可算該統計量的 P-Value $= 2P(Z > 1.5891) = 11.20\% > 5\%$(Accept H0)。

	A	B	C	D
1		風險值回朔測試表單		
3		回朔測試資訊		
4		風險值信賴區間CI	99.00%	
5		模型假設穿透率P=1-CI	1.00%	=1-C4
6		觀察(樣本)筆數n	250	
7		(樣本)穿透筆數K	5	
8		觀察(樣本)穿透率π=K/n	2.00%	=C7/C6
9				
10		二項分配_Z檢定		
11		顯著水準 α	5.00%	
12		虛無假設H₀ : π=P		
13		統計量|Z|	1.5891	=ABS((C8-C5)/SQRT(C5*(1-C5)/C6))
14		臨界值 $Z_{α/2}$	1.9600	=NORM.INV(1-C11/2,0,1)
15		P-Value	11.204%	=2*(1-NORM.DIST(C13,0,1,TRUE))
16		拒絕假設?	否	=IF(C13<C14,"否","是")
17				

圖 11-4　Z 檢定表單設定圖

(2) 計算該次觀察之穿透率 $\pi = \dfrac{7}{250} = 0.028$，模型中假設穿透率 $P=0.01$，計算統計量 Z：

$$Z = \frac{0.028 - 0.01}{\sqrt{0.01 \times 0.99 / 250}} = 2.8604$$

檢定之臨界值為 $Z_{0.025}=1.96$，統計量 Z 的數值大於臨界值 1.96，所以拒絕虛無假設，則該數據不符合模型假設。

另其 P-Value＝2P(Z＞2.8604)＝0.42%＜5%(Reject H0)。

A	B	C	D
1	風險值回朔測試表單		
3	回朔測試資訊		
4	風險值信賴區間CI	99.00%	
5	模型假設穿透率P=1-CI	1.00%	=1-C4
6	觀察(樣本)筆數n	250	
7	(樣本)穿透筆數K	7	
8	觀察(樣本)穿透率π=K/n	2.80%	=C7/C6
9			
10	二項分配_Z檢定		
11	顯著水準 α	5.00%	
12	虛無假設H₀：π=P		
13	統計量|Z|	2.8604	=ABS((C8-C5)/SQRT(C5*(1-C5)/C6))
14	臨界值 Z_{α/2}	1.9600	=NORM.INV(1-C11/2,0,1)
15	P-Value	0.423%	=2*(1-NORM.DIST(C13,0,1,TRUE))
16	拒絕假設?	是	=IF(C13<C14,"否","是")
17			

圖 11-5 Z 檢定表單設定圖

11-3-2 概似比檢定（Likelihood Ratio Test；LR Test）

延續上章介紹 VaR 模型的穿透與否為一伯努力試驗（$X \sim Bernoulli(P)$），若進行 n 天 VaR 比對，其所對應的概似函數 $L(P)$ 表示為：

$$L(P) = \prod_{i=1}^{n} f(X_i ; P) = P^K (1-P)^{n-K} \tag{10-15}$$

假設觀察之穿透率 π 為 P 的不偏估計量，則樣本對應的概似函數可表示為：

$$L(\pi) = \prod_{i=1}^{n} f(X_i ; \pi) = \pi^K (1-\pi)^{n-K} \tag{10-16}$$

則 $L(P)$ 與 $L(\pi)$ 的比率稱為概似比：

$$\lambda = \frac{L(P)}{L(\pi)} \tag{10-17}$$

概似比檢定係以 λ 為其檢定之統計量,因 λ 非一個已知的機率分配,因此我們依據 Kupiec(1995)提出的概似比檢定 VaR 模型中的方法,當 n 夠大時 $-2\ln\lambda$ 會近似一自由度為 1 的卡方法分配,因此檢定的統計量可改寫為:

$$LR = -2\ln\lambda = -2(\ln L(P) - \ln L(\pi))$$
$$= -2\left\{\ln(P^K(1-P)^{n-K}) - \ln(\pi^K(1-\pi)^{n-K})\right\} \tag{10-18}$$

在顯著水準為 α 下,其拒絕域為 $LR > \chi^2(1-\alpha, 1)$。

範例 11-6:風險值模型檢定(LR 檢定)

同上範例觀察 250 個工作天的資料,並計算 VaR 的穿透次數為 5 次,請利用 LR 檢定檢驗在顯著水準 5% 下,該數據是否符合原模型之假設?另若穿透次數為 7 次的情況下,該數據是否符合模型之假設?

Ans:

(1) 當 $k=5$ 時,計算該次觀察之穿透率 $\pi = \dfrac{5}{250} = 0.02$,模型中假設穿透率 $P=0.01$,計算統計量 LR:

$$LR = -2\left\{\ln(P^K(1-P)^{n-K}) - \ln(\pi^K(1-\pi)^{n-K})\right\}$$
$$= -2 \times \left\{\ln(0.01^5 \times 0.99^{(250-5)}) - \ln(0.02^5 \times 0.98^{(250-5)})\right\}$$
$$= 1.9668$$

檢定之臨界值為 3.8415,統計量 LR 的數值 1.9668 小於臨界值 3.8415,所以沒有證據說明虛無假設是有誤的,則該數據符合模型假設。

(2) 當 $k=7$ 時,計算該次觀察之穿透率 $\pi = \dfrac{7}{250} = 0.028$,模型中假設穿透率 $P=0.01$,計算統計量 LR:

$$LR = -2\left\{\ln(P^K(1-P)^{n-K}) - \ln(\pi^K(1-\pi)^{n-K})\right\}$$
$$= -2 \times \left\{\ln(0.01^5 \times 0.99^{(250-5)}) - \ln(0.028^5 \times 0.972^{(250-5)})\right\}$$
$$= 5.4970$$

A	B	C	D
1	**風險值回朔測試表單**		
3	回朔測試資訊		
4	風險值信賴區間CI	99.00%	
5	模型假設穿透率P=1-CI	1.00%	=1-C4
6	觀察（樣本）筆數n	250	
7	（樣本）穿透筆數K	5	
8	觀察（樣本）穿透率π=K/n	2.00%	=C7/C6
9			
18	概似比檢定(Likelihood Ratio Test)		
19	顯著水準 α	5.00%	
20	虛無假設H₀：π=P		
21	統計量LR	1.9568	=-2*(LN(C5^C7*(1-C5)^(C6-C7))-LN(C8^C7*(1-C8)^(C6-C7))
22	自由度	1	
23	臨界值	3.8415	=CHISQ.INV.RT(C19,C22)
24	P-Value	16.185%	=CHISQ.DIST.RT(C21,1)
25	拒絕假設？	否	=IF(C21>C23,"是","否")
26			

圖 11-6　LR 檢定表單設定

檢定之臨界值為 3.8415，統計量 LR 的數值 5.4970 大於臨界值 3.8415，所以拒絕虛無假設，則該數據不符合模型假設。

A	B	C	D
1	**風險值回朔測試表單**		
3	回朔測試資訊		
4	風險值信賴區間CI	99.00%	
5	模型假設穿透率P=1-CI	1.00%	=1-C4
6	觀察（樣本）筆數n	250	
7	（樣本）穿透筆數K	7	
8	觀察（樣本）穿透率π=K/n	2.80%	=C7/C6
9			
18	概似比檢定(Likelihood Ratio Test)		
19	顯著水準 α	5.00%	
20	虛無假設H₀：π=P		
21	統計量LR	5.4970	=-2*(LN(C5^C7*(1-C5)^(C6-C7))-LN(C8^C7*(1-C8)^(C6-C7))
22	自由度	1	
23	臨界值	3.8415	=CHISQ.INV.RT(C19,C22)
24	P-Value	1.905%	=CHISQ.DIST.RT(C21,1)
25	拒絕假設？	是	=IF(C21>C23,"是","否")
26			

圖 11-7　LR 檢定表單設定

11-4 自訂函數

- **Equity_VC_VaR** 函數：以變異數／共變異數計算風險值。

使用語法：

> Equity_VC_VaR(position,his_data,CI)

引數說明：

position：讀入部位投資金額

his_data：讀入部位歷史資料，最近期資料放在上頭

CI：信賴區間

返回值：投資組合風險值及個別標的風險值

行	程式內容
001	Function Equity_VC_VaR(ByVal position As Variant, ByVal his_data As Variant, ByVal CI As Double) As Variant
002	Dim i As Integer
003	Dim j As Integer
004	Dim k As Integer
005	Dim nn As Integer ' 檔數
006	Dim num As Integer ' 報酬率歷史資料筆數
007	nn = UBound(his_data.Value, 2)
008	num = UBound(his_data.Value, 1) - 1
009	
010	ReDim his_return(1 To num, 1 To nn) As Double
011	For i = 1 To num
012	For j = 1 To nn
013	his_return(i, j) = Log(his_data(i, j) / his_data(i + 1, j))
014	Next
015	Next
016	
017	ReDim weight(1 To nn) As Double
018	Dim tempw As Double
019	For j = 1 To nn
020	tempw = tempw + position(j)
021	Next
022	For j = 1 To nn
023	weight(j) = position(j) / tempw
024	Next
025	
026	ReDim mean(1 To nn) As Double
027	
028	For j = 1 To nn
029	For i = 1 To num
030	mean(j) = mean(j) + his_return(i, j) / num

```
031    Next
032  Next
033
034  ReDim Covar(1 To nn, 1 To nn) As Double
035  For i = 1 To nn
036    For j = i To nn
037      For k = 1 To num
038        Covar(i, j) = Covar(i, j) + (his_return(k, i) - mean(i)) * (his_return(k, j) -
     mean(j))/ (num - 1)
039      Next
040    Next
041  Next
042
043  ReDim std(0 To nn) As Double
044  For i = 1 To nn
045    std(i) = Sqr(Covar(i, i))
046  Next
047  For i = 1 To nn
048    std(0) = std(0) + weight(i) * weight(i) * Covar(i, i)
049  Next
050  For i = 1 To nn - 1
051    For j = i + 1 To nn
052      std(0) = std(0) + 2 * weight(i) * weight(j) * Covar(i, j)
053    Next
054  Next
055  std(0) = Sqr(std(0))
056
057  ReDim Var(0 To nn) As Double
058  For i = 1 To nn
059    Var(i) = position(i) * std(i) * Application.WorksheetFunction.NormInv(CI, 0, 1)
060  Next
061  Var(0) = tempw * std(0) * Application.WorksheetFunction.NormInv(CI, 0, 1)
062
063  Equity_VC_VaR = Var
064
065  End Function
```

程式說明：

行數 010-015：

　　將讀進的歷史資料轉為對數報酬率，並存放到 his_return 陣列中。

行數 022-024：

　　計算個別標的投資權重。

行數 028-032：

　　計算個別資產的報酬平均數。

行數 034-041：

　　計算投資組合的共變異數矩陣，公式見式 11-6。

行數 044-046：

　　計算個別投資標的之標準差。

行數 047-055：

　　計算投資組合的標準差，公式見式 11-5。

行數 058-060：

　　計算個別資產的風險值，公式見式 11-1。

行數 061：

　　計算投資組合的風險值，公式見式 11-1。

- **Equity_His_VaR 函數**：以歷史模擬法計算風險值。

使用語法：

　　Equity_His_VaR(position,his_data,CI)

引數說明：

　　position：讀入部位投資金額

　　his_data：讀入部位歷史資料，最近期資料放在上頭

　　CI：信賴區間

　　返回值：投資組合風險值及個別標的風險值

行	程式內容
001	Function Equity_His_VaR(ByVal position As Variant, ByVal his_data As Variant, ByVal CI As Double) As Variant
002	Dim i As Integer
003	Dim j As Integer
004	Dim k As Integer
005	Dim nn As Integer ' 檔數
006	Dim num As Integer ' 報酬率歷史資料筆數
007	nn = UBound(his_data.Value, 2)
008	num = UBound(his_data.Value, 1) - 1
009	' 計算部位歷史報酬
010	ReDim his_return(1 To num, 0 To nn) As Double
011	For i = 1 To num
012	For j = 1 To nn
013	his_return(i, j) = (his_data(i, j) - his_data(i + 1, j)) / his_data(i + 1, j)
014	Next
015	Next
016	' 部位市值權重
017	ReDim weight(1 To nn) As Double
018	Dim tempw As Double ' 總部位
019	For j = 1 To nn
020	tempw = tempw + position(j)

```
021   Next
022   For j = 1 To nn
023     weight(j) = position(j) / tempw
024   Next
025   ' 計算投資組合歷史報酬
026   For i = 1 To num
027     For j = 1 To nn
028       his_return(i, 0) = his_return(i, 0) + weight(j) * his_return(i, j)
029     Next
030   Next
031   ' 計算風險值（報酬率）
032   ReDim Var(0 To nn) As Double
033   Dim temp_n As Integer ' 計算 CI 對映的排序位置
034   temp_n = Int((1 - CI + 0.00001) * num) + 1
035   For i = 0 To nn
036     ReDim temp_return(1 To num)
037     For j = 1 To num
038       temp_return(j) = his_return(j, i)
039     Next
040     Call Sorting(temp_return)
041     ' 非整數筆數以線性內插求算
042     Var(i) = ((1 - CI) * num + 1 - temp_n) * (temp_return(temp_n + 1) - temp_
      return(temp_n)) + temp_return(temp_n)
043   Next
044
045   For i = 1 To nn
046     Var(i) = -Var(i) * position(i)
047   Next
048
049   Var(0) = -Var(0) * tempw
050
051   Equity_His_VaR = Var
052
053   End Function
```

程式說明：

行數 010-015：

　　將讀進的歷史資料轉為對數報酬率，並存放到 his_return 陣列中。

行數 022-024：

　　計算個別金額權重。

行數 026-030：

　　計算投資組合歷史報酬率。

行數 034：

　　計算由小到大排序後的資料所在位置為第幾筆。

行數 035-043：

　　先計自投資組合的風險值 $i=0$，再逐筆計算其它標的之風險值。

行數 040：

將欲計算標的之歷史報酬率做一由小到大的排序。

行數 042：

依信賴區間設定，由報酬率排序資料中，取出對映的分位數資料，非整數筆數以線性內插求算。

行數 045-047：

將取出對映的分位數資料，乘上部位金額即為欲求算之風險值。

行數 049：

風險值之數據以損失金額表示 。

- **Equity_MC_VaR 函數**：以蒙地卡羅模擬法計算風險值。

使用語法：

> Equity_MC_VaR(position,his_data,CI)

引數說明：

position：讀入部位投資金額

his_data：讀入部位歷史資料，最近期資料放在上頭

CI：信賴區間

返回值：投資組合風險值及個別標的風險值

行	程式內容
001	Function Equity_MC_VaR(ByVal position As Variant, ByVal his_data As Variant, ByVal CI As Double) As Variant
002	Dim i As Integer
003	Dim j As Integer
004	Dim k As Integer
005	Dim n As Integer ' 模擬次數
006	Dim nn As Integer ' 檔數
007	Dim num As Integer ' 報酬率歷史資料筆數
008	nn = UBound(his_data.Value, 2)
009	num = UBound(his_data.Value, 1) - 1
010	n = 500
011	Rnd (-1) ' 亂數起始位置
012	' 轉為對數報酬率
013	ReDim his_return(1 To num, 1 To nn) As Double
014	For i = 1 To num
015	For j = 1 To nn
016	his_return(i, j) = Log(his_data(i, j) / his_data(i + 1, j))
017	Next
018	Next
019	' 部位市值權重
020	ReDim weight(1 To nn) As Double

```
021   Dim tempw As Double
022   For j = 1 To nn
023     tempw = tempw + position(j)
024   Next
025   For j = 1 To nn
026     weight(j) = position(j) / tempw
027   Next
028
029   ReDim mean(1 To nn) As Double
030
031   For j = 1 To nn
032     For i = 1 To num
033       mean(j) = mean(j) + his_return(i, j) / num
034     Next
035   Next
036
037   ReDim Covar(1 To nn, 1 To nn) As Double
038   For i = 1 To nn
039     For j = 1 To nn
040       For k = 1 To num
041         Covar(i, j) = Covar(i, j) + (his_return(k, i) - mean(i)) * (his_return(k, j) -
      mean(j)) / (num - 1)
042       Next
043     Next
044   Next
045
046   ReDim rho(1 To nn, 1 To nn) As Double
047   For i = 1 To nn
048     For j = 1 To nn
049       rho(i, j) = Covar(i, j) / Sqr(Covar(i, i) * Covar(j, j))
050     Next
051   Next
052
053   Dim C_L As Variant
054   C_L = cholesky_L(rho)
055
056   ReDim rnd_temp(1 To nn) As Double
057   ReDim R(1 To n, 0 To nn) As Double ' 模擬出的損益率
058
059   For k = 1 To n
060     For i = 1 To nn
061       rnd_temp(i) = Application.WorksheetFunction.NormInv(Rnd(), 0, 1)
062     Next
063     For i = 1 To nn
064       For j = 1 To nn
065         R(k, i) = R(k, i) + C_L(i, j) * rnd_temp(j)
066       Next
067     Next
068     For i = 1 To nn
069       R(k, i) = Exp((mean(i) - Covar(i, i) / 2) + Sqr(Covar(i, i)) * R(k, i)) - 1
070     Next
071     For i = 1 To nn
072       R(k, 0) = R(k, 0) + R(k, i) * weight(i)
073     Next
074   Next
075   ' 計算風險值 ( 報酬率 )<- 同歷史模擬法
```

```
076   ReDim Var(0 To nn) As Double
077   Dim temp_n As Integer ' 計算 CI 對映的排序位置
078   temp_n = Int((1 - CI + 0.00001) * n) + 1
079   For i = 0 To nn
080     ReDim temp_return(1 To n)
081     For j = 1 To n
082       temp_return(j) = R(j, i)
083     Next
084     Call Sorting(temp_return)
085     ' 非整數筆數以線性內插求算
086     Var(i) = ((1 - CI) * n + 1 - temp_n) * (temp_return(temp_n + 1) - temp_
      return(temp_n))+ temp_return(temp_n)
087   Next
088   For i = 1 To nn
089     Var(i) = -Var(i) * position(i)
090   Next
091
092   Var(0) = -Var(0) * tempw
093
094   Equity_MC_VaR = Var
095
096   End Function
```

程式說明：

行數 010：

　　設定模擬次數 500 次。

行數 011：

　　設定亂數的起始位置，引數為負值表示每週期取亂數皆使用相同的亂數種子，

　　詳見 Chapter 6-1。

行數 013-018：

　　將讀進的歷史資料轉為對數報酬率，並存放到 his_return 陣列中。

行數 025-027：

　　計算個別標的投資權重。

行數 031-035：

　　計算個別資產的報酬平均數。

行數 037-044：

　　計算投資組合的共變異數矩陣，公式見式 11-6。

行數 046-051：

　　計算投資組合的相關係數矩陣。

行數 054：

　　使用 Cholesky 函數（見 Chapter 6-1）傳回分解後的下三角矩陣。

行數 060-062：

先產生獨立標準常態分配之亂數 rnd_temp。

行數 063-067：

產生具相關性之標準常態分配亂數 R。

行數 068-070：

依式 11-8 模擬出資產可能損益率。

行數 071-073：

依模擬出的標的可能損益，計算出投資組合的可能損益率。

行數 076-092：

同歷史模擬法的方式計算風險值。

- 排序函數 - 氣泡排序法

行	程式內容
001	Sub Sorting(ByRef sortdata)
002	Dim Swapvalue As Double
003	Dim i As Integer
004	Dim j As Integer
005	For i = 1 To UBound(sortdata) - 1
006	For j = i + 1 To UBound(sortdata)
007	If sortdata(i) > sortdata(j) Then
008	Swapvalue = sortdata(i)
009	sortdata(i) = sortdata(j)
010	sortdata(j) = Swapvalue
011	End If
012	Next
013	Next
014	End Sub

Chapter 12：信用風險——選擇權模型

信用風險是指借貸者或契約一方，無法在貸款或契約到期日償還或履行契約，亦或是信用評等改變而產生的可能損失。評量信用風險的方法，比較有名的有 J.P.Morgan 的 CreditMetrics、Moody's KMV 公司的 Credit Monitor Model、McKinsey Consulting 的 Credit Portfolio View 及 Credit Swiss First Boston 的 CreditRisk+ 等模型。

Moody's KMV 公司的 Credit Monitor Model，主要利用選擇權模式求算出公司的違約間距（Distance to Default：DD），再配合龐大的違約資料庫，用以評估違約機率（Expected Default Frequency：EDF），並且計算在特定的違約風險及信用等級移轉風險下之損失分配，該模型主要適用於公開發行公司，其實際損失機率的求算如下：

1. 估計公司市場價值及公司資產波動率
2. 計算違約間距
3. 利用違約資料庫，計算對映實際違約機率的違約間距

但在臺灣，由於公開發行公司歷史違約事件資料樣本較少，因此，想要計算對映實際違約機率的違約間距確有困難。但雖如此，該模型所求出的違約間距，確也可以作為一種與其他信用評估模型互補的工具，或是以該公開發行公司的違約間距走勢來輔助判斷公司的信用結構。

12-1　以選擇權模型衡量信用風險

Merton（1974）的風險債務模型係依據 Black Scholes（1973）選擇權評價理論，將公司舉債經營視為股東向債權人買進一買權（Long Call），公司的資產 V_A 相當於買權的標的資產（underlying asset），債權金額相當於履約價格。當負債到期時公司資產市價低於負債，則股東會選擇違約（即不執行買權），債權人無法得到足額清償，公司發生信用風險。

KMV 公司（1997）利用 Merton（1974）提出的風險債務模型，建立一套信用風險監督模型 Credit Monitor Model，利用已知的權益證券市值（V_E）及其變異（σ_E）來估算出公司資產價值（V_A）與其波動度（σ_A），進而推算出公司的違約間距（Distance to Default：DD）及違約機率（Expected Default Frequency：EDF）。違約間距指的是公司資產價值（V_A）需要跌掉多少個標準差，才會達到違約點（K），數字愈大代表資產價值離違約點愈遠，公司的違約機率愈小。

$$DD = \frac{\ln(V_A / K) + (r - \sigma_A^2 / 2)T}{\sigma_A \sqrt{T}} \tag{12-1}$$

$$EDF = N[\frac{\ln(V_A / K) + (r - \sigma_A^2 / 2)T}{\sigma_A \sqrt{T}}] = N[-DD] \tag{12-2}$$

模型假設公司資產的價值變化可表示為：

$$dV_A = rV_A dt + \sigma_A V_A dw_t \tag{12-3}$$

其中 r 可以用資產 ROA 取代、$dw_t \sim N(0, dt)$ 為標準 Wiener process。前段提及公司的權益價值可被視為一個買權價值，所以我們可以得到一到期日 T、權益證券市值（V_E）與資產市值（V_A）之間的關係式：

$$V_E = V_A N(d_1) - Ke^{-rT} N(d_2) \tag{12-4}$$

其中：

$$d_1 = \frac{\ln(V_A / K) + (r + \sigma_A^2 / 2)T}{\sigma_A \sqrt{T}} \tag{12-5}$$

$$d_2 = d_1 - \sigma_A \sqrt{T} \tag{12-6}$$

V_E：股東權益市值

σ_E：權益波動率

K：破產點（以短期負債 +1/2 長期負債表示）

r：無風險利率

T：距違約時點

上述變數中，只有資產市值（V_A）與資產波動率（σ_A）在市場上沒有辦法直接觀察到，雖然如此但我們可以根據 Ito's lemma，將權益證券的波動率與資產波動率以下列關係式表示：

$$\sigma_E = \frac{V_A}{V_E} N(d_1) \sigma_A \tag{12-7}$$

如此一來，解式 12-4 與式 12-7 的聯立方程組，即可得出資產市值（V_A）與資產波動率（σ_A），再將之帶入式 12-1 及式 12-2 中，即可求算出違約間距（DD）及違約機率（EDF）。

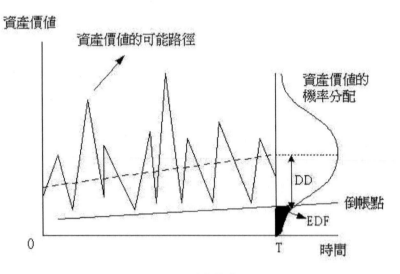

圖 12-1　KMV 違約機率分配圖

範例 12-1：計算違約間距（DD）及違約機率（EDF）

一公開發行公司目前股價市值為 52,449 百萬元，股票市場價值波動率 61.208%（年），違約點（流動負債 +1/2 長期負債）為 21,473.55 百萬，公司資產報酬率 −7.18%，無風險利率為 3%，請求算一年內公司的違約間距（DD）及違約機率（EDF）？

Ans：

依據題意 V_E=52,449 百萬元、σ_E=61.208%、K=21,473.55 百萬、ROA = −7.18%、r=3% 及 T=1。

首先將上述參數代入式 12-4、12-5、12-6 及式 12-7：

$$52,449 = V_A N(d_1) - 21,473.55 \times e^{-0.03} N(d_2)$$

$$0.61208 = \frac{V_A}{52,449} N(d_1) \sigma_A$$

其中 $d_1 = \dfrac{\ln(V_A/21,473.55) + (0.03 + \sigma_A^2/2)}{\sigma_A}$、$d_2 = d_1 - \sigma_A$，透過數值方法（參考下一章節介紹）解出資產市值 $V_A = 73,277.74$ 與資產波動率 $\sigma_A = 43.854\%$。將所求出的 V_A 及 σ_A 代入式 12-1 及式 12-2 求算 DD 及 EDF：

$$DD = \frac{\ln(73,277.74/21,473.55) + (-0.0718 - 0.43854^2/2)}{0.43854} = 2.4159$$

$$EDF = N[\frac{\ln(V_A/K) + (r - \sigma_A^2/2)T}{\sigma_A\sqrt{T}}] = N[-2.4159] = 0.7848\%$$

	A	B	C	D
1		**信用風險-選擇權模型**		
2		公開發行公司基本資料		
3		股東權益市值 V_E	52,449	
4		違約點 K	21,474	
5		權益波動率 σ_E	61.2080%	
6		無風險利率 rf	3.0000%	
7		距違約時點 T	1.00	
8		ROA	-7.1800%	
9		ini_V_A	73,287.91	
10		ini_σ_A	43.80393%	
11				
12				
13		Output		
14		V_A	73,277.74	
15		σ_A	43.85441%	
16		DD	2.41589051	
17		EDF	0.007848387	
18				

12-2　牛頓拉福森法

　　式 12-4 及式 12-7 為一非線性聯方程組，要求解 σ_A 及 V_A，必須透過數值方法解析。而牛頓拉福森法提供了求算非線性聯立方程解的方法，該方法主要透過一階微分逼近並迭代求取最適合之解。以式 12-4 及式 12-7 為例，可以將它改寫為：

$$f_1(V_A, \sigma_A) = V_A N(d_1) - Ke^{-rT} N(d_2) - V_E = 0 \tag{12-8}$$

$$f_2(V_A, \sigma_A) = \frac{V_A}{V_E} N(d_1)\sigma_A - \sigma_E = 0 \tag{12-9}$$

首先估計一組近似起始解 $(V_{A,0}, \sigma_{A,0})$，若這組近似解與最適解 $(V_{A,0}+h_1, \sigma_{A,0}+h_2)$ 的距離為 (h_1, h_2)，則利用泰勒展開式 12-8 及式 12-9 到一階：

$$
\begin{aligned}
&f_1(V_{A,0}+h_1, \sigma_{A,0}+h_2) \\
&\cong f_1(V_{A,0}, \sigma_{A,0}) + \frac{\partial f_1(V_{A,0}, \sigma_{A,0})}{\partial V_A} h_1 + \frac{\partial f_1(V_{A,0}, \sigma_{A,0})}{\partial \sigma_A} h_2 \cong 0
\end{aligned}
\tag{12-10}
$$

$$
\begin{aligned}
&f_2(V_{A,0}+h_1, \sigma_{A,0}+h_2) \\
&\cong f_2(V_{A,0}, \sigma_{A,0}) + \frac{\partial f_2(V_{A,0}, \sigma_{A,0})}{\partial V_A} h_1 + \frac{\partial f_2(V_{A,0}, \sigma_{A,0})}{\partial \sigma_A} h_2 \cong 0
\end{aligned}
\tag{12-11}
$$

整理式 12-10 及式 12-11：

$$\frac{\partial f_1(V_{A,0}, \sigma_{A,0})}{\partial V_A} h_1 + \frac{\partial f_1(V_{A,0}, \sigma_{A,0})}{\partial \sigma_A} h_2 = -f_1(V_{A,0}, \sigma_{A,0}) \tag{12-12}$$

$$\frac{\partial f_2(V_{A,0}, \sigma_{A,0})}{\partial V_A} h_1 + \frac{\partial f_2(V_{A,0}, \sigma_{A,0})}{\partial \sigma_A} h_2 = -f_2(V_{A,0}, \sigma_{A,0}) \tag{12-13}$$

令 $a = \dfrac{\partial f_1(V_{A,0}, \sigma_{A,0})}{\partial V_A}$、$b = \dfrac{\partial f_1(V_{A,0}, \sigma_{A,0})}{\partial \sigma_A}$、$c = \dfrac{\partial f_2(V_{A,0}, \sigma_{A,0})}{\partial V_A}$、$d = \dfrac{\partial f_2(V_{A,0}, \sigma_{A,0})}{\partial \sigma_A}$，則式 12-12 及式 12-13 可另行表示為：

$$ah_1 + bh_2 = -f_1(V_{A,0}, \sigma_{A,0}) \tag{12-14}$$

$$ch_1 + dh_2 = -f_2(V_{A,0}, \sigma_{A,0}) \tag{12-15}$$

由式 12-14 及式 12-15 發現，原來需求解的非線性聯立方程組，轉變成為線性方程組，其解可以寫成：

$$h_1 = -\frac{df_1(V_{A,0}, \sigma_{A,0}) - bf_2(V_{A,0}, \sigma_{A,0})}{ad - bc} \tag{12-16}$$

$$h_2 = -\frac{af_2(V_{A,0}, \sigma_{A,0}) - cf_1(V_{A,0}, \sigma_{A,0})}{ad - bc} \tag{12-17}$$

因此，式 12-8 及式 12-9 的最適近似解 $(V_{A,0}+h_1, \sigma_{A,0}+h_2)$ 即可求得。但由於我們僅使用一階微分方式，將原非線性方程組作線性化近似處理，因此，所得的解並非最適解，必須透過重複迭代，以求得最適解。而迭代方式是將求得之近似解 $(V_{A,1}=V_{A,0}+h_1, \sigma_{A,1}=\sigma_{A,0}+h_2)$，當成估計式起始解，重覆上述泰勒展開式轉換方式進行迭代（迭代次數 n），一直到 f_1 及 f_2 小於一定的誤差範圍內。最後所求得的解，即為該組非線性聯立方程組的最適解。其中式 12-14 及式 12-15 的四組偏微分程可表示為：

$$a = \frac{\partial f_1}{\partial V_A} = N(d_1) \tag{12-18}$$

$$b = \frac{\partial f_1}{\partial \sigma_A} = \frac{V_A \sqrt{T} e^{-d_1^2/2}}{\sqrt{2\pi}} \tag{12-19}$$

$$c = \frac{\partial f_2}{\partial V_A} = \frac{\sigma_A}{V_E}\left[N(d_1) + \frac{N^{'}(d_1)}{\sigma_A \sqrt{T}} \right] - \frac{V_A N(d_1)\sigma_A N(d_1)}{V_E^2} \tag{12-20}$$

$$d = \frac{\partial f_2}{\partial \sigma_A}$$

$$= \frac{V_A}{V_E}\left[N(d_1) + \sigma_A N^{'}(d_1)\left(\frac{\sqrt{T}}{2} - \frac{\ln\frac{V_A}{K}}{\sigma_A^2 \sqrt{T}} - \frac{r\sqrt{T}}{\sigma_A^2} \right) \right] - \frac{V_A^2 N(d_1)\sigma_A N^{'}(d_1)\sqrt{T}}{V_E^2} \tag{12-21}$$

起始解 $(V_{A,0}, \sigma_{A,0})$ 的取得依筆者經驗，可利用式 12-4 及式 12-7 在極端條件 $N(d_1)=1$ 及 $N(d_2)=1$ 下所求得 $V_{A,0}$ 及 $\sigma_{A,0}$ 代入，即可得：

$$V_{A,0} = V_E + Ke^{-rT} \tag{12-22}$$

$$\sigma_{A,0} = \frac{V_E}{V_{A,0}}\sigma_E \tag{12-23}$$

12-3　選擇權模型表單建置

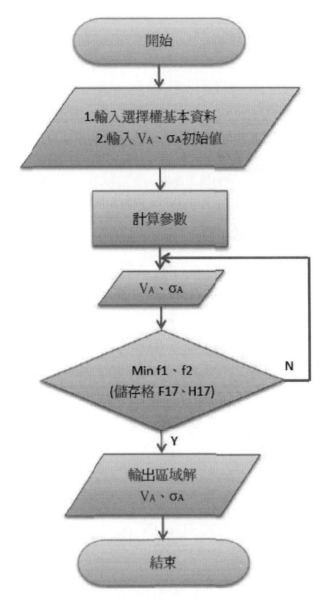

圖 12-2　牛頓拉福森法迭代求解流程圖

12-3-1 表單功能

A. 利用牛頓拉福森法求解資產市值及資產波動率，並計算公開發行公司的違約間距及預期違約機率。

B. 手動列示牛頓拉福森法求解資產市值及資產波動率之迭代求解過程。

圖 12-3　選擇權模型表單

12-3-2 表單使用方式

A. 左半部分公式求解：

　　a. 於儲存格 C3：C8 中，輸入模型基本資訊

　　b. 儲存格 C9 會依據式 12-22 算出資產市值起始解，儲存格 C10 會依據式 12-23 算出資產波動率起始解。

　　c. 儲存格 C14：C17 依牛頓拉福森法求算出資產波動率（σ_A）、資產市值（V_A）、違約間距（DD）及違約機率（EDF）的估計值。

B. 為了讓讀者了解牛頓拉福森法的求解過程，特別將 12-2 章所介紹的求解步驟於右半部分呈現出，利用手動方式迭代求解資產波動率（σ_A）及資產市值（V_A），右半部分其使用說明如下：

　　a. 假設股東權益市值 V_E 為 100,000、違約點（破產點）K 為 1,000,000、權益波動率 σ_E＝60%、距違約時點 T＝1、無風險利率 r＝2% 及 ROA＝0%，並分別輸入儲存格 F4 到儲存格 F9 中。並按式 12-22 及式 12-23 中，所求得的資產市值及資產波動率的起始解（可參考儲存格 C9 及儲存格 C10）輸入儲存格 F11 及儲存格 F12 中，如圖 12-3 所示。

b. 表單會依儲存格設定的公式，求算出式 12-16 及式 12-17 中的 h1 及 h2，則第一次迭代求解的數值 V_A=1,079,038.52 及 σ_A=5.76789%（儲存格 H15 及儲存格 H16），將此組解代入式 12-8 及 12-9 中，可得 f1=926.59705、f2=−0.02269，明顯與函數誤差過大（函數值 f1 及 f2 應為 0），代表此次求解非最佳解，其結果如圖 12-3 所示。

c. 將 V_A=1,079,038.52 及 σ_A=5.76789% 視為起始解，輸入至儲存格 F11 及儲存格 F12 中，表單再求算出 h1 及 h2，此次迭代解為 V_A=1,078,948.05 及 σ_A=5.83409%（儲存格 H15 及儲存格 H16），再將此組解代入式 12-8 及 12-9 中，可得 f1=18.57376、f2=−0.00569，此一誤差值雖然比第一次求解時來得小，但如要求更高的精確度時，則此組解仍非最佳解，其結果如下圖 12-4 所示。

	D	E	F	G	H	I
1						
2			牛頓拉福森法迭代求解過程			
3			Input		Process	
4		股東權益市值 V_E	100,000	d1=	1.6944456325424	
5		違約點 K	1,000,000	d2=	1.6367667030122	
6		權益波動率 σ_E	60.00%	N(d1)=	0.9549096827491	
7		無風險利率 rf	2.00%	N(d2)=	0.9491603872387	
8		距違約時點 T	1.00	n(d1)	0.0949398701063	
9		ROA	0.00%	n(d2)	0.1045132780208	
10		起始解		a=	9.549097E-01	
11		Guest_V_A	1,079,038.52	c=	-4.174988E-06	
12		Guest_σ_A	5.76789%	b=	1.024438E+05	
13				d=	8.018239E+00	
14			Output			
15		h1	-90.47	V_A	1,078,948.05	
16		h2	0.000661948	σ_A	5.83409%	
17		f1=	18.57375669	f2=	-0.00568535	
18						

圖 12-4　第二次迭代求解

d. 重覆 c 步驟，將 V_A＝1,078,948.05 及 σ_A＝5.83409% 設為起始解，代入儲存格 F11 及儲存格 F12 中，可得一組新的迭代解 V_A＝1,078,945.08 及 σ_A＝5.83558%，此組解代入式 12-8 及 12-9 中，可得 f1＝1.24656、f2＝－0.00013，如圖 12-5 所示。

	D	E	F	G	H	I
1						
2		牛頓拉福森法迭代求解過程				
3		Input		Process		
4		股東權益市值 V_E	100,000	d1=	1.6744411678514	
5		違約點 K	1,000,000	d2=	1.6161002901298	
6		權益波動率 σ_E	60.00%	N(d1)=	0.9529780361469	
7		無風險利率 rf	2.00%	N(d2)=	0.9469636842339	
8		距違約時點 T	1.00	n(d1)	0.0981935109737	
9		ROA	0.00%	n(d2)	0.1080859422122	
10		起始解		a=	9.529780E-01	
11		Guest_V_A	1,078,948.05	c=	-4.178708E-06	
12		Guest_σ_A	5.83409%	b=	1.059457E+05	
13				d=	7.934414E+00	
14		Output				
15		h1	-2.97	V_A	1,078,945.08	
16		h2	1.49521E-05	σ_A	5.83558%	
17		f1=	1.24656420	f2=	-0.00013105	
18						

圖 12-5　第三次迭代求解

e. 若是還想要求算到更精確的最適解，可以重覆 c 步驟一直到 f1 及 f2 小於某一數值為止。例如表單左下方以函數求解的部分，在設定求解過程中 f1 及 f2 均小於 0.000001，且迭代次數不超過 100 次的情況下，可得一組最佳解 V_A＝1,078,944.96 及 σ_A＝5.83567%。

12-3-3 表單製作

KMV 表單中儲存格的格式如圖 12-3 所示，儲存格中所設定之公式如下說明：

儲存格	設定公式	說明
C3：C8	資本資料 Input	
C9	=C3+C4*EXP（-C6*C7）	起始解 $V_{A,0} = V_E + Ke^{-rT}$
C10	=C3/C9*C5	起始解 $\sigma_{A,0} = \dfrac{V_E}{V_{A,0}} \sigma_E$
C14：C17	{=TRANSPOSE_ （KMV_DD（C3,C4,C7,C6,C5,C8））} 註：{}表示矩陣公式，讀者只要先選取返回值所在之儲存格範圍（C14:C17），然後再鍵入公式「=TRANSPOSE（KMV_DD（C3,C4,C7,C6,C5,C8））」接著按下【Ctrl】+【Shift】+【Enter】即可。	TRANSPOSE 為轉置矩陣公式，KMV_DD 為自訂函數求算出資產波動率（$_A$）、資產市值（V_A）的最適解及違約間距（DD）、違約機率（EDF）。
F4：F9	資本資料 Input	
F11：F12	猜測解	
H4	=（LN（F11/F5）+（F7+0.5*F12*F12）*F8）/F12*SQRT（F8）	過渡公式 d1
H5	=H4-F12*SQRT（F8）	過渡公式 d2
H6	=NORM.DIST（H4,0,1,TRUE）	d1 的標準累積常態分配
H7	=NORM.DIST（H5,0,1,TRUE）	d2 的標準累積常態分配
H8	=NORM.DIST（H4,0,1,FALSE）	d1 的標準常態分配
H9	=NORM.DIST（H5,0,1,FALSE）	d2 的標準常態分配
H10	=H6	式 12-18
H11	=（F12/F4）*（H6+H8/（F12*SQRT（F8）））-（F11*H6*F12*H6）/F4^2	式 12-19
H12	=（F11*SQRT（F8）*EXP（-0.5*H4^2））/SQRT（2*3.14159265）	式 12-20
H13	=（F11/F4）*（H6+F12*H8*（SQRT（F8）/2-LN（F11/F5）/（F12^2*SQRT（F8））-F7*SQRT（F8）/（F12^2）））-（F11^2*H6*F12*H8*SQRT（F8））/F4^2	式 12-21
F15	=-（（H13*F17-H12*H17）/（H10*H13-H12*H11））	式 12-16
F16	=-（（H10*H17-H11*F17）/（H10*H13-H12*H11））	式 12-17
H15	=F11+F15	資產市值（V_A）近似解
H16	=F12+F16	資產波動率（$_A$）近似解
F17	=F11*H6-EXP（-F7*F8）*F5*H7-F4	式 12-10
H17	=（F11/F4）*H6*F12-F6	式 12-11

12-4 自訂函數

• KMV_DD 函數：運用 KMV 模型算 DD 及 EDF（標準 kmv 無任何修正）

使用語法：

KMV_DD（Ve,k,T,rf,Ve_sigma,ROA）

引數說明：

Ve：權益證券市值 ＝ 收盤價 * 流通在外股數

k：違約點，以短期負債 ＋1/2 長期負債或其它

T：計算違約期間

Rf：無風險利率

Ve_sigma：權益證券市值報酬波動率

ROA：最近一期公司資產報酬率

返回值：傳回值為矩陣形式

KMV_DD（1）：資產市值 Va

KMV_DD（2）：資產市值報酬率 Va_sigma

KMV_DD（3）：理論違約距離 DD

KMV_DD（4）：理論違約機率 EDF

行	程式內容
001	Function KMV_DD（ByVal Ve As Double, ByVal k As Double, ByVal T As Double, ByVal rf As Double, ByVal Ve_sigma As Double, ByVal ROA As Double） As Variant
002	Dim err As Double ' 數值方法求解最大誤差值
003	Dim count As Integer ' 迭代次數上限
004	Dim a As Double
005	Dim b As Double
006	Dim c As Double
007	Dim d As Double
008	Dim Va As Double
009	Dim Va_sigma As Double
010	Dim f1 As Double
011	Dim f2 As Double
012	Dim d1 As Double
013	Dim d2 As Double
014	Dim pi As Double
015	Dim i As Integer
016	Dim Va_cost As Double
017	Va_cost = 0
018	' 起始參數設定
019	err = 0.000001
020	pi = 3.14159265

```
021   count = 1
022   Va = k * Exp（-rf * T）+ Ve
023   Va_sigma = Ve_sigma * Ve / Va
024   ' 利用牛頓拉福森法求最佳區域解
025   Do
026     d1 =（Log（Va / k）+（rf - Va_cost + 0.5 * Va_sigma ^ 2）* T）/ Va_sigma
        * Sqr（T）
027     d2 = d1 - Va_sigma * Sqr（T）
028     a = Exp（-Va_cost * T）* CND（d1）
029     b =（Va * Exp（-Va_cost * T）* Sqr（T）* Exp（-0.5 * d1 ^ 2））/ Sqr（2 * pi）
030     c =（Va_sigma / Ve）*（CND（d1）+ Normal（d1）/（Va_sigma * Sqr（T）））
        -（Va * Va_sigma *CND（d1）* Exp（-Va_cost * T）* CND（d1））/（Ve ^ 2）
031     d =（Va / Ve）*（CND（d1）+ Va_sigma * Normal（d1）*（Sqr（T）/ 2
        - Log（Va / k）/　（Va_sigma ^ 2 * Sqr（T））-（rf - Va_cost）* Sqr（T）/
        Va_sigma ^ 2））-（Va ^ 2 * CND（d1）* Va_sigma * Exp（-Va_cost * T）*
        Normal（d1）* Sqr（T））/ Ve ^ 2
032     Va = Va -（（d * f1 - b * f2）/（a * d - b * c））
033     Va_sigma = Va_sigma -（（a * f2 - c * f1）/（a * d - b * c））
034   f1 = kmv_f1（Ve, k, T, rf, Va_cost, Ve_sigma, Va, Va_sigma）
035   f2 = kmv_f2（Ve, k, T, rf, Va_cost, Ve_sigma, Va, Va_sigma）
036     count = count + 1
037   Loop While Abs（f1）+ Abs（f2）> err And count < 100
038   ' 回傳值設定
039   Dim KMV_Temp（1 To 4）As Double
040   KMV_Temp（1）= Va
041   KMV_Temp（2）= Va_sigma
042   KMV_Temp（3）=（Log（Va / k）+（ROA - 0.5 * Va_sigma ^ 2）* T）/ Va_
043   sigma * Sqr（T）
044   KMV_Temp（4）= CND（-（Log（Va / k）+（ROA - 0.5 * Va_sigma ^ 2）* T）
045   / Va_sigma * Sqr（T））
046   KMV_DD = KMV_Temp
047   End Function
```

程式說明：

行數 022：

　　式 12-22 中數值方法的資產市值起始解。

行數 023：

　　式 12-23 中數值方法的資產市值波動率起始解。

行數 025-040：

　　利用牛頓拉福森法求資產市值及資產市值波動率之最佳區域解。

行數 026：

　　計算 12-5 式中的 d1。

行數 027：

　　計算 12-6 式中的 d2。

行數 028：

　　計算 12-18 式中的偏微分方程式 a。

行數 029：

計算 12-19 式中的偏微分方程式 b。

行數 030：

計算 12-20 式中的偏微分方程式 c。

行數 031：

計算 12-21 式中的偏微分方程式 d。

行數 032-033：

計算迭代之近似解 $V_{A,1}=V_{A,0}+h_1$ 及 $\sigma_{A,1}=\sigma_{A,0}+h_2$。

行數 034：

計算式 12-8 中的 f1 函數。

行數 035：

計算式 12-9 中的 f2 函數。

行數 037：

數值方法迭代與否的控制式，當 f1 加上 f2 的差異大於數值方法求解最大誤差值 err＝0.000001，且迭代次數小於 100 次則持續進行迭代求解，不然的話就跳出迴圈。

行數 039-044：

回傳值的設定。

行數 042：

回傳值理論違約距離 DD，見式 12-1。

行數 043：

回傳理論違約機率 EDF，見式 12-2。

kmv_f1 函數 - 為式 12-8 公式函數

行	程式內容
001	Function kmv_f1（ByVal Ve As Double, ByVal k As Double, ByVal T As Double, ByVal rf As Double, ByVal Va_cost As Double, ByVal Ve_sigma As Double, ByVal Va As Double, ByVal Va_sigma As Double）As Double
002	Dim d1 As Double
003	Dim d2 As Double
004	d1 = (Log (Va / k) + (rf - Va_cost + 0.5 * Va_sigma ^ 2) * T) / Va_sigma * Sqr(T)
005	d2 = d1 - Va_sigma * Sqr（T）
006	kmv_f1 = Va * Exp（-Va_cost * T）* CND（d1）- Exp（-rf * T）* k * CND（d2）- Ve
007	End Function

kmv_f2 函數 - 為式 12-9 公式函數

行	程式內容
001	Function kmv_f2（ByVal Ve As Double, ByVal k As Double, ByVal T As Double, ByVal rf As Double, ByVal Va_cost As Double, ByVal Ve_sigma As Double, ByVal Va As Double, ByVal Va_sigma As Double）As Double
002	Dim d1 As Double
003	d1 = （Log（Va / k）+（rf + 0.5 * Va_sigma ^ 2）* T）/ Va_sigma * Sqr（T）
004	kmv_f2 = （Va * Exp（-Va_cost * T）* CND（d1）* Va_sigma）/ Ve - Ve_sigma
005	End Function

參考文獻

（一）書籍

1. Les Clewlow, Chris Strickland, **Implementing Derivative Models** (New York: Wiley, 1998).

2. Mary Jackson, Mike Staunton, **Advanced Modeling in Finance Using Excel and VBA** (New York: Wiley, 2001).

3. Hull J., **Options, Futures and Other Derivatives Securities**, 2nd ed. (Englewood Cliffs, NJ: Prentice Hall, 1993).

4. Justin London, **Modeling derivatives in C++** (Hoboken, NJ: John Wiley & Sons, c2005).

5. 陳松男，**結構型金融商品之設計及創新**（臺北：新陸書局，2004）。

6. 陳松男，**金融工程學 —— 金融商品創新與選擇權理論**（臺北：新陸書局，2005）。

7. Espen Gaarder Haug，**選擇權訂價公式手冊**（臺北：寰宇，1999）。

（二）期刊論文

1. Attig, N., and Jie Dai, "Does Trading in Derivatives Affect Bank Risk? The Canadian Evidence," Sobey School of Business, Saint Mary's University, Canada (2009).

2. Black, F., and M. Scholes, "The pricing of Options and Corporate Liabilities," **Journal of Political Economy**, 18 (May-June1973), 637-659.

3. Black, F., "The Pricing of Commodity Contracts," **Journal Financial Economics**, 3 (Jan-Mar 1976), 167-179.

4. Boyle, P. P., "Options: A Monte Carlo Approach," **Journal of Financial Economics**, 4 (1977), 323-338.

5. Boyle, P. P., "Option Valuation Using a Three Jump Process," **International Options Journal**, 3 (1986), 7-12.

6. Brennan, M. J., and E. S. Schwartz, "Finite Difference Methods and Jump Processes Arising in the Pricing of Contingent Claims: A Synthesis," **Journal of Financial and Quantitative Analysis**, 13 (1978), 462-474.

7. Chen, R., and L. Scott, "Maximum Likelihood Estimation for a Multifactor Equilibrium Model of the Term Structure of Interest Rates," *The Journal of Fixed Income* (December 1993), 14-31.

8. Cox, J. C., S. A. Ross, and M. Rubinstein, "Options Pricing: A Simplified Approach," *Journal of Financial Economics*, 7 (1979), 229-263.

9. Cox, J. C., J. E. Jr. Ingersoll, and S. A. Ross, "A Theory of the Term Structure of Interest Rates," *Econometrica*, 53 (March 1985), 385-407.

10. Garman, M. B., and S. W. Kohlhagen, "Foreign Currency Option Values," *Journal of International Money and Finance*, 2 (1983), 231-237.

11. Herrala, N., "Vasicek Interest Rate Model: Parameter Estimation, Evolution of the Short-Term Interest Rate and Term Structure," Lappeenranta University of Technology, Working Paper.

12. Hull, J., and A. White, "Numerical Procedures for Implementing Term Structure Models I: Single-Factor Models," *Journal of Derivatives* (1994), 7-16.

13. Hull, J., and A. White, "Pricing Interest Rate Derivative Securities," *Review of Financial Studies*, 3, 4 (1990a), 573-592.

14. Hull, J., and A. White, "Valuing Derivative Securities Using the Explicit Finite Difference Method," *Journal of Financial and Quantitative Analysis* (1990b), 25, 87-199.

15. Kamil, K., "Maximum Likelihood Estimation of the Cox-Ingersoll-Ross Process: The Matlab Implementation," Department of Statistics and Probability Calculus, Working Paper.

16. KMV Corporation, 2003, "Modeling Default Risk," Moody's KMV White Paper.

17. Longstaff, F. A., and E. S. Schwartz, "Value American Options by Simulation: A Simple Lease-Squares Approach," *Review of Financial Studies* (2001), 113-147.

18. Macaulay F. R., "Some Theoretical Problems Suggested by the Movements of Interest Rates, Bond Yields, and Stock Prices in the United States Since 1856," New York: National Bureau of Economic Research (1938).

19. Markowitz, H. M., "Portfolio Selection," *Journal of Finance*, 7 (1952), 77-91.

20. Merton, R. C., "Theory of Rational Option Pricing," *Bell Journal of Economics and Management Science*, 4 (1973), 141-183.

21. Nelson C. R., and Siegel A. F., "Parsimonious Modeling of Yield Curves," ***Journal of Business***, 60 (4), 473-489.

22. Svensson, L. E. O., "Estimating and Interpreting Forward Interest Rates: Sweden 1992-1994," NBER Working Paper Series 4871.

23. Thijs van den Berg, "Calibrating the Ornstein-Uhlenbeck (Vasicek) model," Working Paper (1994).

24. Vasicek, O., "An Equilibrium Characterization of the Term Structure," ***Journal of Financial Economics***, 5 (1977), 177-188.

附錄：如何使用附帶表單範例檔案

（一）為了加速讀者進入學習狀態，特別提供書中所介紹之表單範本，讀者可於 http://www.airitipress.com/download/ 金融計算 -EXCEL%20VBA 基礎實作 - 試算表 dll.zip 下載。範例所示 VBA 語法雖函數名稱與書中介紹一致，但函數內容語法係特殊處理過，並非書中所介紹，讀者應以書中介紹為主。

（二）範例檔共 11 個，包含 10 個試算表及 1 個執行檔。請讀者在使用前依下列步驟進行：

1. 先以系統管理員身分執行「Financial_Calculator.exe」，同台機器只需執行一次。

2. 開啟任一試算表。

3. 於 VBA 編輯視窗中設定引用項目，設定路徑為：

   (1) 工具→設定引用項目。

   (2) 於可引用項目中選擇 Lee_FC 並按確定。

   (3) 若於可引用項目中無法看到 Lee_FC 可引用，請於「瀏覽」中的「搜尋位置」移至「Financial_Calculator.exe」執行檔所在位置，並於檔案類型中選擇 " 執行檔 (*.exe ; *.dll)"，引用「Financial_Calculator.exe」。

（三）範例僅供本書學習使用。

國家圖書館出版品預行編目（CIP）資料

金融計算：Excel VBA 基礎實作 ／ 李明達著
-- 初版 . -- 臺北市：臺灣金融研訓院出版；
［新北市］：華藝數位發行 , 2014. 05
面；公分
ISBN 978-986-5943-72-1（平裝）
1.EXCEL(電腦程式)

312.49E9   103008911

金融計算──Excel VBA 基礎實作

作　　者／李明達
責任編輯／古曉凌、謝佳珊
美術編輯／薛耀東、林玫秀

發 行 人／鄭學淵
經　　理／范雅竹
發行業務／楊子朋
出版單位／財團法人臺灣金融研訓院
　　　　　100 台北市羅斯福路三段 62 號 8 樓
　　　　　電話：(02) 3365-3550
　　　　　華藝學術出版社（Airiti Press Inc.）
　　　　　234 新北市永和區成功路一段 80 號 18 樓
　　　　　電話：(02)2926-6006 傳真：(02)2923-5151
　　　　　服務信箱：press@airiti.com
發行單位／華藝數位股份有限公司
　　　　　戶名（郵政／銀行）：華藝數位股份有限公司
　　　　　郵政劃撥帳號：50027465
　　　　　銀行匯款帳號：045039022102（國泰世華銀行　中和分行）
法律顧問／立暘法律事務所　歐宇倫律師
ISBN ／ 978-986-5943-72-1
出版日期／ 2014 年 8 月初版
定價／新台幣 450 元
總 經 銷／全華圖書股份有限公司
地址：23671 新北市土城區忠義路 21 號
電話：(02)2262-5666 傳真：(02)6637-3696
網址：www.opentech.com.tw
服務信箱：service@chwa.com.tw
劃撥帳戶：0100836-1